AF464964

LA VIE DES PLANTES

PAR

Sir JOHN LUBBOCK

Membre du Parlement, Membre de la Société royale
Vice-président de la Société linnéenne
Vice-président du Conseil général de Londres
Président de la Chambre de commerce de Londres

OUVRAGE TRADUIT ET ANNOTÉ PAR M. EDMOND BORDAGE

Avec 271 figures intercalées dans le texte

PARIS
LIBRAIRIE J.-B. BAILLIÈRE ET FILS
19, RUE HAUTEFEUILLE, PRÈS DU BOULEVARD SAINT-GERMAIN

1889

LA VIE

DES PLANTES

8° S
6294

LYON. — IMPRIMERIE PITRAT AÎNÉ, RUE GENTIL, 4

LA VIE
DES PLANTES

DÉPÔT LÉGAL
Rhône
n° 283
1889

PAR

SIR JOHN LUBBOCK

Membre du Parlement, Membre de la Société royale
Vice-président de la Société linnéenne
Vice-président du Conseil général de Londres
Président de la Chambre de commerce de Londres

OUVRAGE TRADUIT ET ANNOTÉ PAR M. EDMOND BORDAGE

Avec 271 figures intercalées dans le texte

PARIS
LIBRAIRIE J.-B. BAILLIÈRE ET FILS
19, RUE HAUTEFEUILLE, PRÈS DU BOULEVARD SAINT-GERMAIN

1889

Tous droits réservés

AVANT-PROPOS

MM. J.-B. Baillière et fils ont bien voulu publier une traduction française de mon livre : *Flowers, Fruits and Leaves*, qui a été très favorablement accueilli en Angleterre et a eu plusieurs éditions.

Cette traduction a été faite avec le plus grand soin et la plus grande fidélité par M. Edmond Bordage. J'ose espérer que les lecteurs français ne considéreront pas ce livre comme dénué de tout intérêt.

J'ai essayé de mettre en évidence quelques-unes des causes qui contribuent à donner aux fleurs, aux fruits et aux feuilles leur forme, leurs couleurs et leurs autres caractères. J'ai toujours considéré ces questions comme appartenant aux chapitres les plus intéressants des sciences naturelles.

A la traduction de *Flowers, Fruits and Leaves*, MM. J.-B. Baillière et fils ont joint celle de deux de mes mémoires sur les graines et les plantules, récemment publiés par la Société Linnéenne de Londres. Le tout, constituant le présent volume, a reçu pour titre collectif : *La Vie des Plantes*.

Les cotylédons ou premières feuilles des plantes, diffèrent beaucoup des feuilles proprement dites. Je crois qu'aucune explication n'avait encore été donnée à ce sujet. Les cotylédons offrent aussi une grande variété de formes et ces différences s'observent quelquefois chez des espèces appartenant à un même genre.

Il appartiendra à mes lecteurs de juger jusqu'à quel point ils peuvent accepter mes idées.

Quoique mes deux mémoires sur les graines et les plantules aient été, en principe, écrits pour des personnes ayant déjà de sérieuses connaissances scientifiques, j'ose cependant espérer qu'ils seront lus avec fruit par tous ceux qui s'intéressent à l'étude charmante de la Botanique.

JOHN LUBBOCK.

High Elms, Down, Kent (Angleterre),
juin 1889.

PRÉFACE

Les personnes qui liront cet ouvrage s'apercevront tout de suite que l'auteur, sir John Lubbock, n'est pas seulement un savant éminent, mais encore un profond philosophe qui sait rattacher les phénomènes les plus simples, les faits élémentaires que chacun peut observer, aux problèmes les plus élevés des sciences naturelles. Le point de départ est toujours de la plus grande simplicité ; mais le point d'arrivée, la conclusion sont d'un ordre très élevé.

Les chapitres qui traitent des relations entre les fleurs et les insectes présentent, en particulier, un vif intérêt. Les expériences par lesquelles l'auteur prouve que le bleu est la couleur favorite des abeilles sont des plus ingénieuses.

Plusieurs personnes, qui s'adonnent à l'étude des sciences naturelles et auxquelles je citais ces curieuses expériences, m'ont souvent posé un certain nombre d'objections. Parmi ces objections il en est une seule qui, au premier abord, paraisse avoir quelque valeur ; quant aux autres, elles se réfutent avec la plus grande facilité. Cette objection est la suivante : Si les abeilles préfèrent la couleur bleue, elles doivent visiter de préférence les fleurs bleues et, par suite, jouer un rôle considérable dans l'évolution de ces fleurs. — Comment se fait-il alors qu'il y ait peu de plantes à fleurs bleues ?

Sir John Lubbock croit que cela provient de ce que les fleurs bleues sont relativement récentes [1]. On sait que les différentes parties de la fleur ne sont autre chose que des feuilles modifiées. Il est alors probable que les fleurs actuelles, possédant, pour la plupart, de brillantes couleurs descendent d'ancêtres qui ne possédaient que des fleurs vertes et peu apparentes. C'est là ce que semblent prouver les belles recherches de Darwin, Müller et Hildebrand. Il existe encore actuellement des plantes à fleurs vertes (Mercuriale, la plupart des Hellébores, etc.). Il est probable que les plantes à fleurs bleues proviennent d'ancêtres à fleurs vertes qui ont produit des fleurs blanches, jaunes et généralement rouges avant de produire ces fleurs bleues. Par exemple dans les Renonculacées, les espèces qui ont des fleurs simples, ouvertes, comme le Bouton d'or et le *Thalictrum* les ont généralement jaunes ou blanches. Les espèces à fleurs bleues comme le Pied-d'Alouette et

1 John Lubbock, *Abeilles, Fourmis et Guêpes.*

l'Aconit, ont un périanthe anormal, hautement spécialisé, adapté aux visites des insectes et ont, sans doute, une origine plus récente. Chez les Caryophyllées, les espèces à fleurs rouges ou pourpres se trouvent précisément dans les genres dont les fleurs ont atteint le plus haut degré de spécialisation, comme les Œillets et la Saponaire, tandis que les fleurs normales et ouvertes qui représentent mieux le type ancestral primitif, comme la Stellaire et le Céraiste, sont jaunes ou blanches.

Certaines fleurs changent de coloration. Le *Myosotis versicolor* est d'abord jaune, puis bleu ; et, d'après Müller, une variété de la Pensée des Alpes (*Viola tricolor alpestris)*, d'abord jaune quand elle s'épanouit, devient ensuite de plus en plus bleue. Les fleurs de certaines Pulmonaires, rouges quand elles s'épanouissent deviennent ensuite de couleur bleu clair ; et, au moment où elles se fanent elles sont bleu foncé. Ces fleurs répètent ainsi individuellement les phases par lesquelles passèrent autrefois leurs ancêtres.

Müller et Hildebrand ont encore fait une remarque importante. Les fleurs bleues qui, d'après eux, descendraient d'ancêtres blancs ou jaunes, après avoir bien souvent passé par le rouge, changent souvent de coloration, comme si leur teinte n'avait pas eu le temps de se fixer et retournait, par atavisme, à leur nuance primitive. C'est ainsi que l'Ancolie, le *Polygala*, la Sauge des prés et beaucoup d'autres plantes à fleurs normalement bleues, présentent souvent des fleurs jaunes ou blanches. Une violette, le *Viola calcarata* produit normalement des fleurs bleues ; mais, quelquefois elle possède accidentellement des fleurs jaunes.

Enfin quand on considère seulement les fleurs qui ont des nectaires profonds, fleurs spécialement adaptées aux abeilles et aux papillons et fréquentées par eux, on trouve que la proportion des fleurs bleues est relativement moins faible qu'elle ne l'avait paru au premier abord. Ainsi sur cent cinquante fleurs à nectar caché observées par Müller dans les Alpes de la Suisse, soixante-huit étaient blanches ou jaunes, cinquante-deux plus ou moins rouges et trente bleues ou violettes [1].

Nous croyons que ces arguments sont suffisants pour réfuter l'objection signalée plus haut.

Les relations qui existent entre les fleurs et les abeilles ou les insectes ailés d'une certaine taille, tels que les bourdons et les guêpes, constituent une source d'avantages réciproques. D'un autre côté, les visites des insectes ailés de petite taille et des insectes aptères sont, le plus souvent, nuisibles à la fleur qui est dépouillée de son nectar sans en retirer aucun avantage. Les relations entre les plantes et les insectes ne sont pas toujours amicales. On verra que ces derniers sont quelquefois capturés et tués par certains végétaux. De leur côté, certains insectes se nourrissent de plantes. Le règne végétal a un grand nombre d'autres ennemis tels que

[1] Müller, *in* Lubbock, *loc. cit.*

les mammifères herbivores, les limaces, les escargots, etc. En résumé, les plantes nourrissent directement ou indirectement le règne animal tout entier. Heureusement pour elles, les moyens de défense qu'elles possèdent leur permettent de soutenir la lutte pour l'existence. Ces moyens de défense sont, pour la plupart, cités dans cet ouvrage, et, récemment encore, ils ont été étudiés avec beaucoup de soin par M. Stahl, professeur à l'Université d'Iéna[1]. Ils varient beaucoup. Certaines plantes sont protégées chimiquement contre les limaces, les escargots, les chenilles, etc., par la présence, dans leurs tissus, de principes souvent vénéneux. Il en est de protégées par le tannin (Trèfle, Luzerne, Saxifrage), par l'acide oxalique *(Oxalis, Begonia*, Onagre, Euphorbe), par des substances amères (Gentiane, *Polygala)*, par des substances grasses (Hépatiques), par des essences diverses (Rue, Menthe poivrée, Ail). Ces plantes débarrassées des substances qu'elles contiennent par le simple lavage et par l'action de l'alcool ou de certains acides ne sont plus pour les animaux un sujet de répugnance.

Les végétaux possèdent encore des moyens mécaniques de protection : présence de poils acérés (Consoude, Bourrache), de poils sécréteurs (Séneçon visqueux, Robinier visqueux, *Polygonum amphibium)*,

[1] Voir Sthal : *Pflanzen und Schnecken*, et l'intéressant article publié par M. H. de Varigny, dans la *Revue scientifique* du 9 février 1889.

calcification ou silicification des parois cellulaires (Panais, *Torilis*, Maïs), présence de mucilages (Guimauve, Cactées), de cristaux d'oxalate de chaux ou raphides (Arum, Narcisse). M. Stahl a remarqué que, si l'on dissout par l'acide acétique le carbonate de chaux des cellules du Panais, du *Torilis*, etc., ces végétaux sont alors mangés par des animaux qui les refusaient auparavant. De même, si l'on dissout par l'acide chlorhydrique étendu les raphides de l'*Arum maculatum*, les animaux mangent volontiers cette plante.

Les végétaux utiles à l'homme sont protégés par lui non seulement contre les animaux, mais encore contre les mauvaises herbes mieux adaptées qui, sans cela, ne tarderaient pas à l'emporter dans la lutte pour l'existence. La Laitue, par exemple, produit de la culture et des soins de l'homme, est un mets de prédilection pour la plupart des gastéropodes de nos jardins. L'homme seul la protège contre leurs atteintes; elle descend cependant par la culture de la *Lactuca scariola*, qui se défend vigoureusement par des moyens chimiques et qui n'est acceptée par les gastéropodes qu'après traitement par l'alcool. Il semble que, du moment où l'homme cultive une plante, c'est-à-dire la prend sous sa protection, cette plante renonce peu à peu à ses armes défensives qui lui sont désormais inutiles[1].

[1] M. H. de Varigny, *loc. cit.*

Il est des plantes protégées par les fourmis et on lira à ce sujet, dans cet ouvrage, d'intéressants passages. D'après M. Buckley et le Dr Lincecum, il existerait même, au Texas, une fourmi, le *Pogonomyrmex barbatus*, qui cultiverait deux plantes : l'*Aristida oligantha* et le *Buchlæ dactyloïdes.* Autour de leurs demeures, les fourmis nettoient des cercles de dix à douze pieds de diamètre et ne laissent croître sur cet espace que les plantes favorites dont elles récoltent les graines qui constituent ce que certains naturalistes ont appelé le *Blé des fourmis.* M. Mac Cook, qui a récemment étudié la question, confirme l'opinion des deux savants cités plus haut, mais il pense que le *Blé des fourmis* se sème naturellement et n'est que protégé par ces dernières.

Mais si on laisse de côté, pour l'instant, les relations amicales, relativement peu nombreuses, on voit qu'il se livre une lutte continuelle entre le règne animal et le règne végétal. Il semblerait, au premier abord, que les plantes dussent fatalement succomber; mais elles résistent, grâce aux moyens de défense que nous venons d'indiquer et à la très grande quantité de graines qu'elles produisent généralement. Du reste, le rôle des plantes dans cette lutte ne se borne pas seulement à opposer une vive résistance aux attaques des animaux; elles prennent quelquefois l'offensive et causent parfois de grands ravages dans les rangs ennemis. Il y a des plantes carnivores, mais ce sont surtout les représentants les plus infimes du règne végétal qui sont les plus redoutables. Le thalle de certains petits Champignons *(Cordiceps, Empusa, Entomophthora)* envahit le corps des mouches ou celui des chenilles de la Piéride du Chou, et, en quelques jours, consomme toute la substance de l'insecte, à l'exception des trachées, de l'intestin et de la peau fortement distendue qui enveloppe le tout. Certains organismes inférieurs, classés par la plupart des naturalistes parmi les algues, les bactériens ou bactériacées, engendrent de terribles maladies. Ce sont des bacilles, des bactéries, des micrococques, des vibrions qui provoquent le charbon, la tuberculose, la septicémie, la fièvre typhoïde, la diphthérie, la rage, le choléra asiatique, la fièvre puerpérale, etc. Le choléra des poules, le rouget du porc, la flacherie et la pébrine des vers à soie sont provoqués par les micrococques. L'étude des relations amicales ou hostiles qui existent entre les plantes et les animaux offre, on le voit, un immense champ d'investigation. Elle fournira toujours d'intéressants résultats à ceux qui l'aborderont. En résumé, nous croyons que la lecture de ce livre inspirera à de jeunes intelligences le goût des sciences naturelles et fera réfléchir les esprits plus mûrs, qui connaissent déjà les faits qu'il contient, mais qui ne les ont peut-être pas encore envisagés au point de vue philosophique où se place sir John Lubbock. Nous espérons que la *Vie des plantes* trouvera en France un accueil aussi favorable que celui qui a été fait aux autres ouvrages de l'éminent savant qui se montra, en Angleterre, avec Huxley, Hooker, Romanes et Thiselton Dyer, l'un des plus dévoués défenseurs des idées de l'illustre Darwin[1].

EDMOND BORDAGE.

Lyon, le 30 avril 1889.

[1] A cet ouvrage, nous avons cru utile d'ajouter quelques notes. Elles ont été puisées, en partie, dans l'excellent traité de *Micrographie* de M. Gérard, professeur de botanique à la Faculté des sciences de Lyon. Nous avons aussi souvent demandé des renseignements et des conseils à M. Lachmann, maître de conférences de botanique à la même Faculté, qui nous les a toujours fournis avec sa compétence et son obligeance habituelles.

LA VIE
DES PLANTES

PREMIÈRE PARTIE

FLEURS, FRUITS ET FEUILLES

CHAPITRE PREMIER

LES FLEURS

Le Lamier blanc. — Fécondation croisée. — Relations entre les plantes et les insectes. — Plantes insectivores. — Pollinisation des fleurs par les insectes. — Structure de la fleur. — Économie de pollen. — Causes qui empêchent la fécondation directe. — Plantes anémophiles. — Industrie des abeilles et des guêpes. — Les abeilles et les couleurs — Structure de quelques fleurs particulières. — Utilité du nectar. — Étude de la fleur du Lamier. — La Sauge.

Le Lamier blanc. — La fleur du Lamier blanc commun (*Lamium album*, fig. 1) consiste en un tube étroit, légèrement élargi à sa partie supérieure (fig. 2), où le lobe inférieur de la corolle représente une sorte de plate-forme, sur chaque côté de laquelle est

Fig. 1. — Lamier blanc.

situé un petit lobe en saillie (fig. 3, *m*). La portion supérieure de la corolle est recourbée et a la forme d'un capuchon (fig. 3, *co*) sous lequel sont situées quatre anthères *(aa)* disposées par paires. Entre ces anthères, est placé le pistil dont l'extrémité forme une pointe qui se dirige légèrement de haut en bas. Le tube contient du miel dans sa partie inférieure ; et, au-dessus du miel, se trouve une rangée de poils qui obstruent presque complètement le passage.

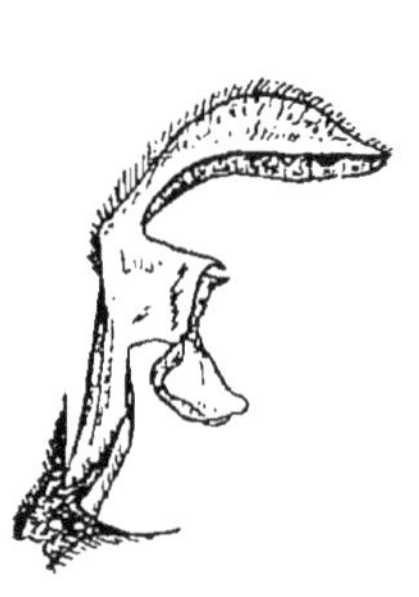

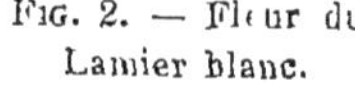

Fig. 2. — Fleur du Lamier blanc.

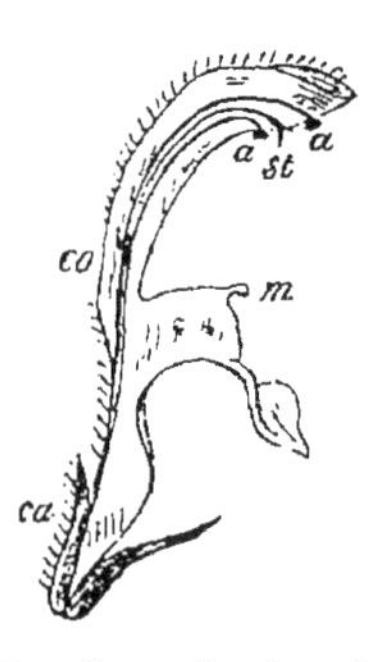

Fig. 3. — Section de la fleur du Lamier.

Pourquoi la fleur a-t-elle cette forme particulière? Qu'est-ce qui détermine la longueur du tube? Quelle est l'utilité de cette voûte que forme la partie supérieure de la corolle? Que nous apprennent ces lobes? Quelle est, pour la fleur, l'utilité du miel? A quoi sert cette rangée de poils? Pourquoi le stigmate s'avance-t-il au delà des anthères? Pourquoi, enfin, la corolle est elle blanche, tandis que le reste de la plante est vert?

De semblables questions peuvent naturellement être posées relativement à d'autres fleurs. Voyons s'il nous est possible de les éclaircir un peu.

Fécondation croisée. Relations entre les plantes et les insectes. — A la fin du siècle dernier, Conrad Sprengel publia sur les fleurs un ouvrage de beaucoup de valeur, dans lequel il montrait que les formes, les couleurs, le parfum et la présence du miel avaient pour but d'attirer les insectes, qui jouent un rôle important en transportant le pollen des étamines sur le pistil. Cet admirable travail ne fut pas honoré de toute l'attention qu'il méritait, et resta presque inconnu jusqu'à ce que M. Darwin abordât ce sujet. Notre illustre compatriote aperçut clairement, le premier, que le principal service rendu aux fleurs par les insectes, ne consistait pas seulement à transporter le pollen des étamines d'une fleur sur son pistil ; mais encore à transporter ce pollen sur le pistil d'une autre fleur. Sprengel, il est vrai, avait observé cela plus d'une fois, mais il ne sut pas apprécier complètement l'importance du fait.

Ch. Darwin a jeté une vive lumière sur ce sujet, non seulement par des considérations théoriques, mais aussi au moyen de la méthode expérimentale elle-même, employée dans différents cas. Plus récemment, Fritz Müller a même montré que, dans quelques cas, le pollen placé sur le stigmate de la fleur dont il provient, ne produisait pas plus d'effet qu'une quantité égale de poussière inorganique ; tandis que, ce qui est peut-être même plus extraordinaire, dans d'autres cas, le pollen agissait comme un poison. Il observa ce fait pour plusieurs espèces de plantes ; les fleurs se fanaient et se détachaient, les masses polliniques elles-mêmes et le stigmate avec lequel elles étaient en contact se ratatinaient, prenaient une couleur foncée et dépérissaient; tandis que des fleurs de la même plante, mais qui n'avaient point subi la pollinisation, conservaient leur fraîcheur.

L'importance de cette « fécondation croisée », comme on l'appelle, par opposition, avec la « fécondation directe », fut prouvée d'une façon concluante par M. Darwin, dans son remarquable mémoire sur la Primevère *(Linnean Journal*, 1862), et il a depuis complété cette même étude par des recherches sur les Orchidées, le Lin, la Salicaire et un certain nombre d'autres plantes. Une fois que cette nouvelle impulsion eut été donnée à l'étude des fleurs, la question fut traitée, en Angleterre, par Hooker, Ogle, Bennett et par d'autres naturalistes; et, sur le continent, par Axell, Delpino, Hildebrand, Kerner, F. Müller. Le Dr H. Müller s'en est occupé tout spécialement, et aux observations des autres botanistes qu'il a réunies, il a ajouté un nombre considérable de ses propres remarques.

Plantes insectivores. — Dans la majorité des cas, les relations qui existent entre les insectes et les fleurs sont une source d'avantages réciproques. Cependant, chez quelques plantes, telles que notre *Drosera* commun, il n'en est pas ainsi, car les insectes sont retenus prisonniers et dévorés par la plante[1]. La première observation sur les plantes insectivores fut faite vers l'année 1768, par notre compatriote Ellis. Il remarqua que les feuilles de la Dionée, plante de l'Amérique du Nord, possédaient

[1] Darwin, *Insectivorous Plants (les Plantes insectivores).*

une espèce de charnière dans leur partie médiane, et que leurs deux moitiés, en venant s'appliquer l'une contre l'autre, pouvaient tuer et digérer, d'une façon apparente, les insectes qui se posaient sur elles.

Dans notre *Drosera rotundifolia* commun (fig. 4), les feuilles arrondies sont couvertes de poils glanduleux ou tentacules, au nombre de deux cents environ sur une feuille bien développée. Chaque glande est entourée d'une goutte d'un liquide très visqueux. Ces gouttelettes sont très brillantes lorsqu'elles sont éclairées par le soleil, et ce sont elles qui ont fait donner à la plante le nom de *Rosée du soleil*. Si un objet est placé sur la feuille, les poils glanduleux se replient lentement sur lui ; si cependant l'objet est inorganique, les poils se relèvent bientôt. Mais, d'un autre côté, si un petit insecte vient se poser sur la feuille, il est englué dans le liquide visqueux, les poils s'abaissent sur lui et il est complètement digéré[1].

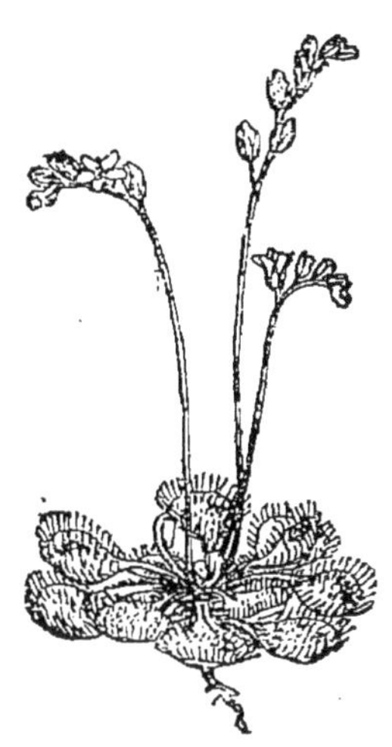

Fig. 4. — *Drosera rotundifolia.*

[1] D'après Ch. Darwin, le liquide sécrété par les glandes du *Drosera* serait analogue à la pepsine du sac gastrique. M. Musset prétend avoir observé, pendant trois ans, le *Drosera*, et, d'après lui, cette plante ne serait pas insectivore. Elle serait même végétarienne ; il affirme avoir aperçu sur ses feuilles des fragments de Sphaignes et de Polytrics, (*Comptes rendus de l'Académie des sciences*, 16 juillet 1883.)

M. Frank Darwin a montré récemment que les *Drosera* nourris d'insectes croissaient plus vigoureusement que les autres. La sensibilité des feuilles est telle qu'un objet pesant seulement 0^{gr},00008 placé sur elles détermine leur mouvement; et cependant, la chute et le poids des gouttes d'eau provenant des plus fortes pluies sont sans effet sur ces feuilles. Le *Drosera* n'est pas la seule plante insectivore que nous possédions en Angleterre. Dans le genre *Pinguicula*, qui croît dans les lieux humides, les feuilles sont concaves et leurs bords sont relevés. La face supérieure de ces feuilles présente deux rangées de poils glanduleux. Qu'une mouche ou un autre insecte vienne s'appuyer sur l'une d'elles, les deux bords de la feuille, se repliant davantage, emprisonneront l'imprudent.

Nous pouvons encore citer comme exemple, l'Utriculaire, plante aquatique qui possède un certain nombre d'utricules ou sacs considérés autrefois comme autant de flotteurs. Les branches qui ne portent pas d'utricules flottent aussi bien que les autres et ces sacs semblent avoir pour rôle de capturer une grande quantité de petits animaux aquatiques. Les flotteurs se comportent comme des nasses, et ils possèdent un opercule qui permet facilement à ces petits animaux de pénétrer à l'intérieur, mais qui s'oppose complètement à leur sortie.

Je ne citerai que le *Sarracenia*[1], comme exemple

[1] Voyez Hooker, *British Association Journal*, 1874.

tiré des pays étrangers. Dans ce genre, quelques feuilles ont la forme d'une cruche. Elle sécrètent un liquide, et sont bordées intérieurement par des poils dirigés de haut en bas. Sur le bord de cette sorte de cruche, se trouve une rangée de glandes à nectar qui attirent les insectes.

Les mouches et les autres insectes qui tombent à l'intérieur de la cavité ne peuvent pas en sortir et sont digérés par la plante. On prétend cependant que les abeilles ne sont capturées que très rarement.

Pollinisation des fleurs par les insectes. — Chacun sait de quelle utilité sont les fleurs pour les insectes. On n'ignore pas que les abeilles, les papillons, etc., se nourissent essentiellement du nectar ou du pollen des fleurs ; mais, beaucoup de personnes ne connaissent pas quelle est l'utilité des insectes pour les plantes. Il a cependant été clairement montré, il me semble, que si les insectes ont été modifiés, en quelques points, dans leur structure pour pouvoir recueillir plus facilement le nectar et le pollen, les fleurs, de leur côté, possèdent leur parfum, leur nectar, leur forme et leurs couleurs dans le but d'attirer les insectes. C'est ainsi que certaines lignes ou bandes qui ornent quelques fleurs indiquent la position du nectar[1], et l'on pourra remarquer que ces indices

[1] Ch. Darwin a remarqué que dans la fleur centrale de la cyme des Pélargoniums les pétales perdent souvent leurs mouchetures de couleur sombre. Lorsque pareil cas se présente, le nectaire correspondant est complètement avorté; quand la moucheture manque seulement sur l'un des deux pétales supérieurs, le nectaire n'est que raccourci.

révélateurs de la présence du nectar ne se présentent jamais sur les fleurs qui n'éclosent que la nuit comme le *Lychnis vespertina* ou le *Silene nutans*. Ils seraient en effet complètement inutiles sur de telles fleurs. De plus, les fleurs qui ne s'épanouissent pas pendant le jour sont généralement d'une couleur pâle. Nous voyons, par exemple, que le *Lychnis vespertina* est blanc, tandis que le *Lychnis diurna*, qui fleurit le jour, est rouge.

On peut dire, d'une façon générale, que les fleurs qui ne sont pas fécondées par les insectes, comme celles du Hêtre et de beaucoup d'autres arbres de nos forêts, sont petites et ne possèdent ni couleur, ni parfum, ni nectar.

Structure de la fleur. — Avant d'aller plus loin, permettez-moi de citer brièvement les termes que l'on emploie pour décrire les différentes parties de la fleur.

Si nous examinons une fleur ordinaire, celle du Géranium, par exemple, nous voyons : 1° une enveloppe externe ou *calice*, quelquefois tubuleuse, mais composée, d'autres fois, de plusieurs feuilles séparées appelées *sépales ;* 2° une enveloppe interne ou *corolle* qui est généralement plus ou moins colorée, tubulaire ou composée de plusieurs feuilles séparées que l'on nomme *pétales ;* 3° une ou plusieurs *étamines*, comprenant un filament *(filet)* et une tête ou anthère dans laquelle se forme le pollen ; 4° un pistil situé au centre de la fleur. Ce pistil se compose ordinairement de trois parties principales : 1° à sa base inférieure, une ou plusieurs loges contenant un ou plusieurs ovules ; 2° un filament grêle ou *style ;* 3° un *stigmate* formant ordinairement une petite tête arrondie située au sommet du style, et dans lequel le pollen peut se frayer un passage pour aller féconder la fleur.

Mais, quoique le pistil soit ainsi entouré d'une ou de

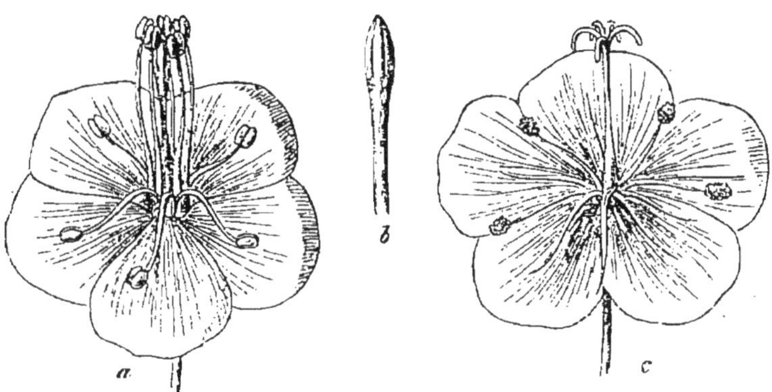

FIG. 5. — *Geranium pratense* (jeune fleur). Cinq étamines se sont redressées.

FIG. 6. — *G. pratense* (fleur âgée). Les étamines ont repris leur position naturelle et les branches du stigmate se sont écartées.

plusieurs rangées d'étamines, il est assez rare que le pollen tombe directement sur le stigmate. Ce transport du pollen est ordinairement effectué par les insectes, les oiseaux ou le vent. Lorsque le pollen est transporté par le vent, il s'en perd une grande partie, et les plantes pollinisées par ce procédé doivent en produire beaucoup plus que celles qui le sont par les insectes.

Économie de pollen. — La pollinisation effectuée par les insectes offre l'avantage d'une grande économie de pollen. On peut dire, d'après les expériences qui ont été faites, qu'il y a beaucoup de chances que tous les ovules d'une fleur soient fécondés, lorsque cette fleur produit un nombre de grains de pollen représentant au moins le sextuple du nombre des ovules. Mais, dans le cas où le pollen est transporté par le vent, il y a peu de chances qu'un grain atteigne exactement une autre fleur, et par suite, la plus grande partie de ce pollen est perdue. Chacun a pu observer, par exemple, les nuages que forment les grains de pollen du Sapin d'Écosse.

Dans certaines plantes, telles que la Pivoine, le pollen est transporté par les insectes et, dans ce cas, il n'est pas nécessaire que la plante en produise une si grande quantité. Cependant, cette fleur en produit environ trois ou quatre millions de grains. D'après M. Hassall, la fleur du Pissenlit n'en produirait que deux cent quarante mille grains environ, tandis que la fleur du *Geum urbanum*, si l'on en croit Gærtner; en produirait une quantité seulement dix fois plus grande que celle qui serait strictement nécessaire pour accomplir la fécondation.

Causes qui empêchent la fécondation directe. — On est tout d'abord porté à croire que, dans une fleur portant à la fois des étamines et un pistil, la fécondation puisse avoir lieu directement. Cela a lieu effectivement pour quelques espèces; mais, comme nous l'avons déjà dit, il y a tout avantage pour une fleur à ce qu'elle soit fécondée par du pollen provenant d'une autre fleur de la même espèce. Dans quels cas la fécondation directe n'a-t-elle pas lieu ? — Dans trois cas principaux : 1° dans beaucoup d'espèces, les étamines et le pistil sont sur des fleurs séparées, et quelquefois même sur des plantes distinctes ; 2° quelquefois, les étamines et le pistil se trouvant sur une même fleur, il arrive que la maturité des premiéres ne concorde pas avec celle de ce dernier. Ce cas a été observé pour la première fois en 1790, par Sprengel, dans l'*Epilobium angustifolium*. Il peut se faire que la maturité du stigmate précède celle des étamines ; mais plus généralement, les anthères arrivées à leur complet développement, ont répandu leur pollen avant que le stigmate soit complètement mûr ; 3° dans ce cas, quoique les étamines et le pistil se trouvent sur une même fleur et arrivent en même temps à leur maturité, ils sont situés de telle façon que le pollen ne peut atteindre que très difficilement le stigmate.

Le transport du pollen d'une fleur à une autre est effectué, comme nous l'avons déjà dit, par les insectes et le vent ; et, plus rarement, par oiseaux ou par l'eau[1]. Dans la curieuse Vallisnériane *(Vallisneria spiralis)*, par exemple, les fleurs femelles sont situées sur de longs supports qui croissent très rapidement, de sorte que si le niveau de l'eau varie dans des limites ordi-

[1] On donne ordinairement le nom de *plantes entomophiles* aux plantes pollinisées par les insectes, et le nom de *plantes anémophiles* à celles qui sont pollinisées par le vent.

naires, les fleurs flottent toujours à sa surface. Les fleurs mâles sont au contraire petites et sessiles; mais, lorsqu'elles sont arrivées à leur complet développement, elles se détachent de la plante, montent à la surface de l'eau et y flottent librement à la rencontre des fleurs femelles.

Plantes anémophiles. — D'une façon générale, les fleurs fécondées grâce à l'intervention du vent ne possèdent pas de couleurs vives, n'émettent pas de parfum, ne produisent pas de nectar et sont de forme régulière. La couleur, le parfum et le nectar sont l'apanage des fleurs pollinisées par la visite des insectes. Il est très avantageux pour les fleurs pollinisées par l'action du vent, de s'épanouir au début du printemps, avant que les feuilles se soient développées. Ces dernières constitueraient en effet un obstacle qui pourrait entraver le transport du pollen. Dans ces fleurs, le pollen est moins adhérent que chez les autres, de sorte qu'il est facilement entraîné par le vent. Cela serait nuisible pour beaucoup de plantes qui sont fécondées grâce aux visites des insectes. Il est à noter que le stigmate des fleurs dans la fécondation desquelles le vent joue un rôle, est plus ou moins ramifié et hérissé de poils, ce qui augmente évidemment son pouvoir de fixer le pollen.

Ch. Darwin a remarqué que toutes les fleurs de forme irrégulière étaient fécondées grâce à l'intervention des insectes.

Industrie des abeilles et des guêpes. Les abeil

les et les couleurs. — Les relations qui existent entre les fleurs et les abeilles prouveront à bien des personnes que les insectes savent distinguer les couleurs. Le fait n'avait été prouvé par aucune expérience vraiment concluante. C'est pourquoi j'ai tenté celles que j'indique plus loin. Lorsque je déposais une abeille sur du miel, l'insecte le suçait tranquillement, retournait à la ruche, emmagasinait sa provision et revenait seule ou avec quelques compagnes. Chaque visite durait environ six minutes, de sorte qu'il y en avait à peu près dix par heure et une centaine environ par jour. Je d is ajouter qu'en pareil cas les habitudes des guêpes sont les mêmes et qu'elles paraissent tout aussi industrieuses que les abeilles.

J'en ai fait l'expérience[1] en habituant une guèpe et une abeille à venir sur du miel, et en notant les intervalles de temps qui se produisaient entre leurs visites pendant une journée entière. Sachant qu'elles viendraient de bonne heure, je me rendis dans mon cabinet de travail un peu après 4 heures du matin. La guèpe était déjà à l'œuvre et elle n'interrompit pas sa besogne avant 7^{h} 46^{m} du soir. Elle avait donc travaillé sans interruption pendant seize heures, faisant au moins cent seize visites au miel. L'abeille se mit au travail à 5^{h} 45^{m} et partit définitivement un peu avant la guèpe.

[1] Sir J. Lubbock a fait d'admirables études sur les abeilles, les guêpes et les fourmis. Les résultats de ses intéressantes expériences sont donnés dans deux de ses ouvrages : *Ants, Bees and Wasps (Fourmis, Abeilles et Guêpes)*, Paris, 1883, 2 volumes, et *Les Mœurs des Fourmis* (trad. française).

Je donne ici le compte rendu des visites effectuées par la guêpe pendant la matinée.

Comme je l'ai déjà dit, elle vint au miel pour la première fois,

A	$4^h 13^m$	Elle y revint à	$8^h 29^m$
Elle y revint à	$4^h 32^m$	—	$8^h 36^m$
—	$4^h 50^m$	—	$8^h 40^m$
—	$5^h 5^m$	—	$8^h 45^m$
—	$5^h 15^m$	—	$8^h 56^m$
—	$5^h 22^m$	—	$9^h 7^m$
—	$5^h 29^m$	—	$9^h 14^m$
—	$5^h 36^m$	—	$9^h 20^m$
—	$5^h 43^m$	—	$9^h 26^m$
—	$5^h 50^m$	—	$9^h 39^m$
—	$5^h 57^m$	—	$9^h 43^m$
—	$6^h 5^m$	—	$9^h 50^m$
—	$6^h 14^m$	—	$9^h 57^m$
—	$6^h 23^m$	—	$10^h 4^m$
—	$6^h 30^m$	—	$10^h 10^m$
—	$6^h 40^m$	—	$10^h 15^m$
—	$6^h 48^m$	—	$10^h 24^m$
—	$6^h 56^m$	—	$10^h 29^m$
—	$7^h 5^m$	—	$10^h 37^m$
—	$7^h 12^m$	—	$10^h 45^m$
—	$7^h 18$	—	$10^h 50^m$
—	$7^h 25^m$	—	$10^h 59^m$
—	$7^h 31^m$	—	$11^h 6^m$
—	$7^h 40^m$	—	$11^h 15^m$
—	$7^h 46^m$	—	$11^h 22^m$
—	$7^h 52^m$	—	$11^h 30^m$
—	8^h	—	$11^h 35^m$
—	$8^h 10^m$	—	$11^h 47^m$
—	$8^h 18^m$	—	$11^h 55^m$
—	$8^h 24^m$	—	$12^h 6^m$

A chaque visite, elle suçait autant de miel qu'elle

pouvait en emporter à son nid, et après l'y avoir déposé elle revenait immédiatement.

Elle continua ses visites jusqu'au crépuscule. Cela se passait pendant l'automne, et il faut remarquer que pendant l'été, les guèpes font plus d'ouvrage et travaillent jusqu'à une heure du soir assez avancée.

Pendant la belle saison, les abeilles visitent souvent plus de vingt fleurs par minute; et elles économisent si précieusement leur temps que si, dans une fleur possédant plusieurs nectaires, elles en trouvent un dépourvu de suc, elles ne s'amusent pas à visiter ceux qui restent sur la même plante[1]. M. Darwin ayant fixé son attention sur un certain nombre de fleurs, a vu que chacune d'elles était visitée au moins trente fois par jour, par les abeilles. Cela prouve que lorsqu'un grand nombre de fleurs se trouvent réunies, comme cela a lieu dans les champs de Trèfle et dans les terrains couverts de Bruyères, chacune d'elles est cependant visitée par les insectes, dans le cours de la journée. M. Darwin a examiné soigneusement un grand nombre de fleurs placées dans de telles conditions, et il a vu qu'il n'y en avait pas une seule qui ne fût visitée par les abeilles.

Afin de montrer que les abeilles sont capables de distinguer les couleurs, je plaçai du miel sur une lame

[1] Il arrive aussi quelquefois que, par économie de temps, les bourdons perforent les corolles au lieu de chercher à écarter leurs parois. C'est ainsi qu'ils perforent, à leur base, les corolles des fleurs du Muflier. Les abeilles profitent de ces ouvertures pour venir, à leur tour sucer le nectar de ces fleurs. Dans ces cas-là, il n'y a pas pollinisation.

de verre que je déposai sur du papier de couleur bleue. Lorsque l'abeille eut fait plusieurs voyages, s'habituant ainsi à la couleur bleue, je mis une quantité supérieure de miel sur une lame de verre posée sur du papier de couleur orangée, à une distance d'environ 60 centimètres de la première lame. Pendant une absence de l'abeille, je transposai les deux couleurs, laissant le miel à la place qu'il occupait déjà. L'abeille retourna à l'endroit où elle avait l'habitude de venir chercher le miel; mais, quoiqu'il y fût encore, elle ne s'y posa pas; elle s'arrêta un moment, puis vint se poser directement sur celui qui était situé au-dessus du papier bleu. Quiconque aurait été présent à ce moment-là, n'aurait pu douter un instant de la faculté que possédait cette abeille de distinguer la couleur bleue de la couleur orangée.

Ayant de même habitué une abeille à venir sur du miel déposé sur du papier bleu, je disposai à la suite les unes des autres, sur six feuilles de papier dont la première était jaune, la deuxième orangée, la troisième rouge, la quatrième verte, la cinquième noire et la sixième blanche, six lames de verre sur lesquelles j'avais mis du miel. Je transposai alors continuellement les feuilles de papier sans changer l'ordre des lames de verre. L'abeille venait toujours se poser sur la lame placée sur le papier bleu, quelle que fût la place de ce dernier. Les abeilles semblent donc, comme nous-mêmes, préférer certaines couleurs, le bleu et le rose, par exemple, à toutes les autres. Au contraire, les mouches sont surtout attirées par les fleurs dont la couleur rappelle celle de la chair ou par celles qui sont d'un jaune livide. D'ailleurs, tandis que les abeilles sont attirées par des odeurs qui nous sont agréables, les mouches préfèrent des odeurs qui souvent nous déplaisent, ce qui n'a rien d'étonnant si on tient compte des mœurs des larves de ces derniers insectes.

Nous allons maintenant étudier les cas où le transport du pollen s'effectue de différentes façons chez des

Fig. 7. — Mauve des bois (*Malva sylvestris*).

Fig. 8. — Mauve à feuilles rondes (*Malva rotundifolia*).

plantes très voisines et quelquefois même chez des plantes appartenant à un même genre.

Structure de quelques fleurs particulières. — D'après le Dr H. Müller, le *Malva sylvestris* (fig. 7) et le *Malva rotundifolia* (fig. 8), qui croissent dans les mêmes localités et devraient par suite entrer en concurrence, sont cependant presque aussi répandus l'un que l'autre. Dans le *Malva sylvestris* (fig. 9), chez lequel les branches du stigmate sont disposées de façon à empêcher la fécondation directe, les pétales sont larges, très apparents, et la plante est visitée par de nombreux insectes. Dans le *M. rotundifolia*, dont les fleurs sont relativement petites et peu visitées par les insectes, les branches du stigmate sont allongées et s'entrelacent avec les étamines. Grâce à cette disposition, la plante se féconde aisément elle-même.

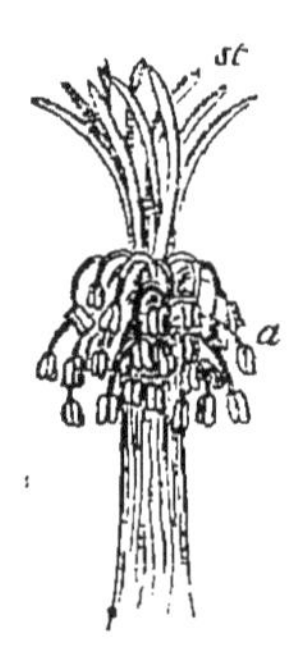

FIG. 9 — Étamines et stigmate de *Malva sylvestris*.

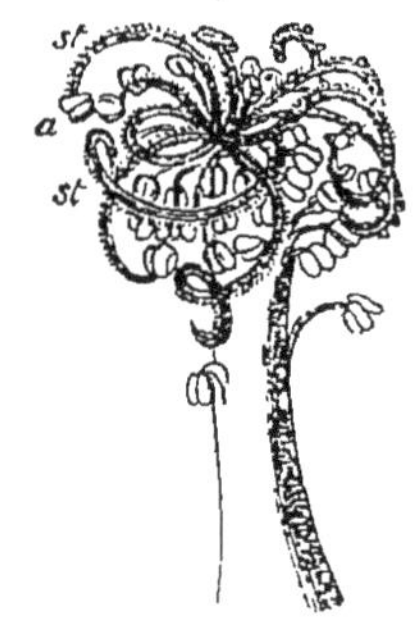

FIG. 10. — Étamines et stigmates de *Malva rotundifolia*.

Un autre cas intéressant est celui du genre *Epilobium* L'*Epilobium angustifolium* possède de larges fleurs purpurines groupées et est très visité des insectes; tandis que l'*E. parviflorum* a de petites fleurs solitaires rarement visitées par eux. Dans l'*E. angustifolium*, les visites des insectes sont indispensables parce que les étamines arrivent à leur maturité avant le pistil, ce qui rendrait impossible la fécondation directe. Dans l'*E. parviflorum*, au contraire, les étamines et le pi·til sont mûrs à la même époque.

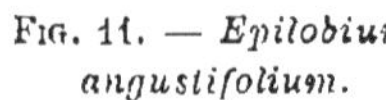
FIG. 11. — *Epilobium angustifolium*.

FIG. 12. — *E. parviflorum*.

Étudions maintenant les cas que nous offrent certains Géraniums. Dans le *G. pratense* (fig. 5 et 6), toutes les anthères s'ouvrent, répandent leur pollen et se flétrissent avant que le pistil soit mûr. La fleur ne peut donc pas se féconder seule et les visites des insectes sont nécessaires. Chez le *G. pyrenaicum*, dont la fleur n'est pas tout à fait aussi large que celle du *G. pratense*, les étamines mûrissent avant le stigmate, mais la maturité de ce dernier se faisant peu attendre, le pollen n'est pas encore tout à fait répandu et la fleur peut se féconder elle-même. La fécondation chez le *G. pyrenaicum* n'est donc pas entièrement effectuée par les visites des insectes. Dans le *G. molle*, dont la fleur est encore plus petite que celles du *G. pratense* et du *G. pyrenaicum*, cinq des étamines mûrissent avant le stigmate, mais les cinq autres sont mûres en même temps que lui. Enfin, dans le *G. pusillum*, possédant des fleurs encore plus petites que celles des trois espèces précédentes, le stigmate est mûr avant les étamines. Nous avons donc ainsi une série d'espèces de Géraniums dont la fécondation nécessite plus ou moins l'intervention des insectes, depuis le *G. pratense* où cette intervention est indispensable, jusqu'au *G. pusillum* où elle est ordinairement tout à fait inutile. D'un autre côté, la largeur de la corolle augmente en même temps que l'importance du rôle des insectes.

Dans les espèces où la fécondation directe est empêchée, parce que la maturité des étamines ne concorde pas avec celle du pistil, ce sont, en général, les étamines qui sont les premières mûres. Il y a probablement une relation entre ce fait et les visites des insectes. Dans les fleurs qui forment des inflorescences groupées, les premières épanouies sont ordinairement celles qui sont situées le plus bas. Si nous considérons une de ces inflorescences, nous voyons qu'au début, les fleurs épanouies ont déjà leur pollen mûr, lorsque leurs stigmates n'ont pas encore atteint leur complet développement. Mais les fleurs inférieures étant les plus âgées, il se fera que leurs stigmates arriveront à maturité au moment où chez les fleurs supérieures, les anthères seules seront complètement mûres. On a pu remarquer que, lorsque les abeilles visitent les fleurs d'une inflorescence, elles commencent par les fleurs les plus inférieures et continuent leur besogne en allant de bas en haut. C'est pourquoi, une abeille qui s'est déjà couverte de pollen sur les fleurs d'une autre plante, lorsqu'elle arrivera à l'inflorescence qui nous occupe, commencera par visiter les fleurs les plus inférieures dont le stigmate est déjà mûr. Elle couvrira ce stigmate du pollen dont elle est couverte elle-même, et la fécondation sera assurée. D'un autre côté, les fleurs situées à la partie supérieure de l'inflorescence, couvriront l'insecte de leur pollen, et ce pollen servira à féconder les fleurs d'une autre plante.

Il y a cependant un petit nombre d'espèces végétales chez lesquelles le stigmate mûrit avant les étamines. Nous pouvons citer comme exemple le *Scrophularia nodosa*. M. Wilson a donné l'explication de ce fait.

Le *S. nodosa* est une de nos rares fleurs visitées par les guêpes seulement. Son nectar déplaît aux abeilles. Ordinairement les guêpes, lorsqu'elles visitent les fleurs d'une plante, commencent par celles qui sont placées le plus haut et continuent leur besogne en allant de haut en bas; tandis que les abeilles, comme nous l'avons déjà dit, font tout le contraire. Par conséquent, il y a tout avantage pour les fleurs visitées par les guêpes, à ce que, dans les fleurs placées le plus haut, la maturité du stigmate ait lieu avant celle des étamines. Dans le genre *Aristolochia*, la fleur est une sorte de long tube possédant un étroit orifice fermé par des poils mobiles, dirigés d'avant en arrière, ce qui lui permet de jouer le rôle d'une nasse. De petites mouches en quête de nectar, entrent dans la corolle; mais, par suite de la disposition des poils, il leur est impossible d'en sortir. Elles restent emprisonnées jusqu'à ce que les étamines soient mûres et les aient recouvertes de leur pollen. Alors les poils de la corolle se dessèchent et les mouches, rendues à la liberté, transportent le pollen sur une autre fleur.

Dans nos Arums communs, une feuille modifiée [1], que tout le monde a remarquée, entoure un support charnu, à la partie inférieure duquel sont situés quelques stigmates *(p,* fig. 13). La partie supérieure du même

[1] On donne à cette feuille modifiée ou bractée le nom de *spathe*. La spathe prend quelquefois une coloration éclatante, blanche dans le *Richardia africana*, le *Calla palustris*, ou rouge écarlate *(Anthurium Scherzerianum)*.

support présente plusieurs rangées d'anthères *(a)*. On pourrait croire que le pollen des anthères tombe directement sur l'organe femelle et que la fécondation est ainsi accomplie. Il n'en est pas ainsi. Les stigmates mûrissent les premiers et sont complètement desséchés au moment de la maturité des anthères. Le pollen doit donc être transporté par des insectes. Cette tâche incombe à de petites mouches qui pénètrent dans la fleur pour y trouver du nectar ou un abri, et qui y sont retenues prisonnières par une rangée de poils *(h)*. Lorsque les anthères sont mûres, leur pollen tombe sur les mouches qui s'en recouvrent dans leurs efforts pour sortir de leur prison. C'est alors que les poils se dessèchent, et les mouches rendues à la liberté vont porter le pollen sur une autre fleur.

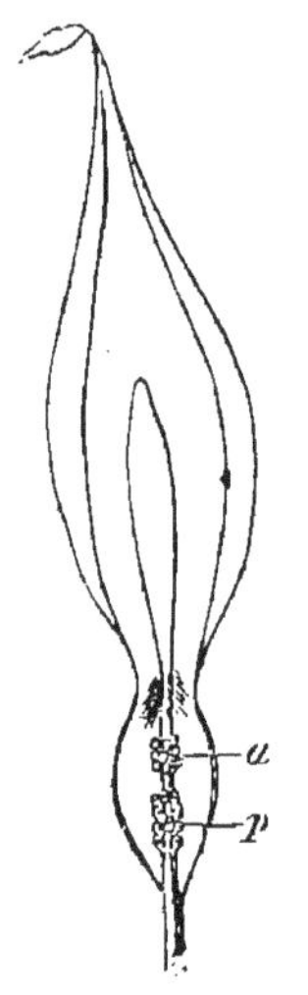

Fig. 13. — Coupe schématique d'une fleur d'*Arum* : *h*, poils ; *a*, anthères ; *p*, stigmates.

Utilité du nectar. Étude de la fleur du Lamier. — Revenons maintenant à la fleur du Lamier blanc et voyons comment on peut répondre aux questions posées au début de ce chapitre. En premier lieu, le nectar attire les insectes. Si les fleurs ne contenaient pas de nectar, les visites des insectes ne s'expliqueraient pas. De leur côté les couleurs brillantes rendent la fleur plus visible. Sur la plate-forme viennent se poser les abeilles. La longueur de la corolle est en rapport avec la longueur de la trompe de ces dernières et interdit l'entrée de la fleur aux insectes de plus petite taille qui pourraient lui nuire, dérober son nectar et détourner les visites des abeilles, tout en n'accomplissant pas la la tâche utile à la fécondation. La partie supérieure de la corolle recourbée en forme de capuchon protège les étamines et le pistil et tend à les presser contre le dos des abeilles; de sorte que, lorsque ces insectes s'étant posés sur la plate-forme, introduisent leur trompe à l'intérieur de la corolle pour y sucer le nectar, leur dos se trouve en contact avec les organes reproducteurs de la fleur. La rangée de petits poils occupant le fond de la corolle empêche les petits insectes de pénétrer jusqu'au nectar et de le dérober. Enfin les petits lobes situés de chaque côté de la lèvre inférieure de la corolle, représentent les rudiments de deux parties de cette corolle autrefois plus développées; mais qui, par suite de leur inutilité, ont presque complètement disparu.

Dans le Lamier blanc, les étamines et le pistil sont mûrs à la même époque; mais la disposition de ces organes rend cependant indispensables pour la fécondation les visites des abeilles. Le stigmate s'avance en effet au delà des étamines, comme on peut le voir sur la figure 3. Si une abeille dont le dos est déjà recouvert de pollen ramassé dans l'intérieur d'une autre fleur, vient à pénétrer à l'intérieur de la corolle, son dos se trouvera d'abord en contact avec le stigmate, et le pollen se déposera sur l'organe femelle, avant que le corps de l'insecte ait frôlé les étamines. Chez d'autres espèces appartenant à la même famille (Labiées), la fécondation est aussi opérée par l'intermédiaire des insectes, et cela, parce que les étamines ont répandu leur pollen et se sont desséchées avant que le stigmate ait atteint sa maturité.

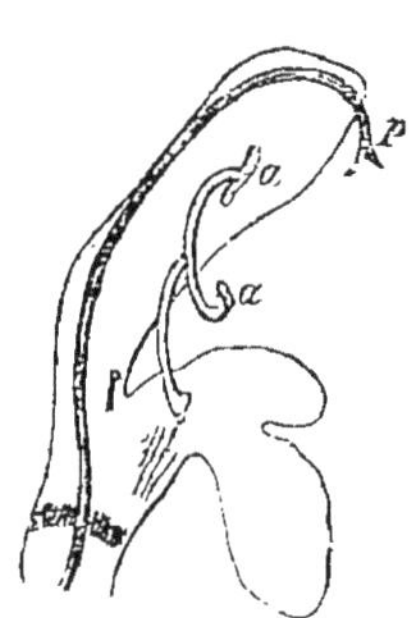

Fig. 14. — Sauge officinale (*Salvia officinalis*). Coupe d'une jeune fleur.

La Sauge. — La figure 14 représente une jeune fleur de *Salvia officinalis* dans laquelle les étamines sont mûres *(aa)*, tandis que le pistil *(p)* ne l'est pas encore. Chez cette jeune fleur le pistil, comme l'indique la figure 15, n'est pas frôlé par les abeilles. Les anthères se dessèchent successivement après avoir répandu leur

Fig. 15. — *Salvia officinalis*. Jeune fleur visitée par une abeille.

Fig. 16. — *Salvia officinalis*. Fleur âgée.

pollen; tandis que le style croît et se recourbe de haut en bas, jusqu'à ce qu'il vienne occuper la position indiquée dans la figure 16. Cette position est telle que le dos de toute abeille qui pénétrera dans la corolle se trouvera en contact avec le stigmate et y déposera le pollen pris sur une fleur plus jeune. De cette façon la fécondation croisée est assurée.

Le *Salvia officinalis* diffère cependant en quelques points remarquables, de l'espèce décrite au début de ce chapitre. La forme générale de la fleur est à peu près la même; et, d'une façon générale, chez les Labiées, le

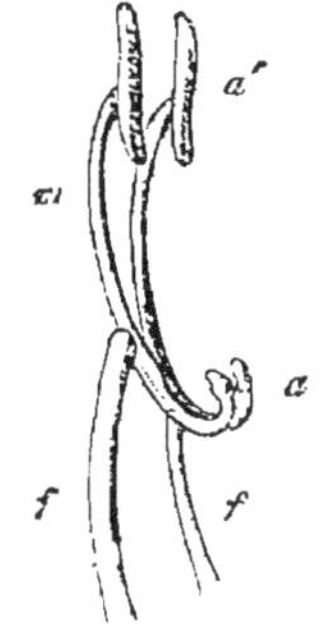

Fig. 17. — Étamines dans leur position naturelle.

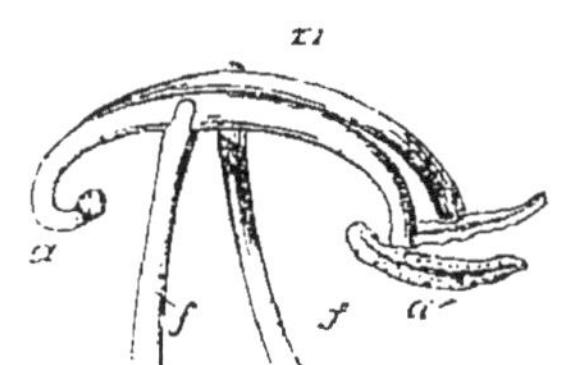

Fig. 18. — Étamines déplacées par une abeille.

lobe inférieur ou lèvre de la corolle est une sorte de plate-forme sur laquelle viennent se poser les insectes; tandis que le lobe supérieur, recourbé comme un capuchon, sert à protéger les étamines et le pistil.

La disposition et la structure des étamines sont très intéressantes chez ces plantes. Comme dans le Lamier il y a quatre étamines, mais l'une des deux paires est tout à fait rudimentaire (fig. 14, *a*). Les étamines constituant la seconde paire *(a')* ont chacune leurs deux lobes ou demi-anthères séparées par un long connectif mobile sur l'extrémité du filet (fig. 17, 18, *m*). Dans sa position normale, ce connectif est vertical, de sorte que l'une des demi-anthères est située dans la gorge de la corolle, et l'autre au-dessous du lobe supérieur (fig. 14). La demi-anthère inférieure est plus ou moins rudimentaire. Lorsqu'une abeille vient sucer le nectar, sa tête touche la demi-anthère inférieure, fait basculer le connectif; la demi-anthère supérieure vient effleurer le dos de l'insecte (fig. 15 et 18) et le couvre de pollen dans la partie qui, lorsque l'insecte visitera une fleur plus âgée (fig. 16), se trouvera précisément en contact avec le stigmate, *st*.

CHAPITRE II

LES FLEURS

(SUITE)

Le Muflier. — La Bruyère. — Les Ombellifères. — Les Composées. — Les Légumineuses. — Fleurs dimorphes. — Fleurs cléistogames. — *Primula vulgaris* et *P. veris*. — Utilité du nectar. — Protection des plantes contre les insectes. — Chevaux de frise. — Poils glandulaires. — Surfaces glissantes. — Sommeil des plantes. — Sommeil des fleurs. — Sommeil des feuilles. — Le parfum des fleurs. — Fleurs visitées par les abeilles et fleurs visitées par les mouches. — Origine des fleurs.

Le Muflier. — Certaines fleurs telles que celles du Muflier commun *(Antirrhinum)*, bien qu'entièrement closes, sont pollinisées par les insectes. Cela va sembler en contradiction avec ce qui a été dit au sujet de la pollinisation, dans le premier chapitre. Mais un peu de réflexion donnera l'explication de ce fait. La fleur du Muflier est spécialement destinée à être pollinisée par les bourdons. Les étamines et le pistil sont disposés de telle façon, que des insectes plus petits que les bourdons ne sauraient pas remplir la tâche qu'accomplissent ces derniers. Il y a donc tout avantage pour la plante à ce que les insectes de petite taille ne puissent pas pénétrer dans la fleur. Il leur est, en effet, impossible de faire écarter l'une de l'autre les deux lèvres de la corolle. On peut donc, en quelque sorte, considérer la fleur du Muflier comme une espèce de cassette dont les bourdons seuls posséderaient la clef.

La Bruyère. — La Bruyère commune *(Erica Tetralix)* nous présente une disposition très ingénieuse. La fleur a la forme d'une cloche renversée dont le pistil représente le battant. Le stigmate dépasse un peu l'ouverture de la corolle, et les étamines, au nombre de huit, sont disposées en cercle autour du pistil. Les anthères, se touchant les unes les autres, forment un anneau continu. Ces anthères présentent une ouverture latérale; mais, tant qu'elles restent accolées entre elles, le pollen ne peut pas s'échapper. Chacune d'elles possède un long prolongement, de sorte que l'anneau formé par les anthères est entouré d'une rangée de filaments. Qu'une abeille vienne sucer le nectar de la fleur; dès son arrivée, si elle s'est couverte du pollen d'une autre fleur, il s'en déposera sur le stigmate. Si, maintenant, elle veut faire pénétrer sa trompe jusqu'au nectar, elle est obligée de l'introduire entre deux des filaments qui surmontent l'anneau des anthères. La pression ainsi exercée par la trompe sur ces deux filaments sera suffisante pour les éloigner l'un de l'autre, ainsi que les anthères qui les portent. L'anneau sera disloqué et des grains de pollen pourront alors tomber librement sur la tête de l'insecte.

Dans un grand nombre de cas, l'attrait qu'offrent aux insectes les couleurs et le parfum est encore augmenté par le groupement des fleurs en inflorescences, comme cela a lieu dans la Jacinthe sauvage, le Lilas et d'autres espèces très connues. C'est dans la grande famille des Ombellifères que cet arrangement des fleurs est le plus avantageux. (Voir fig. 19, *Chærophyllum sylvestre.*)

Fig. 19. — Cerfeuil sauvage (*Chærophyllum sylvestre*).

Les Ombellifères. — Chez les plantes appartenant à cette famille, le nectar n'est pas situé au fond d'un tube, mais sur un disque aplati, à la portée d'une grande variété de petits insectes. La réunion des fleurs en ombelle a non seulement l'avantage de les rendre plus visibles, mais elle permet encore aux insectes d'en visiter le plus grand nombre possible pendant un temps donné.

Au premier abord, on pourrait croire que dans des fleurs aussi petites, la fécondation directe est presque inévitable. Dans beaucoup de cas cependant, les étamines sont mûres avant le pistil. La situation du nectar sur un disque plus ou moins aplati, le rend plus accessible aux insectes que dans le cas où il est situé au fond d'une corolle plus ou moins allongée. Le nectar du Lamier blanc, par exemple, n'est accessible qu'à certains bourdons tandis que, d'après H. Müller, soixante-treize espèces d'insectes peuvent pénétrer jusqu'au nectar de la fleur du Cerfeuil commun. Quelques plantes même peuvent être visitées par un grand nombre d'espèces d'insectes.

Les Composées. — Chez les Composées, auxquelles appartiennent la Pâquerette et le Pissenlit, l'association des fleurs est telle que, ce qui semble être une fleur unique, est en réalité formé par le groupement d'une certaine quantité de petites fleurs sur un réceptacle commun. Choisissons comme exemple la Matricaire ou la Grande Marguerite blanche *(Chrysanthemum parthenium*, fig. 20-22). Chaque capitule est formé à son pourtour par une rangée externe de fleurs femelles, dans lesquelles la corolle tubulaire se termine sur son côté extérieur par un prolongement qui forme une languette blanche et qui, grâce à sa couleur apparente, attire les insectes. Les fleurs situées au centre du capitule sont tubuleuses et constituent la partie jaune de l'inflorescence. Chacune de ces fleurs contient un certain nombre d'étamines disposées en cercle. Les anthères de ces étamines sont soudées entre elles de façon à former un tube (fig. 20) dans lequel se trouve le style. Leur déhiscence se fait à leur partie interne, de sorte que le pollen tombe sur le stigmate qui forme le fond de l'espèce de boîte dont les anthères sont les parois. Le style continuant à croître, le stigmate pousse le pollen contre la partie supérieure de la boîte et la brise. Le pollen se trouve ainsi placé à la partie supérieure de la fleur (fig. 21). Tout insecte qui viendra alors se poser sur la fleur aura l'abdomen couvert de pollen. Le stigmate possède deux branches (fig. 22, *st*) portant chacune quel-

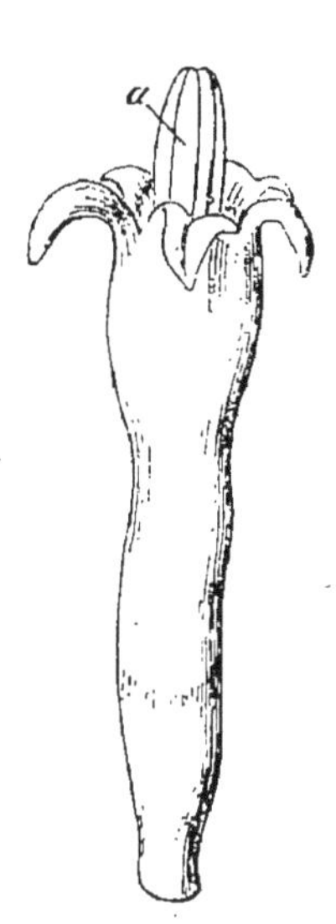

Fig. 20. — Fleuron de Grande Marguerite blanche (*Chrysanthemum parthenium*), venant d'éclore.

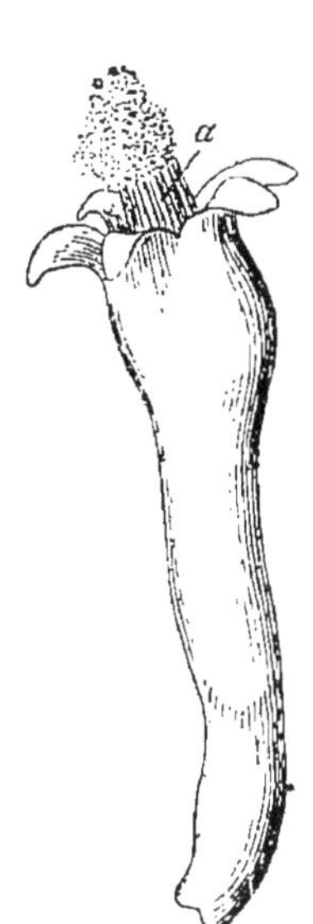

Fig. 21 — État plus avancé.

Fig. 22. — Les branches du stigmate se sont écartées.

ques poils disposés en brosse, qui servent à ramasser le pollen. Lorsque le stigmate est encore dans le tube formé par les anthères, ses deux branches sont pressées l'une contre l'autre ; mais plus tard, elles se séparent (fig. 22). C'est alors qu'un insecte ayant déjà visité une autre fleur[1]

[1] Il ne faudrait pas supposer que les abeilles puissent produire une multitude d'hybrides entre espèces distinctes. Gærtner a démontré que

de la même espèce pourrait déposer du pollen sur ces branches, s'il venait sucer le nectar que contiennent les fleurs au centre du capitule. Dans les fleurs qui occupent la périphérie du capitule, le stigmate ne présente point de houppes de poils. Ces derniers seraient en effet inutiles, puisque ces fleurs ne possèdent pas d'étamines.

Les Légumineuses. — Les Légumineuses sont aussi très intéressantes à étudier. Examinons, par exemple, la fleur du *Lotus corniculatus* (fig. 23). Nous verrons cinq pétales : le pétale supérieur est nommé étendard (fig. 24, *std*); les deux pétales latéraux ressemblent à des ailes (fig. 24, 25, *w*); enfin, les deux pétales inférieurs s'unissent par leurs bords et forment ce que l'on nomme la carène (fig. 25, 26, *k*). Toutes les étamines, sauf une seule, sont soudées à leur base et forment ainsi un tube (fig. 27, 28, *t*), entourant le pistil dont le stigmate s'avance jusque dans un espace triangulaire situé à l'extrémité de la carène. Le pollen s'amasse dans cet espace (fig. 28,

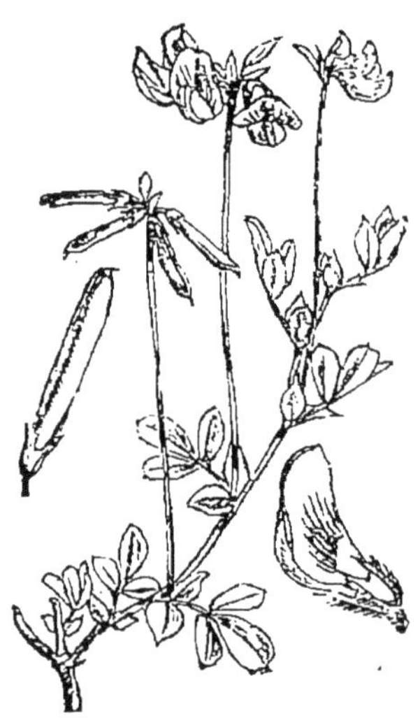

FIG. 23. — Pied-du-bon-Dieu (*Lotus corniculatus*).

s'il se trouve sur la même brosse de l'abeille, du pollen de la plante mêlé à celui d'une autre espèce, le premier annulera complètement l'influence du pollen étranger.

po). Il faut aussi remarquer que chacune des ailes de la corolle présente un prolongement qui s'engage dans une cavité correspondante pratiquée dans la carène; de sorte que, si les ailes sont comprimées, elles entraînent la carène avec elles. Supposons maintenant qu'un insecte vienne se poser sur la fleur, son poids fera fléchir les ailes qui, dans leur mouvement, entraîneront la carène, comme nous venons de le dire. Cette dernière glissera sur la colonne formée par les étamines, fera tomber du pollen dans l'espace triangulaire dont nous

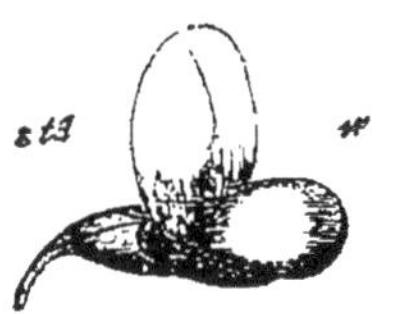

FIG. 24. — Fleur de *Lotus corniculatus*.

FIG. 25. — La même, lorsque l'étendard a été enlevé.

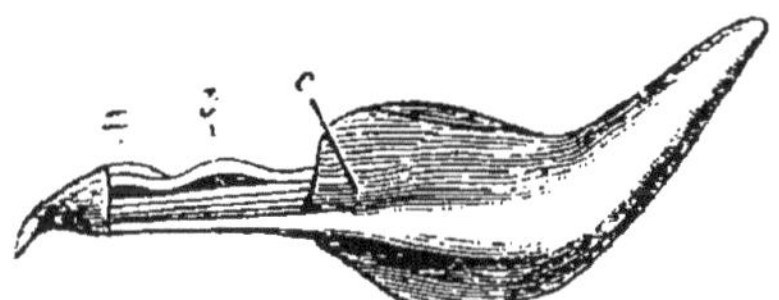

FIG. 26. — La même, lorsque l'étendard et les ailes ont été enlevés.

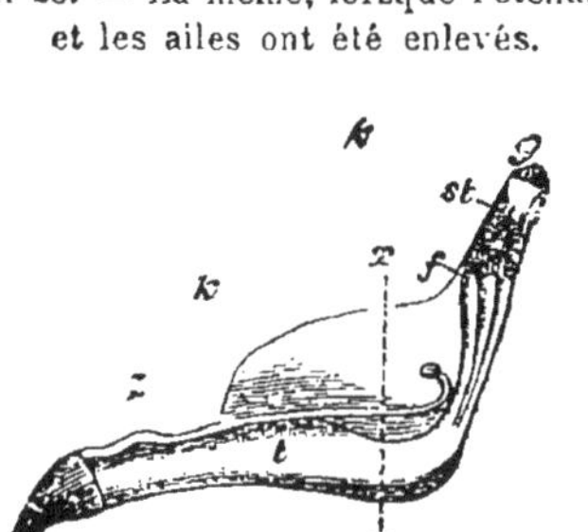

FIG. 27. — La même, lorsqu'une moitié de la carène a été enlevée.

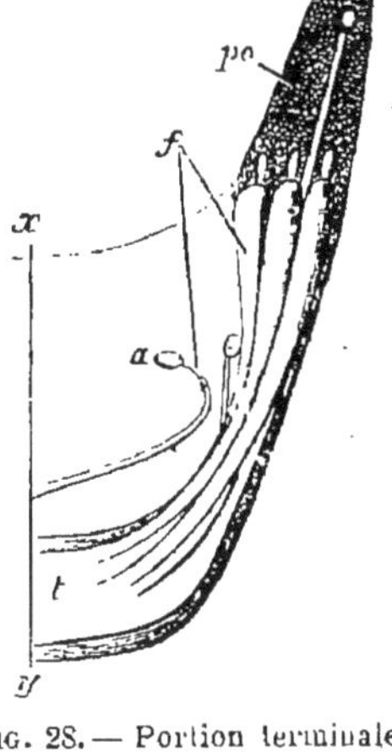

FIG. 28. — Portion terminale de la figure 27 beaucoup agrandie. — *a*, l'étamine libre; *c*, partie de l'aile qui s'enfonce dans une cavité correspondante de la carène; *f*, filets des étamines; *g*, extrémité de la carène; *po*, pollen; *st*, stigmate; *std*, étendard; *po*, aile; *k*, carène; *t*, partie résultant de la soudure des filets des étamines.

avons parlé plus haut et le thorax de l'insecte en sera couvert. Aussitôt que l'abeille sera partie, la fleur reprendra sa position naturelle, et le pollen sera encore protégé par la corolle elle-même. La disposition de la corolle du Pois de senteur est la même, et si les ailes sont saisies avec les doigts et tirées de haut en bas, on verra facilement le fonctionnement des diverses parties de cette corolle.

On remarquera (fig. 28) qu'une étamine est complètement séparée des autres. Elle laisse un espace par lequel l'abeille peut faire pénétrer sa trompe jusqu'au nectar qui est situé à l'intérieur du tube formé par la réunion des étamines. Dans les Légumineuses qui ne possèdent pas de nectar, les étamines sont unies, car ces fleurs sont visitées par les insectes en quête de pollen.

Chez d'autres Légumineuses telles que le Genêt *(Ulex europæus)* et le *Sarothamnus scoparius*, toutes les parties de la corolle sont très distendues et, pour ainsi dire, entrelacées. Si une abeille vient s'appuyer sur la fleur, cet état de choses cesse, les parties de la corolle s'écartent brusquement, avec force, et l'insecte est couvert de pollen.

On pourrait écrire des volumes entiers sur la structure particulière des fleurs qui sont pollinisées par les insectes.

Fleurs dimorphes. Fleurs cléistogames. — Occupons-nous maintenant des espèces végétales possédant deux ou un plus grand nombre de sortes de fleurs. Chez toutes les plantes, les fleurs diffèrent quelque peu sous le rapport de la grosseur; mais, chez certaines espèces, on trouve deux sortes de fleurs : les plus larges sont visitées par les insectes; les autres, de petite taille, sont relativement négligées. La Violette et quelques autres plantes présentent des fleurs encore plus différentes entre elles. Les fleurs les plus petites n'ont alors ni parfum, ni nectar, la corolle est rudimentaire et le vulgaire ne les considérerait pas comme étant de véritables fleurs. Le docteur Kuhn les a appelées *fleurs cléistogames* et on a reconnu leur existence dans plus de cinquante genres de plantes. Elles ont sans doute pour but d'assurer la conservation des espèces, dans le cas où, par suite du mauvais temps ou pour une autre cause, les visites des insectes n'auraient pas lieu. Comme, dans ce cas, le nectar, le parfum et la couleur seraient inutiles, il y a donc tout avantage pour la plante à ne point travailler à produire des éléments qui ne lui seraient d'aucune utilité.

Primula vulgaris et P. veris. — Si nous examinons des fleurs de Primevères, nous verrons qu'on peut en faire deux séries distinctes. Chez quelques-unes le style est aussi long que la corolle; le stigmate, qui a la forme d'un petit bouton (fig. 29, *st)*, est situé à l'entrée de la fleur et les étamines *(a a)* ont leurs anthères attachées au milieu du tube de la corolle. Chez les autres, au contraire, les anthères sont situées à l'entrée de la corolle; le style est court et le stigmate n'arrive que vers le milieu du tube. On avait remarqué depuis longtemps ces deux sortes de fleurs [1], mais c'est Darwin qui, le premier, a montré leur utilité.

Si une abeille visite une fleur à style court, sa trompe sera couverte de pollen en un point assez rapproché de sa base et, lorsqu'elle viendra sur une fleur à long style, la partie de sa trompe couverte de pollen

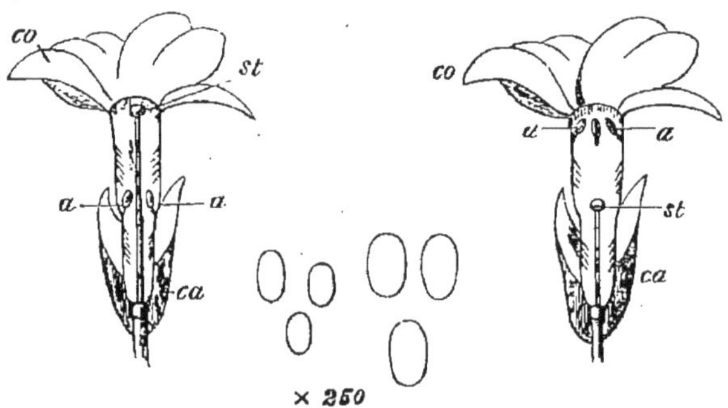

FIG. 29 — Primevère à long style.

FIG. 30. — Primevère, fleur à style court.

se trouvera précisément en contact avec le stigmate (fig. 29, *st*). A ce moment-là, les anthères des étamines de cette seconde sorte de fleur couvriront de pollen un point de la trompe voisin de son extrémité. Lorsque l'insecte retournera visiter une fleur à court

[1] M. Ed. Heckel, professeur à la Faculté des sciences de Marseille, propose de désigner les fleurs à long style par le nom de fleurs *dolichostylées*, et les fleurs à court style, par le nom de fleurs *brachystylées*. On désigne, du reste, sous le nom de fleurs *hétérostylées*, les fleurs à styles inégaux ; et sous le nom de fleurs *isostylées* ou *homostylées*, celles qui possèdent des styles égaux.

style, le stigmate de cette fleur se trouvera juste en contact avec la partie de la trompe qui est recouverte de pollen [1] (fig. 30, *st*). On ne rencontre jamais ces deux sortes de fleurs sur une même plante ; et, les deux formes caractérisées par cette différence croissent dans le voisinage l'une de l'autre, en nombre à peu près égal. Ces deux formes de fleurs diffèrent aussi sous d'autres rapports. Dans la forme à long style, le stigmate *(st)* est arrondi et rugueux; tandis que dans la forme à style court, il est plus uni et légèrement aplati. Ces différences ne sont cependant pas assez sensibles pour que la figure puisse en rendre compte. Le pollen de la fleur à long style est bien plus petit que le pollen de la fleur à style court [2], ce qui s'explique facilement, car chaque grain de pollen doit donner naissance à un tube pollinique qui pénétrera dans la longueur du style; et, l'une de ces variétés de pollen devra produire un boyau pollinique environ deux fois

[1] Quatre unions essentiellement différentes sont possibles ; ce sont : 1° la fécondation du stigmate de la forme à long style par son propre pollen et, 2° par celui de la forme à court style; 3° celle du stigmate de la forme à court style par son propre pollen et, 4° par celui de la forme à long style. Ch. Darwin a donné à la fécondation de chaque forme opérée par le pollen de l'autre, le nom d'*union légitime*, et à celle de chaque forme réalisée par le pollen qui lui est propre, le nom d'*union illégitime*.

[2] Chez le *P. vulgaris* ou Primevère commune, les grains de pollen de la fleur à court style, lorsqu'ils sont gonflés par l'eau, ont un diamètre de 0mm,038, ceux de la fleur à long style également gonflés par l'eau ont un diamètre de 0mm,0254 ; chiffres qui sont dans le rapport de 100 à 67.

plus long que celui que produira l'autre variété. Darwin a prouvé par des expériences faites avec le plus grand soin que, pour qu'une fleur de Primevère produise la plus grande quantité possible de graines, il faut qu'elle soit fécondée par le pollen d'une fleur appartenant à l'autre forme. Bien plus, le célèbre naturaliste a aussi montré que dans certains cas, les fleurs des Primevères produisent beaucoup plus de graines quand elles sont fécondées par le pollen provenant d'une autre espèce, que lorsqu'elles le sont par du pollen provenant d'une fleur de la même espèce et de forme différente [1].

Cette curieuse différence qui existe dans la structure des fleurs des Primevères et que Darwin désigne par le nom de *dimorphisme*, se rencontre dans un grand nombre d'espèces du genre *Primula*, mais non dans toutes.

La Primevère commune *(Primula vulgaris)* et le Cowslip [2] *(P. veris)* se ressemblent à plusieurs égards ; mais les fleurs de ces plantes doivent sécréter un

[1] Les fleurs dolischostylées du *P. vulgaris*, quand elles sont protégées contre les insectes, donnent encore un nombre considérable de capsules, différant ainsi d'une manière remarquable des fleurs de même forme du *P. veris* qui restent complètement stériles dans les mêmes conditions. Les fleurs brachystylées du *P. vulgaris* et du *P. veris*, quoique protégées contre les insectes produisent néanmoins des graines.

[2] Les Anglais donnent le nom d'*Oxlip* au *Primula veri-vulgaris*, hybride entre le *Primula veris* et le *P. vulgaris*. Le *P. veris* est visité pendant le jour par les plus grands bourdons *(Bombus hortorum* et *B. muscorum)*; et la nuit, par des papillons *(Cucullia)*.

nectar très différent; car, tandis que le *P. veris* est ordinairement visité pendant le jour par des bourdons, le *P. vulgaris*, d'après Ch. Darwin, ne serait visité que la nuit par des Lépidoptères nocturnes.

Le genre *Lythrum* possède trois sortes de fleurs. Les étamines forment deux groupes : on trouve des plantes dont les fleurs sont à long style (le stigmate est au-dessus des deux groupes d'étamines); d'autres, dont les fleurs sont à style court (le stigmate est au-dessous des deux groupes d'étamines); d'autres enfin dont les fleurs sont à style moyen (le stigmate est situé entre les deux groupes d'étamines).

Utilité du nectar. — Le rôle du nectar des fleurs est actuellement si évident, que le lecteur serait peut-être curieux de connaître les différentes théories qui ont été faites autrefois à ce sujet. Patrick Blair pensait que le nectar absorbait le pollen et fécondait ensuite l'ovaire. Pontedera croyait qu'il avait pour but de procurer une certaine humidité à l'ovaire. Linné se déclarait incompétent dans cette question. D'autres botanistes considéraient ce nectar comme un produit inutile que la plante rejetait pendant sa croissance. Krünitz, bien qu'il eût remarqué que, dans les prairies que fréquentaient un grand nombre d'insectes, les plantes n'en étaient que plus vigoureuses, en conclut que le séjour du nectar dans la fleur était nuisible à cette dernière, et que les abeilles avaient pour rôle de l'enlever.

Kurr observa que la formation du nectar n'avait lieu qu'au moment de la maturité des étamines et du pistil. Il montra que d'une façon générale, ce nectar ne se montrait que bien rarement avant que la déhiscence des anthères ait eu lieu, qu'il était le plus abondant au moment de la maturité des étamines, et qu'il disparaissait lorsque ces dernières se flétrissaient et que le développement du fruit commençait. Rothe fut conduit à la même conclusion par ses propres observations; et cependant, aucun de ces naturalistes ne put résoudre la question.

C'est à Sprengel que revient cet honneur. Mais les idées de ce botaniste rencontrèrent une vive opposition; et, en 1833, Kurr les rejetait encore, prétendait que la sécrétion du nectar était le résultat d'un développement très rapide et ajoutait que dans la suite, ce surcroît de vigueur contribuait au développement de l'ovaire.

Il est certain que les idées de Sprengel étaient exactes et que le véritable rôle du nectar est d'attirer les insectes qui effectueront la fécondation croisée. Un grand nombre de Rosacées sont pollinisées par les insectes et possèdent des nectaires, mais, ainsi que l'a montré Delpino, les fleurs du genre *Poterium* sont pollinisées par le vent et ne produisent pas de nectar. Presque tous les Érables ont également leurs fleurs pollinisées par les insectes; et, dans ce cas, sont munis de nectaires. Mais on peut citer comme exception l'*Acer negundo* dont les fleurs, pollinisées par le vent, sont dépourvues de nectaires. Parmi les Polygonées, les espèces dont les fleurs sont pollinisées par les insectes possèdent des nectaires; mais les genres *Rumex* et *Oxyria*, qui ne sont jamais visités par les insectes, en sont dépourvus.

Protection des plantes contre les insectes. — Le nectar n'est pas toujours produit seulement par la fleur, et les anciens botanistes n'ont pas donné l'explication de ce fait. Belt et Delpino[1] semblent l'avoir trouvée[2].

Le premier de ces observateurs distingués a décrit une espèce d'Acacia de l'Amérique du Sud, dont les feuilles sont coupées par certaines fourmis. Ces insectes les emportent dans leurs fourmilières, où ils en forment des couches sur lesquelles croissent de petits champignons dont ils sont très friands. Mais cet Acacia porte des épines creuses, et chaque foliole présente à sa base une petite glande cratériforme produisant du nectar, et, à son sommet, une petite éminence mince et piri-

[1] Certains faits restent cependant encore inexpliqués. C'est ainsi qu'on ne s'explique guère l'utilité des nectaires qui sont situés à la base des frondes de certaines Fougères.

[2] Dans les deux exemples cités par Belt et Delpino, l'utilité de la sécrétion du nectar en des points autres que la fleur s'explique assez facilement. Dans les autres cas, des botanistes éminents, entre autres M. Van Tieghem, considèrent ce liquide sucré comme provenant d'une transpiration arrêtée ou tout au moins ralentie. Ce serait, en un mot, un liquide inutile ou même nuisible à la plante et que cette dernière rejetterait. On trouve des nectaires extra-floraux sur les stipules de la Vesce, sur les feuilles du Chêne, etc. Le liquide exsudé ou miellé renferme du saccharose, du glucose, du lévulose, de la dextrine.

forme. L'arbre est souvent habité par des myriades de petites fourmis qui logent dans les épines creuses où elles trouvent à la fois asile, nourriture et breuvage. Elles rôdent continuellement autour de l'arbre et en éloignent les coupeuses de feuilles. D'après Belt, grâce à la présence de ces fourmis protectrices, les mammifères herbivores eux-mêmes semblent éprouver de la répugnance pour les feuilles de cet Acacia. Delpino raconte, qu'ayant voulu, un jour, cueillir une fleur de *Clerodendron flagrans*, il fut subitement attaqué par une armée entière de petites fourmis.

Je ne connais pas en Angleterre de plantes protégées de cette façon contre les attaques des animaux herbivores; mais je suis sûr que certains de nos végétaux sont cependant garantis par les fourmis des ravages de beaucoup d'insectes de petite taille qui les dépouilleraient de leurs feuilles et de leur sève.

Forel étudia, à ce sujet, un nid de *Formica pratensis*. Il vit que ces fourmis y charriaient des insectes morts, de petites chenilles, des sauterelles, des *Cercopis*, etc., au nombre de 28 en moyenne par minute, soit 1600 environ par heure. Si l'on considère que les fourmis travaillent non seulement toute la journée, mais souvent toute la nuit, durant la belle saison, on comprendra aisément qu'elles rendent de grands services en détruisant une quantité prodigieuse de petits insectes nuisibles.

Certains insectes très malfaisants, tels que les pucerons et certaines cochenilles, dont le corps sécrète un liquide laiteux et sucré faisant les délices des fourmis, vivent en bonne intelligence avec ces dernières. Chacun a pû voir les petites fourmis brunes si communes dans nos jardins, courir sur les tiges des plantes, pour aller traire leur curieux petit bétail. Dans ce cas, les pucerons et les cochenilles sont protégés par les fourmis contre les attaques d'une espèce d'Ichneumon. Cet insecte, en effet, dépose souvent ses œufs sous la peau des cochenilles et des pucerons. Delpino a remarqué que les fourmis préservaient, avec une vigilance presque maternelle, leur petit bétail des attaques de ses ennemis, en mettant ces derniers en fuite.

Mais, bien que dans certains cas, les fourmis soient d'une grande utilité pour les plantes, elles ne rendent aucun service direct aux fleurs proprement dites ; car, la pollinisation croisée est presque entièrement effectuée par des insectes ailés qui peuvent aller rapidement d'une plante à une autre et qui visitent généralement pendant un certain temps la même espèce de plante. Les insectes aptères se déplacent lentement et passent d'une fleur à une autre située sur le même pied. Or, d'après les observations de Ch. Darwin, il y a tout désavantage à ce qu'une fleur soit fécondée par le pollen d'une autre fleur appartenant à la même plante; les meilleurs résultats étant produits lorsque le pollen appartient à une autre plante de la même espèce. Du reste, les insectes aptères visitent successivement des plantes appartenant à des espèces différentes. On conçoit alors aisément qu'il y ait tout avantage à ce que des fleurs de petite taille, telles que celles de certaines Crucifères, de certaines Composées, etc., qui pourraient être pollinisées par les fourmis, le soient par des insectes ailés. D'ailleurs si les fleurs à large corolle étaient visitées par les fourmis, elles n'en retireraient aucun avantage et il est probable que la présence de ces insectes éloignerait les abeilles. Si l'on touche une fourmi avec une aiguille ou une soie d'animal, on est à peu près sûr de voir l'insecte saisir cet objet entre ses mandibules. Il est évident que si les abeilles qui se posent sur une fleur courraient risque d'être ainsi saisies par l'extrémité si délicate de leur trompe, elles renonceraient complètement à visiter cette fleur.

On n'ignore pas combien les fourmis sont friandes de miel, et l'on sait quel zèle et quelle régularité elles montrent quand elles sont en quête de leurs provisions. Comment se fait-il alors qu'elles ne devancent pas les visites des abeilles et qu'elles ne s'approprient pas le nectar des fleurs? Kerner a publié récemment, sur ce sujet, un mémoire fort intéressant, et a signalé un grand nombre de dispositions ingénieuses qui empêchent les visites importunes. C'est ainsi qu'on trouve souvent des chevaux de frise qui arrêtent les fourmis, des pentes glissantes ou des barrières que ces insectes ne peuvent franchir.

Chevaux de frise. — Occupons-nous d'abord des chevaux de frise. A beaucoup d'égards, ils constituent la protection la plus efficace, puisqu'ils empêchent non seulement les visites des insectes aptères, mais encore celles d'autres bêtes malfaisantes, telles que les limaces. On a pu remarquer que les poils qui couvrent les tiges de beaucoup de plantes sont ordinairement dirigés de haut en bas. Le *Knautia dipsacifolia* (fig. 31), plante

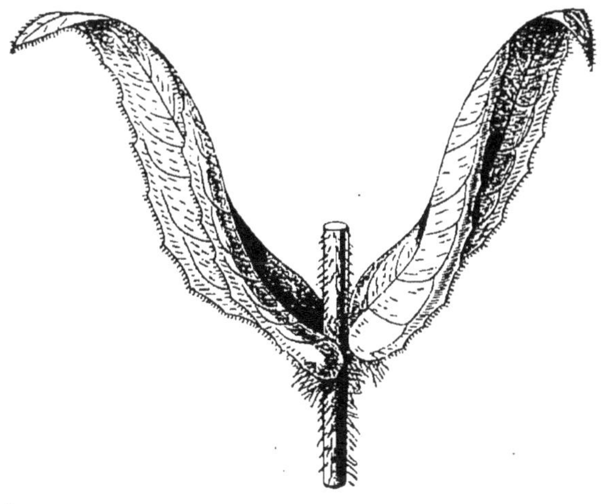

Fig. 31. — Scabieuse des bois *(Knautia dipsacifolia).*

voisine de la Scabieuse commune, nous offre un excellent exemple de cette disposition des poils. La Carline (*Carlina vulgaris*, fig. 33) présente également des touffes de poils qui forment une barrière que les fourmis ne sauraient franchir. Quelques plantes ne possèdent des poils qu'au-dessous des fleurs seulement. Les capitules du Bluet *(Centaurea cyanus)* possèdent un involucre bordé par de petit aiguillons recourbés. Le reste du corps de la plante est glabre.

Poils glanduleux. — Certaines plantes sont protégées par une substance plus ou moins visqueuse. C'est ainsi que les fleurs du Groseillier et celles du *Linnæa borealis* (fig. 32) présentent des poils glanduleux sécrétant cette substance. Kerner a signalé le cas intéressant que présente le *Polygonum amphibium*. Dans la fleur de cette plante, le stigmate dépasse la corolle d'une longueur d'un cinquième de pouce environ; de sorte que si les fourmis pouvaient pénétrer à l'intérieur de cette dernière, elles déroberaient le nectar sans la polli-

FIG 32. — *Linnæa.*

FIG. 33. — *Carlina.*

niser. Mais, si la fleur est visitée par un insecte ailé, celui-ci a bien des chances de frôler le stigmate. Les belles fleurs roses que produit le *Polygonum amphibium* sont riches en nectar; ce dernier n'est protégé par aucune disposition particulière de la fleur et est accessible aux petits insectes même. Les étamines sont courtes et mûrissent avant le pistil; c'est pourquoi tout insecte ailé, quelque petite que soit sa taille, pourra opérer la pollinisation. Le *P. amphibium*, comme son nom l'indique, croît quelquefois dans l'eau et d'autres fois en plein sol. Tant qu'il vit dans l'eau, il est naturellement protégé contre les visites importunes, et sa tige est glabre; mais elle se couvre de poils glanduleux protecteurs lorsqu'il croît en pleine terre. Dans ce dernier cas, la plante n'est visqueuse que lorsqu'elle est réellement menacée de l'invasion des petits insectes aptères. Toutes les plantes sécrétant un liquide visqueux, autant que j'ai pu en juger, possèdent des fleurs horizontales ou relevées verticalement.

Surfaces glissantes. — Lorsque la protection est assurée par des surfaces glissantes, les fleurs sont souvent pendantes, ce qui empêche les insectes aptères de les envahir. Le tisserand, en suspendant son nid à l'extrémité d'une branche flexible, garantit de même ses œufs des attaques des serpents et des autres animaux nuisibles. Comme exemples de fleurs pendantes, nous pourrons citer le Cyclamen et le Perce-neige.

Sommeil des plantes, sommeil des fleurs, sommeil des feuilles. — Quelques fleurs se ferment pendant la pluie, qui pourrait entraîner leur pollen et leur nectar. Ce que l'on nomme le sommeil[1] des fleurs a, je crois, quelque rapport avec les visites des insectes. Les fleurs qui sont pollinisées par des insectes nocturnes n'auraient aucun avantage à s'ouvrir le jour; et, réciproquement celles qui sont visitées par les abeilles n'en auraient aucun à s'ouvrir la nuit. J'avoue que, tout d'abord, je n'ai donné cette explication que sous toute réserve ; mais

[1] Le sommeil des feuilles est dû à une cause toute différente. Il a, je crois, pour but de protéger la plante contre le froid de la nuit.

aujourd'hui, je crois qu'on peut la considérer comme exacte.

Le *Silene nutans* (fig. 34) est très intéressant. Il a été étudié par Kerner. Les pédoncules des fleurs sont visqueux, ce qui arrête les fourmis et les autres petits insectes aptères. Chaque fleur dure trois jours, ou plutôt trois nuits. Les étamines, au nombre de dix, forment deux verticilles : cinq d'entre elles sont opposées aux sépales, les cinq autres sont opposées aux pétales. La fleur est blanche, comme toutes celles qui s'ouvrent la nuit. Elle s'épanouit le soir, quand son parfum s'est parfaitement développé. La première soirée de son éclosion, au crépuscule, les cinq étamines opposées aux sépales croissent très rapidement pendant deux heures, de sorte qu'elles dépassent la corolle. Le pollen mûrit, la déhiscence s'opère et la poussière fécondante est exposée à la surface de la fleur. Alors, pendant toute la nuit, la fleur attire par son parfum un grand nombre de papillons nocturnes. Vers 3 heures du matin, le parfum disparaît, les anthères commencent à se flétrir et deviennent pendantes. Les pétales s'enroulent sur eux-mêmes et ferment complètement la fleur, en ne laissant apercevoir que leur face inférieure plissée et d'un vert brunâtre. C'est ainsi que le matin, la fleur paraît fanée, son parfum a disparu et son nectar est

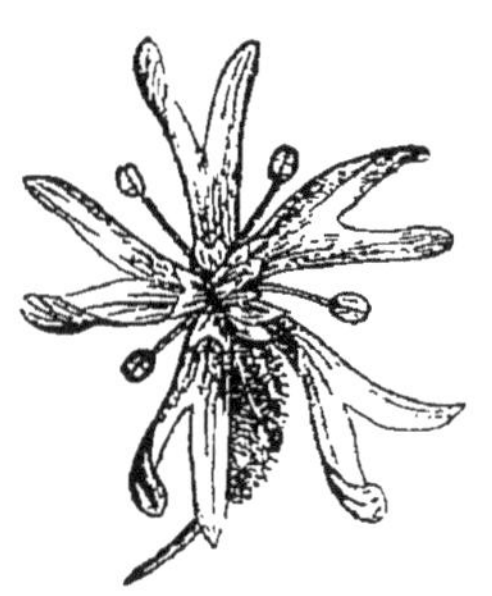

FIG. 34. — Silène nutant (*Silene nutans*).

caché par les pétales. Cet état persiste toute la journée. Mais le soir suivant, tout change : les pétales se déroulent et vers 8 heures, le parfum est revenu. Les étamines qui composent le second verticille croissent rapidement, leur déhiscence s'opère et le pollen reste encore exposé sur la fleur. Le lendemain matin, ces étamines sont fanées, le parfum a encore disparu et la fleur se ferme. Le troisième soir, la fleur s'ouvre pour la dernière fois, et alors, c'est le pistil qui croît à son tour. Les longs stigmates spiralés se développent beaucoup et peuvent être facilement pollinisés par les papillons nocturnes qui ont déjà visité d'autres fleurs de *Silene nutans*.

La fleur du *Tragopogon pratense* se ferme dans la matinée. Les corolles du *Lapsana communis* et celles du *Crepis pulchra* s'ouvrent avant 6 heures et se referment vers 10 heures du matin. Ces exemples semblent être en contradiction avec ce que je viens de dire sur les relations qui existent entre le sommeil des plantes et les visites des insectes. Il n'en est rien cependant, et voici l'explication de ces faits. Les abeilles sont très matinales, tandis que les fourmis ne sortent qu'après la disparition de la rosée. Une fleur ne possédant aucun moyen de protection contre les fourmis, a donc tout avantage à s'ouvrir de bon matin et à refermer sa corolle avant l'arrivée de ces derniers insectes.

J'ai donc montré quelles sont les dispositions admirables offertes par les fleurs, au point de vue de leurs relations avec les insectes. Sans ces relations, ni les plantes, ni les insectes ne seraient conformés comme ils le sont. L'existence de certaines plantes est même étroitement liée à celle des insectes. On sait que quelques végétaux ne produisent pas de graines, s'ils ne sont pas visités par les insectes. C'est ainsi que dans certaines de nos colonies où il n'y a pas de bourdons, le Trèfle rouge *(Trifolium pratense)* ne donne pas de graines [1]. D'après M. Belt, le même fait se produit, grâce au même motif, au Nicaragua, pour le Haricot d'Espagne.

Le parfum des fleurs. Fleurs visitées par les abeilles et fleurs visitées par les mouches. — De toutes façons, il y a un grand avantage à ce que les fleurs d'une plante soient fécondées par du pollen provenant d'une autre plante de la même espèce. C'est pour assurer cette fécondation croisée que les insectes visitent les fleurs, qui les attirent par leurs couleurs et leurs parfums.

Les abeilles aiment les odeurs que nous aimons nous-mêmes ; et comme le plus grand nombre des fleurs sont destinées à être pollinisées par les abeilles, elles possè-

[1] Un naturaliste, M. Newmann, croit que s'il n'y avait point de chats, le Trèfle rouge disparaîtrait de l'Angleterre où les mulots sont très abondants et détruisent, paraît-il, plus des deux tiers des bourdons. Sans les chats, le nombre des mulots augmenterait, les bourdons deviendraient de moins en moins nombreux et disparaîtraient peut-être complètement ; et, comme ces insectes seuls peuvent polliniser les fleurs du Trèfle rouge, cette dernière plante deviendrait de plus en plus rare et finirait peut-être par disparaître.

dent généralement un doux parfum. Il existe cependant, comme je l'ai déjà indiqué, des fleurs qui, étant pollinisées par le concours des mouches, ont une odeur très répugnante; ce qui se comprend aisément, car les mouches ayant effectué leurs métamorphoses dans des matières en putréfaction, sont surtout attirées par les odeurs qui nous sont désagréables. On pourra aussi remarquer que les fleurs qui attirent les abeilles possèdent ordinairement de brillantes couleurs; tandis que celles qui sont visitées par les mouches ont, le plus souvent, une couleur rouge sombre ou jaune foncé.

Origine des fleurs. — Malgré ces dispositions admirables, les fleurs présentent cependant quelques défectuosités. Beaucoup de petits insectes peuvent pénétrer dans les corolles et en dérober le nectar. Les abeilles peuvent sucer, de l'extérieur, le suc des fleurs de la Mauve *(Malva rotundifolia)*, sans que ces fleurs puissent en retirer le moindre avantage. Le même fait se produit pour la fleur du *Medicago sativa;* et, de plus, cette fleur continue à sécréter son nectar lorsque la fécondation a eu lieu. Fritz Müller a observé que les fleurs du *Posoqueria fragrans*, exclusivement pollinisées par des insectes nocturnes, s'ouvrent quelquefois pendant le jour, et restent par suite stériles. Peut-être ces cas exceptionnels seront-ils expliqués un jour[1]? Comme les fleurs

[1] Quelques adversaires de Darwin lui ont posé l'objection suivante : Si la sélection naturelle est si puissante, pourquoi la trompe de l'Abeille domestique ne s'est-elle pas allongée de manière à atteindre le nectar

et les insectes se modifient continuellement dans leur structure et leur distribution géographique, on a tout lieu d'espérer la disparition de ces imperfections. L'eau tend continuellement à former une surface horizontale : les fleurs et les insectes doivent tendre de même à se modifier et à s'adapter mutuellement de la manière la plus parfaite.

Il est évident qu'une fleur qui diffère par sa forme et ses dimensions des fleurs dont la structure est la plus favorable pour assurer leur fécondation, sera plus sujette que ces dernières à rester stérile. D'un autre côté les corolles aux couleurs les plus vives et au nectar le plus parfumé attireront surtout les insectes. Ces derniers, semblables aux jardiniers qui choisissent soigneusement les graines produites par les plus belles variétés de plantes, contribuent donc à assurer la beauté de nos champs et de nos bois[1].

du Trèfle rouge? L'illustre savant a répondu : Sommes-nous sûrs qu'une trompe plus longue ne serait pas nuisible à l'abeille pour sucer le nectar des innombrables petites fleurs qu'elle visite? Sommes-nous sûrs encore qu'une longue trompe n'entrainerait pas, en vertu de la corrélation de croissance, l'accroissement des autres parties de la bouche, et ne mettrait pas obstacle au travail si délicat de la construction des cellules? Une pareille objection est à peine digne d'examen. »

[1] Les matières qui font l'objet de ces deux premiers chapitres ont été traitées d'une façon plus complète dans l'ouvrage intitulé : *On British wild flowers considered in relatiox to insects (Des relations qui existent entre les insectes et les fleurs sauvages de la Gra· de-Bretagne).*

CHAPITRE III

FRUITS ET GRAINES

Structure des fruits et des graines. — Différences qui existent chez les fruits et chez les graines. — Leurs causes. — Moyens de protection que possèdent les graines. — Fruits et graines comestibles. — Mouvements des plantes (*Maranta arundinacea*, Pissenlit, Linaire, Vallisnérie). — Dissémination des graines. — Graines semées ou lancées par les plantes qui les ont produites (*Viola canina* et *V. hirta*). — Causes des différences. — Géraniums lançant leurs graines (Herbe à Robert, autres espèces de Géraniums.) — Vesces. — Cadarmine. — *Momordica*. — Autres plantes qui lancent leurs graines (Pavot, Campanule). — Spores nageantes (*Vaucheria*). — Élatères des *Equisetum*. — Fruits et graines transportés par le vent (Valérianelle, *Spinifex*, Rose de Jéricho). — Fruits ailés, graines ailées (Érable, Sycomore, Tilleul, Charme, Orme, Bouleau, Pin, Sapin, Frêne). — Fruits et graines à appendices en forme de plumes (Clématite, Anémone, *Dryas*, *Thrincia*, *Epilobium*, Saule, Coton, *Eriophorum*). — Fruits et Graines transportés par les eaux. — Noix de Coco.

Structure des fruits et des graines. — Les fruits et les graines, bien qu'ils ne possèdent pas, en général, des couleurs aussi brillantes que celles des fleurs, ne sont cependant pas moins intéressants à étudier que ces dernières.

Cette nouvelle étude n'exige pas la connaissance d'un grand nombre de termes techniques ; mais, cependant, on ne saurait éviter complètement l'emploi de quelques expressions particulières. Si l'on veut bien comprendre la structure de la graine, il faut déjà connaître celle de la fleur. Il est nécessaire que je répète ici les noms des parties qui constituent cette dernière. Si vous examinez

Fig. 35. — *Cardamine chenopodifolia* : *a a*, siliques ordinaires; *b*, siliques souterraines.

une fleur de Géranium, vous y trouverez : un verticille de sépales formant le calice; un verticille de pétales colorés constituant la corolle qui est, en général, la partie la plus apparente de la fleur; un verticille d'organes offrant quelque ressemblance avec des épingles. Ce sont les étamines dont les anthères produisent le pollen. Gœthe a montré que ces anthères sont des feuilles modifiées. Dans les fleurs doubles, les roses de nos jardins par exemple, les anthères se transforment en pétales. Il existe aussi des fleurs monstrueuses dont les étamines se sont transformées en des parties vertes ressemblant plus ou moins aux feuilles ordinaires de la plante. On trouve enfin, au centre de la fleur, le pistil que l'on peut considérer théoriquement comme étant formé par une ou plusieurs feuilles enroulées, constituant autant de carpelles. Certaines fleurs ne possèdent qu'un seul carpelle. Ces carpelles ont généralement perdu à un tel point leur ressemblance avec les feuilles ordinaires qu'on a beaucoup de peine à croire à leur origine. Cependant, chez certaines plantes, telles que l'Ancolie *(Aquilegia)*, on peut encore reconnaître la forme de la feuille primitive. La base du pistil est constituée, comme je l'ai déjà dit, par l'ovaire comprenant un ou plusieurs carpelles. C'est à l'intérieur de cet ovaire que les graines se développent. Je puis dire, d'une façon certaine, que l'on désigne souvent sous le nom de graines, de véritables fruits ; c'est-à-dire des graines recouvertes d'un certain nombre d'enveloppes plus ou moins compliquées.

Différences qui existent chez les fruits et chez les graines. Leurs causes. — Chacun sait que les graines et les fruits diffèrent beaucoup d'une plante à l'autre. Certains fruits, de même que certaines graines, peuvent être plus ou moins gros, doux, amers, brillamment colorés, comestibles, vénéneux, sphériques, ailés, couverts de duvet ou de poils, lisses ou très épineux.

On peut être certain que toutes ces différences ont leur raison d'être. Sprengel, Darwin, Müller ont jeté beaucoup de lumière sur les intéressantes causes auxquelles sont dues les différentes formes de fleurs ; Gærtner, Hildebrand, Krause, Steinbrinck, Kerner, Grant Allen, Wallace, Darwin, etc., ont publié de remarquables travaux relatifs aux crochets, aux poils des graines et aux moyens de dissémination de ces dernières. Nobbe a aussi étudié les graines, mais au point de vue de l'agriculture surtout. Malgré cela, le sujet offre encore un immense champ d'investigation. Si je me décide à aborder cette étude, c'est plutôt pour vous en faire connaître l'intérêt que pour essayer de la compléter. Je dois, avant tout, adresser mes plus sincères remerciements à MM. Baker, Carruthers, Hemsley ; et surtout à MM. Thiselton Dyer et Joseph Hooker, pour le généreux et précieux concours qu'ils m'ont accordé.

On prétend que l'un de nos botanistes les plus distingués disait à un de ses amis, qu'il n'avait jamais pu comprendre quelle était l'utilité des petites dents qui ornent les capsules des Mousses. « Je ne vois aucune difficulté à résoudre la question, répondit l'autre botaniste : sans la présence de ces petites éminences, comment pourrions-nous distinguer les espèces ? »

Nous pouvons dire hardiment que, si les graines

offrent certaines particularités dans leur structure, c'est dans l'intérêt de la plante elle-même et non pour faciliter la tâche des botanistes.

Moyens de protection que possèdent les graines. Fruits et graines comestibles. — En premier lieu, pendant leur croissance, les graines, dans certains cas, ont besoin d'être protégées. Certains fruits tels que la pêche, la fraise, la cerise, la pomme, etc., qui sont délicieux quand ils sont mûrs, sont fibreux et presque immangeables avant leur maturité. Dans ces exemples, du reste, la partie comestible n'est pas la graine elle-même, mais la portion charnue du fruit; de sorte que cette dernière étant mangée, il peut se faire très souvent que la graine reste intacte. D'autres graines telles que celles du Noisetier, du Hêtre, du Châtaigier d'Espagne *(Castanea vulgaris)*, etc., sont protégées par une enveloppe épaisse et imperméable. Cette enveloppe est très développée chez plusieurs Protéacées, la noix du Brésil, la noix de coco et les fruits de certains autres Palmiers. Dans certains cas, l'enveloppe qui protège les graines est épaisse, coriace et amère *(noix)*. Le genre *Mucuna* appartenant à la famille des Légumineuses produit des gousses recouvertes de poils piquants. Dans beaucoup de cas, lorsque la fleur s'est fanée et que les pétales sont tombés, le calice se ferme et recouvre le fruit. Lorsque les graines sont arrivées à maturité, il s'ouvre définitivement. Cela a lieu chez l'Herbe à Robert *(Geranium Robertianum)*. Les enveloppes externes des fleurs de l'*Atractylis cancellata*, plante de l'Europe méridionale, forment une petite cage d'une grande délicatesse. Comme dernier exemple je citerai la Nigelle.

Mouvements des plantes. — Dans certains cas, la protection de la graine est assurée par de curieux mouvements effectués par la plante elle-même. La faculté motrice chez les plantes n'est pas aussi rare qu'on le pense [1]. Loin d'être immobiles, on peut dire, au contraire que les végétaux sont toujours en mouvement, mais ce mouvement est si lent qu'il reste souvent inaperçu. Il n'en est cependant pas toujours ainsi. Chacun connaît la Sensitive dont les feuilles s'abaissent lorsqu'on les touche. Une autre plante, l'*Averrhoa bilimbi* possède des feuilles pareilles à celles de l'Acacia; et, pendant tout le jour, les folioles s'abaissent et s'élèvent alternativement. Le *Desmodium gyrans*, une sorte de Pois des Indes, possède des feuilles à trois lobes. Les deux lobes latéraux petits et étroits sont continuellement en rotation, ainsi que l'a observé Lady Monson. Dans ces deux derniers cas, la cause du mouvement nous

[1] Les mouvements des plantes sont extrêmement variés. On observe quelquefois des mouvements dans les sépales et les pétales (*Convolvulus*, Salsifis, Mouron rouge, Souci, Dame d'onze heures, Pourpier); dans les étamines et cela surtout au moment de la fécondation (Géranium, Œillet, Marronnier d'Inde, Capucine, Rue, *Kalmia*); dans le pistil (M. Ed. Heckel, professeur à la Faculté des sciences de Marseille, a étudié les mouvements du stigmate des *Brunonia* et des *Martynia*). La lumière et la chaleur influent et déterminent des mouvements dans la fleur (Tulipe, Dame d'onze heures, Ficaire). L'étude de ces mouvements a été parfaitement exposée par M. Louis Crié, professeur à la Faculté des sciences de Rennes, dans ses *Éléments de botanique.*

est presque inconnue. Les feuilles de la Dionée attrape-mouche forment de véritables pièges emprisonnant l'insecte imprudent qui vient se poser à leur surface.

Il y a aussi ce que l'on appelle le *sommeil* des feuilles. A l'approche de la nuit, certaines feuilles changent de position et quelquefois se replient sur elles-mêmes, ce qui les protège contre le refroidissement. Ch. Darwin a prouvé expérimentalement que les feuilles dont il supprimait la faculté motrice, souffraient plus du froid que les autres. Il a prouvé également que si l'on fait subir un choc assez violent à une plante voisine du *Canna*, le *Maranta arundinacea* des Indes occidentales, les feuilles de cette plante ne prennent plus, pendant deux ou trois nuits, leur position de sommeil. Le sommeil des fleurs est probablement de même nature que celui des feuilles. J'ai cependant essayé de montrer qu'il y avait une relation entre ce sommeil et les visites des insectes. Les fleurs qui sont pollinisées par les abeilles, les papillons diurnes, se ferment la nuit; tandis que celles qui sont pollinisées par les papillons nocturnes ouvrent leur corolle au crépuscule et la referment pendant le jour. Mais revenons à notre sujet.

Dans le Pissenlit *(Leontodon)*, le pédoncule qui porte la fleur reste vertical pendant la durée de l'épanouissement de cette dernière, c'est-à-dire pendant trois ou quatre jours. Il s'abaisse ensuite et se couche sur le sol pendant une douzaine de jours environ, temps nécessaire pour la maturation des fruits. Il s'élève alors de nouveau quand ces derniers sont mûrs. Le pédoncule qui porte la fleur du Cyclamen s'enroule en spirale lorsque cette dernière s'est fanée. La fleur de la petite Linaire des murailles *(Linaria cymbalaria)* s'épanouit à la lumière et au soleil, mais aussitôt après la fécondation, elle va se loger dans une crevasse où elle reste jusqu'à ce que la graine soit mûre.

Chez quelques plantes aquatiques, les fleurs viennent éclore à la surface de l'eau, et redescendent au fond lorsqu'elles sont fanées. Tel est le cas des Nénuphars, de quelques espèces du *Potamogeton*, du *Trapa natans*. Dans la Vallisnérie, les fleurs femelles (fig. 36, *a)* sont portées sur de longs pédoncules, et elles viennent s'épanouir à la surface de l'eau. Les fleurs mâles (fig. 36, *b)*, au contraire, sont portées par de courts pédoncules. Lorsqu'elles sont complètement développées, leur pollen vient à la surface où il flotte librement et se trouve en contact avec les fleurs femelles (fig. 36, *c)*. Après la fécondation, les pédoncules de ces dernières s'enroulent en spirales et entraînent ainsi l'ovaire au fond des eaux, où les graines mûriront en toute sécurité.

Dissémination des graines. Graines semées ou lancées par les plantes. — Nous allons étudier maintenant les moyens de dissémination que possèdent les graines. Les fermiers ont appris par l'expérience, que s'ils cultivaient toujours la même plante dans un même champ, le sol s'épuiserait rapidement. A ce point de vue, la dispersion des graines est un grand avantage pour l'espèce. D'un autre côté, elle procure aux graines la chance de se propager dans de nouvelles localités favorables aux exigences de la plante. C'est ainsi qu'une plante

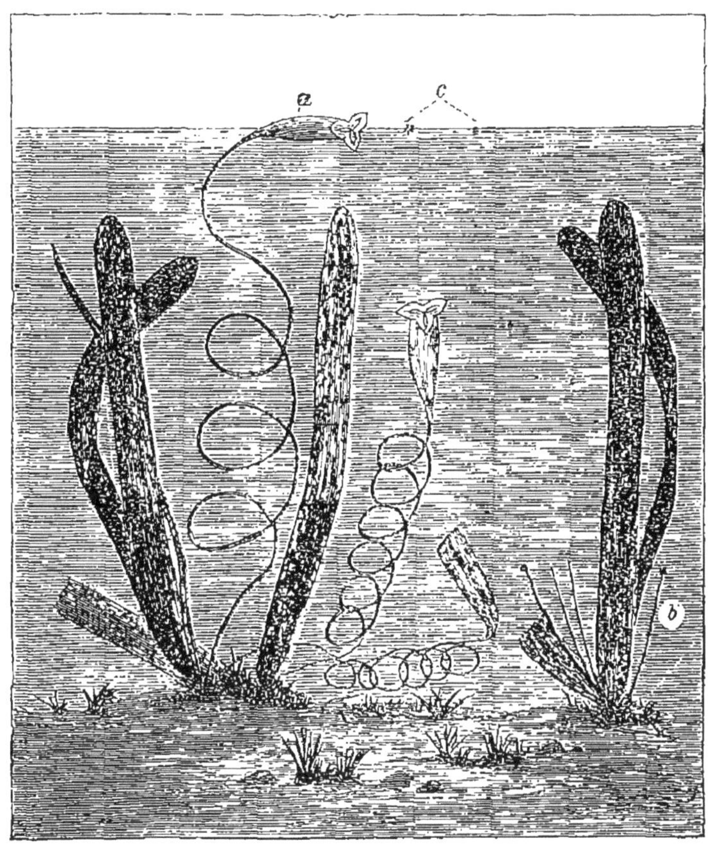

FIG. 36. — *Vallisneria spiralis* : *a*, fleur femelle; *b*, fleur mâle; *c*, pollen flottant.

européenne, le *Xanthium spinosum*, s'est rapidement répandue dans le sud de l'Afrique, où ses graines avaient été transportées dans la laine des moutons. Nous avons cependant tout lieu de croire, que dans la plupart des cas, la dispersion des graines ne s'opère que dans des limites fort restreintes.

Il existe des plantes chez lesquelles on peut constater ces mouvements destinés à opérer la dissémination des graines. J'ai signalé un peu plus haut les mouvements effectués par le pédoncule de la fleur du Pissenlit. Lorsque les graines sont mûres, ce pédoncule se relève et la dispersion des fruits par le vent s'opère facilement. Nous verrons bientôt que quelques plantes sèment même leurs graines dans le sol.

Quelquefois la plante projette ses graines à une petite distance. C'est ce qui a lieu pour la *Cardamine hirsuta*, petite plante haute de 15 à 20 centimètres, qui croît abondamment dans les parties incultes de nos jardins, de nos plantations d'arbustes et ressemble beaucoup à l'espèce appelée *Cardamine chenopodifolia* (fig. 17). Elle ne possède cependant pas de silicules souterraines et ses graines sont toutes contenues dans de véritables siliques. Elles sont attachées par leur funicule à la cloison médiane. Quand les siliques sont mûres, leurs parois externes sont dans un état de tension très prononcé et simplement maintenues en place par une délicate membrane. Le moindre choc, un simple coup de vent, suffisent pour détacher les valves qui s'enroulent sur elles-mêmes avec une force telle qu'elles sont ordinairement projetées loin de la plante, et que les graines sont lancées à une distance de plusieurs pieds.

On trouve chez la Violette commune, à côté des fleurs

à pétales colorés, d'autres fleurs à corolle rudimentaire ou même sans corolle, à étamines de petite taille contenant moins de pollen que celles des autres fleurs. A l'automne, la plante produit un grand nombre de ces curieuses fleurs. Quand elles sont très jeunes, elles sont triangulaires et ont l'aspect d'un bouton floral (fig. 37 et 38, *a*), la partie centrale de la fleur étant entièrement couverte par les sépales. Quand elles sont plus âgées (fig. 37 et 38, *b*), elles ont beaucoup de ressemblance avec les fruits secs appelés capsules;

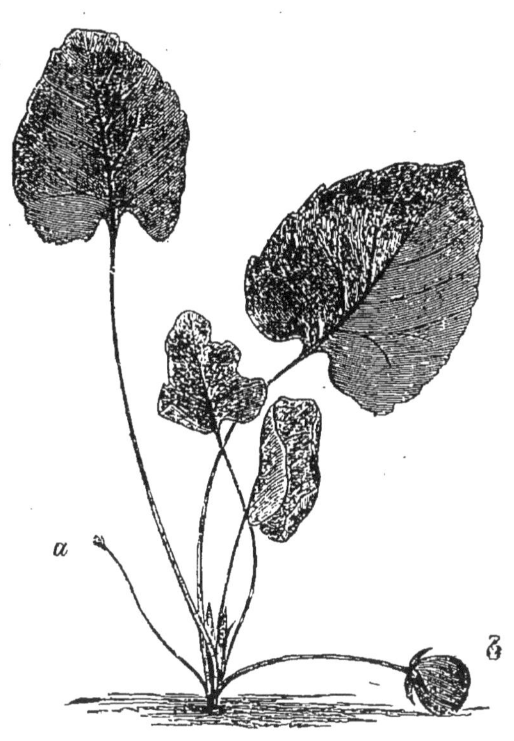

FIG. 37. — *Viola hirta*: *a*, jeune bouton; *b*, la capsule mûre.

on dirait que le bourgeon floral a produit directement une capsule sans donner de fleur. Les Pensées ne possèdent pas de ces fleurs. Dans le *Viola odorata* et le *V. hirta* (fig. 37), on en trouve facilement parmi les feuilles qui touchent le sol. Quelques botanistes, entre autres Vaucher, ont prétendu que ces plantes enterrent leurs capsules dans le sol et sèment ainsi leurs graines. Je n'ai cependant pas pu constater ce fait qui peut se produire accidentellement, si le pédoncule de la capsule, s'allongeant et se recourbant à son extrémité, la pointe de cette capsule se trouve ainsi dirigée en bas, et si le sol

FIG. 38. — *Viola canina* : *a*, bouton ; *b*, le même dans un état plus avancé ; *c*, capsule ouverte.

est meuble et inégal. Quand les graines sont mûres, la capsule s'ouvre par trois valves et la déhiscence est opérée. Dans le *V. Canina* (fig. 38), les choses ne se passent pas ainsi. Les capsules ont leurs parois moins charnues, et bien qu'elles soient pendantes lorsqu'elles sont jeunes, elles se redressent à l'époque de la maturité et leur déhiscence s'opère par trois valves égales (fig. 39). Chaque valve contient une rangée de trois, quatre ou cinq graines brunes, lisses et piriformes. Lorsque les valves commencent à sécher, leurs parois se contractent, se rapprochent l'une de l'autre et tendent à chasser les graines. Celles-ci opposent d'abord une vive résistance, mais au bout de quelque temps, elles sont projetées à une distance de plusieurs pieds. J'ai vu une graine de *V. canina* lancée de cette façon à une di-

FIG. 39. — Capsule de *Viola Canina* avec ses graines.

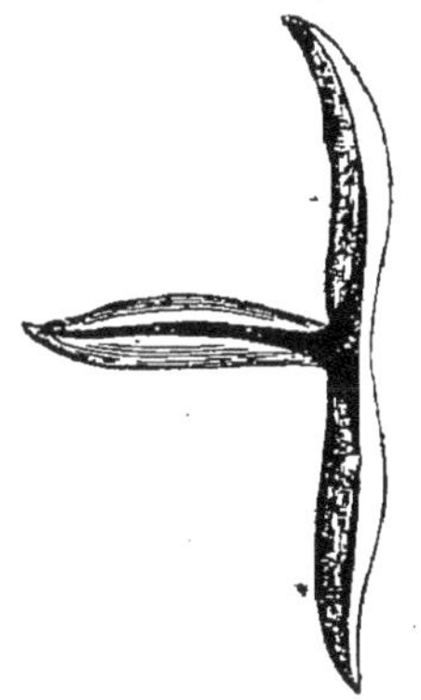

FIG. 40. — La même après la dissémination des graines.

stance d'environ 3 mètres. La figure 40 représente une capsule vide.

Causes des différences. — On se demandera maintenant d'où provient cette différence et pourquoi le *V. odorata* et le *V. hirta* dissimulent leurs capsules sous la mousse et les feuilles, tandis que le *V. canina* relève hardiment les siennes. Si cette particularité est favorable au *V. canina*, pourquoi ne l'est-elle pas également au *V. hirta ?* Je crois que l'on aura facilement l'explication du fait si l'on tient compte du différent mode de croissance de ces deux espèces. Les capsules du *V. canina* sont portées par un long pédoncule, il leur est donc facile de s'élever au-dessus de l'herbe parmi laquelle la plante croît. Les capsules du *V. odorata* et du *V. hirta* ont, au contraire, un court pédoncule et les feuilles de ces plantes sont radicales, c'est-à-dire partent de la racine. Il serait donc impossible à ces deux végétaux de lancer leurs graines à une certaine distance, car elles rencontreraient aussitôt des feuilles qui les feraient immédiatement retomber. Voilà pourquoi, à mon avis, les capsules du *V. hirta* et du *V. odorata* restent à la surface du sol.

Géraniums lançant leurs graines. — Dans le *Geranium Robertianum* ou Herbe à Robert (fig. 41), lorsque la fleur s'est flétrie, l'axe central, ou pour parler plus exactement, le style, croît graduellement (fig. 41, *a*, *c*, *d*). Les cinq graines sont situées à la base de cette sorte de petite colonne, et chacune d'elles est entourée d'une enveloppe se terminant à sa partie supérieure par une petite tige effilée [1] qui adhère d'abord à l'axe cen-

[1] Le fruit du Géranium est une capsule septifrage à cinq loges et à cinq valves. La petite colonne centrale est formée par le style accru. Ce style a la forme d'un bec d'oiseau, d'où le nom de *Géraniums bec-de-grue* donné à certains Géraniums. A l'époque de la maturité, le fruit se divise en autant de coques qu'il y a de loges. Des deux ovules que contenait chacune de ces loges, un seul se développe en graine. Par *enveloppe de la graine*, expression employée assez fréquemment dans le texte, il faut entendre la valve ou coque qui contient la graine et non le tégument propre de cette graine. Quand à l'appendice qui surmonte chaque coque et que l'on pourrait comparer à une petite lanière, il provient du style accru et divisé.

tral, mais qui s'en détache ensuite graduellement. Lorsqu'elles sont mûres, l'ovaire se relève verticalement, (fig. 41, *e*); les couches externes de la partie effilée qui

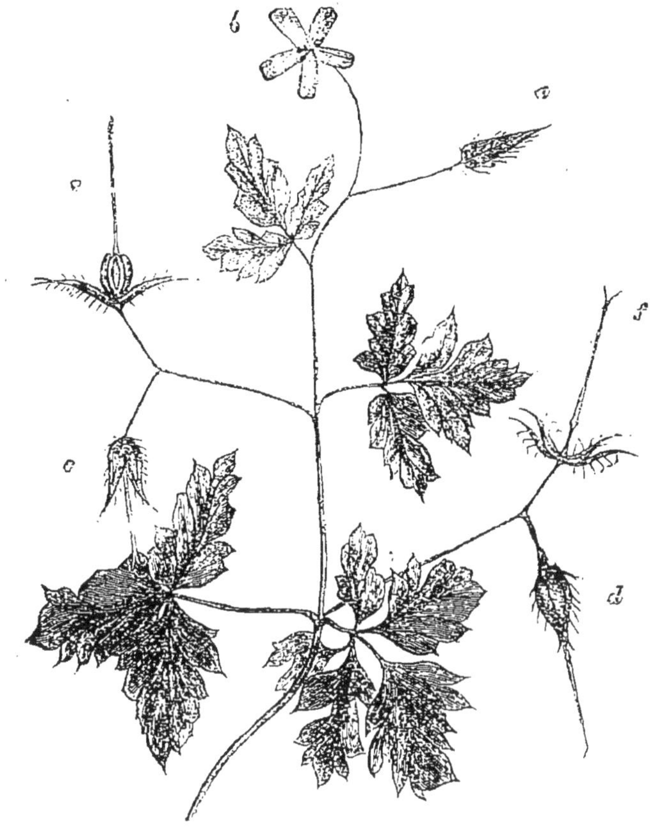

FIG. 41. — Herbe à Robert (*Geranium Robertianum*) : *a*, bouton; *b*, fleur; *c*, la même après la chute des pétales; *d*, fleur et graines presque mûres; *e*, graines mûres; *f*, ce qui reste de la fleur après la dissémination des graines.

surmonte l'enveloppe de chacune d'elles se trouvent dans un état de tension très prononcé. C'est alors que cette petite tige se détache en produisant une secousse qui lance les graines à une certaine distance. La figure 41, *f*, représente l'axe central de la fleur après la dispersion des graines. Chez quelques espèces, dans le *Geranium dissectum*, par exemple (fig. 42), l'enveloppe de la graine et la petite tige effilée restent attachées à l'axe central et la graine seule est projetée.

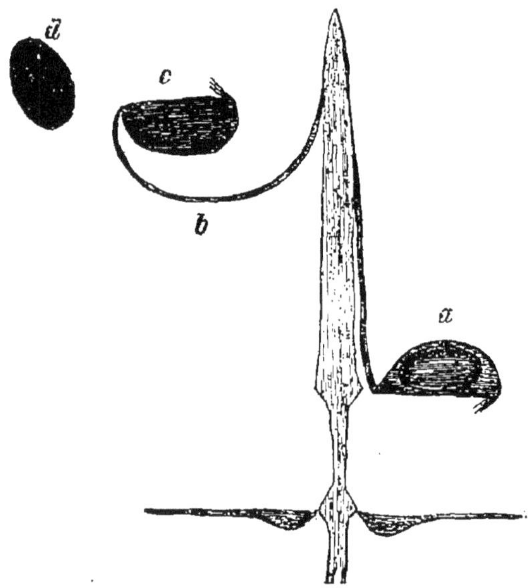

Fig. 42. — *Geranium dissectum* (figure schématique) : *a*, la graine n'est pas encore lancée ; *c*, l'enveloppe de la graine reste attachée à la partie qui la porte *d*, la graine.

On se rappelle, sans doute, qu'un carpelle n'est autre chose qu'une feuille pliée sur elle-même, les bords étant à l'intérieur. Dans le Géranium l'enveloppe de chaque graine s'ouvre sur son côté interne. Alors, me dira-t-on, quand la déhiscence s'opère, elle doit avoir tout simplement pour effet de maintenir la graine appliquée contre la paroi de son enveloppe. Cette remarque est parfaitement juste ; mais je dois cependant vous faire remarquer que, grâce à certaines dispositions, les choses ne se passent pas ainsi. Dans le *G. dissectum* et quelques autres espèces, peu de temps avant la déhiscence du fruit, l'enveloppe de la graine se place à angle droit

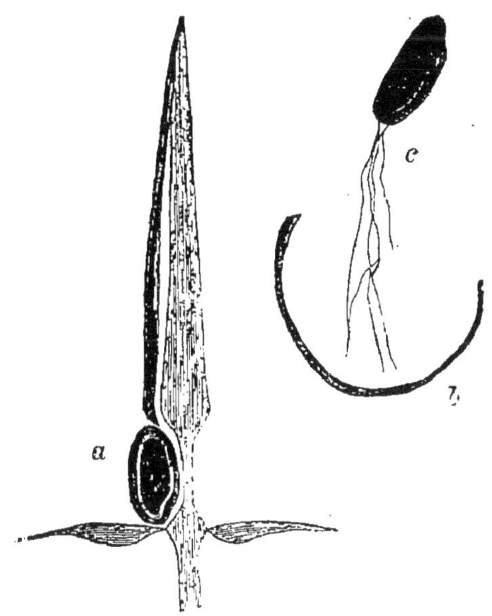

Fig. 43. — *Geranium Robertianum* (figure schématique) : *a*, la graine n'est pas encore lancée ; *b*, la partie qui surmontait l'enveloppe de la graine ; *c*, la graine enfermée dans son enveloppe.

avec l'axe central (fig. 42, *a*). Les bords de cette enveloppe s'écartent l'un de l'autre ; ils sont garnis d'une rangée de poils qui maintiennent la graine en place, mais qui sont cependant assez élastiques pour lui permettre de s'échapper de son enveloppe, lorsque cette dernière se relève brusquement pour prendre la position *c* (fig. 42). Dans ce cas, la graine seule est projetée.

Dans l'Herbe à Robert (fig. 43) et quelques autres

espèces de Géraniums, la graine et son enveloppe sont lancées à une grande distance. L'enveloppe se détache de la partie effilée qui la termine (fig. 43, *a*), et est lancée, sans abandonner son contenu, par le relèvement brusque de ce prolongement. Elle était maintenue en place par une courte languette qui prolonge sa base. Elle possède aussi une touffe de poils à son sommet. L'extrémité inférieure de l'appendice (fig. 43) est située à peu près entre l'axe central et la partie supérieure de l'enveloppe de la graine. Les graines sont lancées à une distance surprenante, malgré le peu de longueur de la petite tige qui joue le rôle de ressort. Lorsque la plante croît en plein air, il est presque impossible de retrouver les graines quand elles ont été disséminées. Afin de pouvoir mesurer la distance à laquelle elles étaient projetées, je plaçai quelques capsules de Géraniums sur mon billard, et je constatai que cette distance était quelquefois supérieure à 7 mètres.

Genêt, Vesces, Cardamine, Momordica. — Le Genêt commun et quelques Vesces lancent leurs graines grâce à l'élasticité de leurs gousses qui, lorsqu'elles sont mûres, s'enroulent subitement en produisant une secousse assez forte. Chaque valve de la gousse contient une couche de fibres élastiques obliques (fig. 44, *ab*). Lorsque la gousse s'ouvre, les valves ne s'enroulent plus comme un ressort de montre, mais forment des spirales semblables à un tire-bouchon.

J'ai cité ces plantes parce qu'elles sont très répandues parmi nos espèces sauvages, et que, en été et en automne, nous pouvons, dans presque toutes nos promenades, observer cette canonnade inoffensive. Il est facile de trouver un nombre plus ou moins considérable

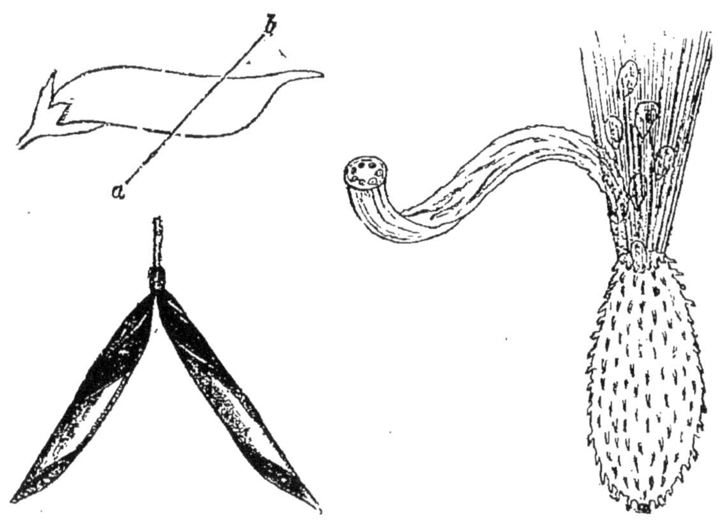

FIG. 44. — Vesce commune (*Vicia sepium*). La ligne *ab* indique la direction des fibres élastiques.

FIG. 45. — Concombre sauvage (*Momordica elaterium*).

d'exemples semblables. La déhiscence du fruit du *Momordica elaterium*, plante très répandue dans l'Europe méridionale, et cultivée quelquefois pour ses propriétés médicinales, s'opère d'une autre façon. Le fruit est semblable à un petit concombre (fig. 45), et lorsqu'il est mûr, il est tellement gorgé de liquide que ses parois sont dans un état de tension très prononcé. Le moindre attouchement suffit alors pour le détacher de son pédoncule ; et, c'est à ce moment que la pression exercée par les parois sur les graines, chasse à une certaine distance ces dernières et le liquide qui les baigne. Dans nos pays, j'ai vu cette distance atteindre 7 mètres environ ; mais dans les pays chauds, où les plantes croissent plus vigoureusement, elle doit être bien plus considérable. La sortie des graines et du liquide s'effectue par la base du fruit, au moment où ce dernier se sépare de son pédoncule. Si l'on touche un fruit mûr de *Momordica elaterium*, on court risque d'en recevoir le contenu en plein visage.

Autres plantes qui lancent leurs graines. — Le fruit du *Cyclanthera*, plante voisine du Concombre, est asymétrique ; l'un de ses côtés est arrondi et couvert de poils, l'autre est aplati et glabre. Le sommet du fruit qui porte encore les restes de la fleur est lui-même en quelque sorte excentrique. A l'époque de la maturité, le moindre attouchement suffit pour provoquer une petite explosion et effectuer la dispersion des graines. Le mécanisme de cette déhiscence a été expliqué par Hildebrand. L'intérieur du fruit est occupé par une couche de tissu cellulaire. Le placenta, auquel les graines sont attachées, est enfoncé librement dans ce tissu. Quand le fruit est mûr, les ligaments qui maintenaient le placenta dans sa position naturelle se brisent et ce dernier n'adhère plus qu'au sommet et au bord renflé de l'ovaire. Au moment de la déhiscence, il se déroule et lance les graines à une certaine distance. Quelquefois aussi il est détaché lui-même de l'intérieur du fruit.

D'autres exemples de projection de graines sont offerts par les fruits de l'*Impatiens*, du Sablier élastique (*Hura crepitans*), du *Collomia*, de l'*Oxalis*, de l'*Arceuthobium*, plante voisine du Gui, parasite du Genévrier et qui lance ses graines à une distance de plusieurs pieds, d'un arbre à un autre.

Fig. 46. — Capsule de Pavot.

Chez certaines plantes qui ne lancent pas elles-mêmes leurs graines, la dissémination peut être effectuée par un vent puissant. Ce mode de dispersion est très fréquent chez les arbres et entraîne les graines à des distances souvent considérables. Il peut même être très avantageux pour les plantes herbacées. Les capsules de certains végétaux produisant de petites graines, s'ouvrent, non par leur base, mais par leur sommet. Chez le Pavot, par exemple (fig. 46, *a*), la partie supérieure de la capsule présente de petites ouvertures par lesquelles les graines peuvent passer une à une, quand la plante est agitée par le vent. Chacune de ces ouvertures est garantie de la pluie par une sorte d'avant-toit. On dit même qu'elles se ferment lorsque le temps est humide.

Le genre *Campanula* est aussi très intéressant à ce point de vue. Quelques-unes de ses espèces possèdent des capsules relevées verticalement, tandis que d'autres les ont pendantes. Les capsules relevées verticalement s'ouvrent à leur sommet, les autres s'ouvrent à leur base.

Spores nageantes. Vaucheria. Élatères des Equisetum. — Dans d'autres cas, la dissémination des graines est due principalement à leurs propres mouvements. Chez quelques plantes inférieures, chez un certain nombre d'Algues marines et d'espèces voisines vivant dans les eaux douces, le *Vaucheria*, par exemple, les spores sont couvertes de cils vibratiles grâce auxquels, semblables à des Infusoires, elles peuvent nager dans l'eau jusqu'à ce qu'elles aient trouvé un milieu favorable pour leur croissance. Quelques spores d'Algues marines possèdent une tache rougeâtre que certains botanistes ont comparée à un œil; mais cette tache est insensible à l'action de la lumière. Ce mode de locomotion ne se rencontre que chez des plantes aquatiques. Un groupe de végétaux inférieurs, les *Marchantia*, produisent parmi leurs spores un certain nombre de cellules spiralées. On suppose que ces cellules, grâce à leur élasticité, peuvent opérer la dissémination des spores. Chez les Prêles *(Equisetum)*, les spores sont pourvues de filaments spiralés appelés élatères[1], et terminés par une

[1] Les deux filaments constituant les élatères sont disposés en croix et fixés par leur milieu à la spore. Ces productions ne sont autre chose que la plus externe des trois membranes de la spore qui s'isole

partie élargie. Ces filaments se meuvent avec beaucoup de vigueur et servent probablement à opérer la dissémination des spores.

Fruits et graines transportés par le vent. — Le plus souvent, les graines sont transportées par le vent. Pour qu'il en soit ainsi, elles doivent nécessairement être légères. Quelquefois, cette légèreté leur est fournie par la structure de leur propres tissus, ou par la présence de cavités dans leur substance. Ainsi, dans le *Valerianella auricula*, le fruit présente trois loges, et chacune de ces loges devrait contenir une graine. Mais une seule graine se développe ; et, comme on peut le voir sur la figure donnée dans l'excellent *Manuel de la flore britannique* de M. Bentham, les deux loges vides deviennent plus larges que celle qui contient une graine. Il est évident qu'elles ont pour but de rendre le fruit plus léger et de permettre au vent de le transporter à une distance plus considérable.

Spinifex squarrosus. — Dans d'autres cas, les plantes elles-mêmes ou certaines de leurs parties sont

partiellement à l'époque de la maturité en se découpant en spirales. Elles sont fort hygrométriques ; elles s'enroulent autour de la spore sous l'influence de l'humidité et se déroulent en se desséchant. La spore entraînée se déplace à chaque mouvement des élatères. Certains auteurs admettent, mais le fait est controversé, que les élatères servent surtout au rapprochement des spores et à leur union, par l'enchevêtrement des bras, union qui aurait pour conséquence le développement de plusieurs prothalles au contact les uns des autres, car les spores, malgré leur similitude morphologique, ne donnent que rarement naissance à des prothalles hermaphrodites.

roulées sur le sol par le vent. C'est ainsi que la large inflorescence arrondie du *Spinifex squarrosus* est entraînée à des distances de plusieurs milles, à la surface des sables désséchés de l'Australie, jusqu'à ce qu'elle ait rencontré un endroit humide où elle prend racine et se développe.

Rose de Jéricho. — De même, l'*Anastatica hierochuntica*, ou rose de Jéricho, petite plante annuelle à gousses arrondies, qui croît dans les sables de l'Égypte, de la Syrie et de l'Arabie, lorsqu'elle a été desséchée par un soleil ardent, s'enroule sur elle-même et est charriée par le vent jusqu'à ce qu'elle ait rencontré un endroit humide. Alors elle se déroule, ses gousses s'ouvrent et ses graines sont semées.

Graines ailées. Fruits ailés. — Mais ces exemples sont relativement rares. Le plus souvent, le vent charrie les graines dans l'espace. Si l'on examine le fruit du Sycomore, on verra qu'il est muni de prolongements membraneux grâce auxquels le vent peut le transporter à une assez grande distance de l'arbre qui le portait. La figure 47 montre plusieurs de ces exemples choisis chez l'Érable *(a)*, le Sycomore *(b)*, le Charme *(d)*, l'Orme *(e)*, le Bouleau *(f)*, le Pin *(g)*, le Sapin *(h)* et le Frêne *(i)*. Les fruits du Tilleul *(c)* possèdent à leur base une bractée qui remplit le même but.

Chez un grand nombre d'autres plantes, la dissémination des fruits est favorisée par la présence de bords élargis. C'est ainsi que parmi les espèces du genre *Thy-*

sanocarpus, Crucifère de l'Amérique du Nord, le *T. laciniatus* possède des siliques ailées. Chez les *T. cur-*

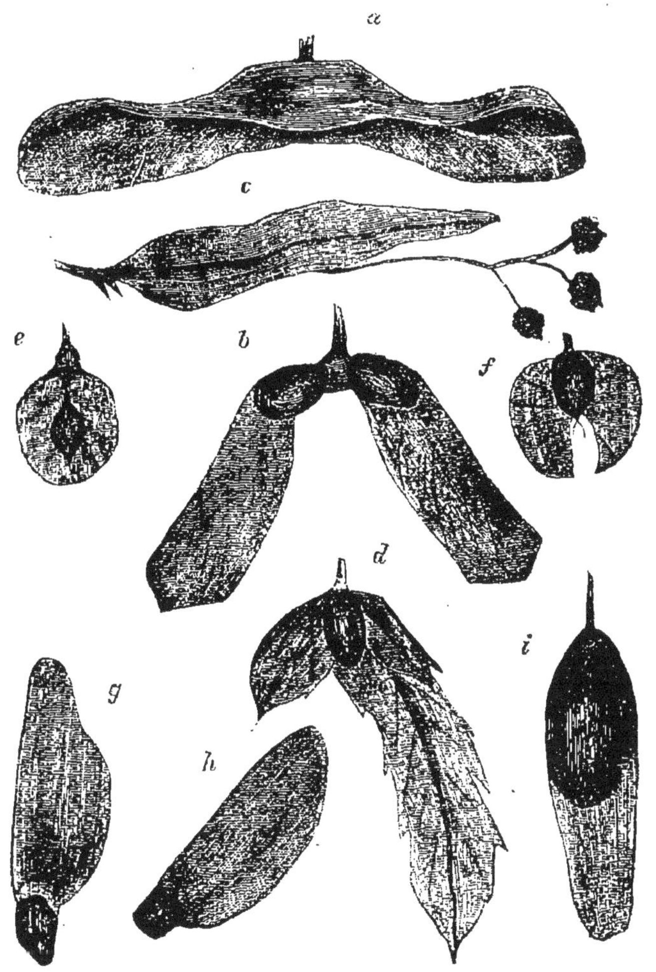

FIG. 47. — Érable (*a*). — Sycomore (*b*). — Tilleul (*c*). — Charme (*d*). — Orme (*e*). — Bouleau (*f*). — Pin (*g*). — Sapin (*h*). — Frêne (*i*).

vipes, *T. radians* et *T. elegans*, les ailes membraneuses sont de plus en plus développées. Les ailes du *T.*

elegans présentent même des perforations. Parmi nos plantes sauvages, la Patience *(Rumex)* et le Panais *(Pastinaca)* possèdent des fruits ailés. Quelquefois, dans le Pin, par exemple, ce sont les graines elles-mêmes qui sont munies d'ailes. La silique du *Thlaspi arvense* est ailée. Dans l'*Entada*, plante de la famille des Légumineuses, la gousse se compose de plusieurs segments ailés; dans le *Nissolia*, l'extrémité de la gousse seule est munie d'un prolongement membraneux; enfin, dans le tilleul, comme je l'ai déjà dit, les fruits sont munis d'une bractée.

Chez le *Gouania retinaria* de Rodriguez, le tissu cellulaire du fruit tombe en poussière, le tissu vasculaire resté seul forme une sorte de réseau emprisonnant la graine.

Fruits et graines munis de poils ou d'appendices en forme de plumes. — D'autres fois, il se développe de longs poils. Chez la Clématite, l'Anémone, le Dryas, ces poils couvrent la surface entière du fruit. Chez d'autres plantes, telles que le Pissenlit et le *Tragopogon pratense*, ils forment une aigrette. On trouve fréquemment de ces aigrettes chez un grand nombre de Composées; et cependant, la Pâquerette et le *Lapsana* n'en possèdent pas. Certains fruits du *Thrincia hirta* (fig. 48), plante qui croît dans nos prairies et sur nos pelouses, sont munis d'une aigrette, tandis que les autres en sont dépourvus. Les premiers ont pour but de disséminer la plante dans des bois et des prairies plus ou moins éloignés; les autres sont destinés à perpétuer la race dans les endroits où elle croît déjà.

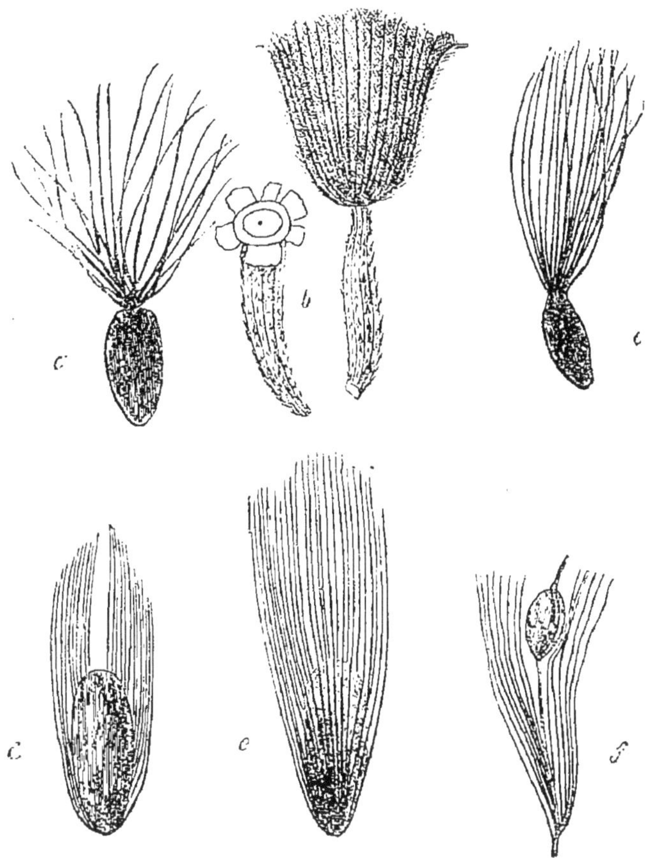

FIG. 48. *Epilobium (a).* — *Thrincia hirta (b).* — Tamarix (c). — Saule (d). — *Eriophorum (e).* — *Typha (f).*

On trouve des aigrettes chez un assez grand nombre de plantes : chez l'*Epilobium* (fig. 48, *a*), le *Thrincia* (fig. 48, *b*), le Tamarix (fig. 48, *c*), le Saule (fig. 48, *d*), l'*Eriophorum* (fig. 48, *e*), le *Typha* (fig. 48, *f*).

On en trouve également chez beaucoup d'espèces exotiques, chez le superbe Laurier-rose, par exemple. Chez les Valérianes et les Composées, c'est le calice lui-même qui prend la forme d'une aigrette ; c'est le périanthe dans le *Typha* et l'*Eriophorum*. La graine de l'*Epilobium* présente une aigrette à l'une de ses extrémités; celle du Cotonnier est entièrement couverte de longs poils. Chez quelques espèces d'*Æschynanthus*, la graine ne possède que trois poils : deux sur l'un de ses côtés, un seul sur l'autre. Dans ce dernier cas, les poils sont très flexibles et peuvent s'accrocher au corps des animaux, ce qui augmente beaucoup les chances de dissémination de la plante.

Fruits et graines transportés par les eaux. Noix de coco. — Il peut se faire que les graines soient charriées par les eaux[1]. La noix de coco est remarquable à ce point de vue. Les graines conservent longtemps la faculté de germer et sont protégées par le tissu peu serré du fruit. C'est la structure de ce tissu qui permet au fruit de flotter facilement.

Personne n'ignore que le Cocotier est une des premières plantes qui apparaissent sur les récifs de corail,

[1] Darwin a fait une série d'expériences pour constater pendant combien de temps les graines et les fruits de diverses plantes pouvaient résister à l'action nuisible de l'eau de la mer. D'après lui 64 espèces, sur 87, ont germé après une immersion de 28 jours dans l'eau salée, et plusieurs supportaient même une immersion de 37 jours. En se fondant sur la vitesse moyenne des courants océaniques, il a conclu qu'un grand nombre de graines pouvaient être transportées, sans être altérées, à travers 1600 kilomètres de mer.

C'est, je crois, le seul Palmier que l'on trouve répandu dans les deux hémisphères[1].

A l'automne, les graines des Lentilles d'eau (*Lemna*) coulent au fond de l'eau où elles restent pendant tout l'hiver. Au printemps suivant, elles remontent à la surface et se développent.

[1] Certains fruits sont transportés par les eaux de la mer à des distances considérables. Les fruits du *Martynia annua* et ceux du *Mimosa scandens* traversent souvent tout l'Océan et voyagent de l'Amérique méridionale jusqu'aux côtes de l'Europe et jusque sur les bords de la Norvège, comme nous l'indiquons dans un article publié dans la *Revue scientifique* (nº du 2 avril 1887) et dans lequel nous avons étudié successivement la dissémination des plantes par le vent, les cours d'eau, les différentes classes d'animaux, etc.

CHAPITRE IV

FRUITS ET GRAINES

(SUITE)

Couleurs des fruits comestibles. — Les animaux peuvent-ils distinguer les couleurs? — Fruits et graines transportés par les animaux. — Fruits et graines munis de crochets (Bardane, Aigremoine, *Caucalis*, *Circæa*, *Galium*, Myosotis, *Harpagophyton*, *Martynia*). — Graines et fruits visqueux. — Fruits et graines ailés produits par des arbres. — Graines et fruits à crochets produits par des buissons et des herbes. — Les arbres croissant en Angleterre étudiés au point de vue de leurs graines et de leurs fruits. — Modes de dissémination des Rosacées. — Graines et fruits visqueux produits spécialement par des plantes épiphytes (Gui, *Arceuthobium*, *Myzodendron*). — Graines semées par les plantes qui les ont produites (Trèfle, Violette, Cardamine, *Arachis*, Vesce, *Lathyrus*). — Cas des *Erodium* et des *Stipa*. — Autres plantes possédant deux sortes de graines (*Thrincia*, *Corydalis*, *Alisma*). — Graines qui ressemblent à des insectes ou à d'autres animaux (*Scorpiurus*, *Biserrula*, Ricin, *Jatropha*, *Martynia*, Trichosanthes). — Questions non résolues.

Couleurs des fruits comestibles. — Dans un très grand nombre de cas, la dissémination des fruits et des graines est effectuée par les animaux. A cette classe appartiennent surtout les baies. La portion charnue qui entoure les graines devient pulpeuse et généralement sucrée. Il est remarquable que certains fruits, tels que la cerise, la groseille, la pomme, la pêche, la prune, la fraise, la framboise, etc., possèdent, comme les fleurs de brillantes couleurs ayant évidemment pour but d'at tirer les animaux. Ces couleurs ne se développent d'ailleurs qu'à l'époque de la maturité des fruits. La graine de ces fruits est ordinairement protégée par une enveloppe résistante, presque pierreuse, dans certains cas. Grâce à cette enveloppe, les graines ne sont pas altérées pendant leur passage dans le tube digestif des animaux qui les ont avalées, et leur germination est peut-être hâtée par la chaleur du corps de ces animaux.

Les animaux peuvent-ils distinguer les couleurs? — Ces fruits colorés entrent pour une part considérable dans la nourriture des singes, dans les régions tropicales de la terre, et nous avons le droit de supposer que ces singes sont guidés comme nous par les couleurs, lorsqu'ils choisissent les fruits mûrs. Ce fait semble indiquer que nos ancêtres des temps préhistoriques étaient capables de distinguer les couleurs. Magnus et Geiger ayant remarqué que les anciens langages contiennent peu de noms de couleurs, et que les écrits remontant à la plus haute antiquité, c'est-à-dire l'Ancien Testament, le Zend-Avesta, le Véda, les œuvres d'Homère et d'Hésiode, ne citent pas la couleur bleue des cieux, en ont conclu que les anciens ne pouvaient que très difficilement distinguer les couleurs et surtout le bleu. En Angleterre, M. Gladstone, dont l'autorité en pareille matière est incontestable, est du même avis. Quant à moi, je ne saurais accepter cette conclusion. Il y a, il me semble, beaucoup de faits sur lesquels je ne puis insister ici, qui semblent prouver le contraire. Je crois que les couleurs des fruits ne sont pas sans importance; et que, si les singes sont capables de les distinguer, nous pouvons être certains que l'homme le moins civilisé possède aussi cette faculté. Zeuxis n'aurait pas pu tromper les oiseaux s'il avait été incapable d'établir une différence entre les couleurs.

Dans les exemples de fruits colorés que nous avons cités plus haut, la partie charnue et mangeable enveloppe plus ou moins les graines; dans d'autre cas, les graines elles-mêmes deviennent comestibles. Chez les premiers fruits la partie comestible sert à attirer les animaux; chez les autres elle est emmagasinée pour l'usage de la plante. Cependant, lorsque les graines elles-mêmes sont comestibles, elles sont généralement protégées par des enveloppes plus ou moins dures ou amères, comme cela a lieu chez le Marronnier d'Inde, le Hêtre, le Noyer. Quoique ces graines servent à la nourriture des écureuils, cela ne constitue aucun inconvénient pour la conservation de la plante; car souvent elles sont charriées à une certaine distance et perdues par mégarde, ou bien elles sont emmagasinées et oubliées. De cette façon, elles sont transportées loin de la plante qui les a produites.

Graines et fruits transportés par les animaux. Fruits et graines munis de crochets. — Dans d'autres cas, les animaux servent involontairement à la dispersion des graines. Cela se produit lorsque les fruits possèdent des crochets semblables à des hameçons ou lorsqu'ils sont visqueux. Parmi les plantes d'Angleterre dont les fruits sont pourvus de crochets, nous citerons la Bardane *(Lappa*, fig. 49, *a)*; l'Aigremoine *(Agrimonia*, fig. 49, *b)*; le *Caucalis* (fig. 49, *c)*; le *Circea* (fig. 49, *d)*; le *Galium* (fig. 49, *e)*, et quelques *Myosotis* (fig. 49, *f)*. Les crochets sont d'ailleurs disposés de manière à favoriser le transport des fruits. Dans toutes les espèces que nous venons de citer, les crochets, quoiqu'ils soient admirablement organisés, sont petits ; mais, chez quelques espèces exotiques, ils deviennent vraiment formidables. Deux des exemples les plus remarquables sont représentés par le *Martynia proboscidea* (fig. 50, *b)* et l'*Harpagophyton procumbens* (fig. 50, *a)*.

Le *M. proboscidea* est une plante de la Louisiane. Les animaux se débarrassent très difficilement des fruits de cette plante qui se sont attachés à leur corps. Le genre *Harpagophyton* habite le sud de l'Afrique. On prétend que ses fruits peuvent causer la mort des lions eux-mêmes. Ils roulent çà et là à la surface des plaines sablonneuses. Quelquefois, lorsqu'un malheureux animal cherche à enlever avec ses dents un fruit de l'*Harpagophyton* attaché à son poil, les crochets s'implantent dans sa gueule et causent sa mort.

Graines et fruits visqueux. — Les plantes dont les fruits et les graines sont enduits d'une matière visqueuse favorisant leur dissémination sont moins nombreuses, et nous ne possédons pas, en Angleterre, d'exemples de cette nature bien remarquables. Le *Plumbago*, plante de l'Europe méridionale, a cependant pu être remarqué

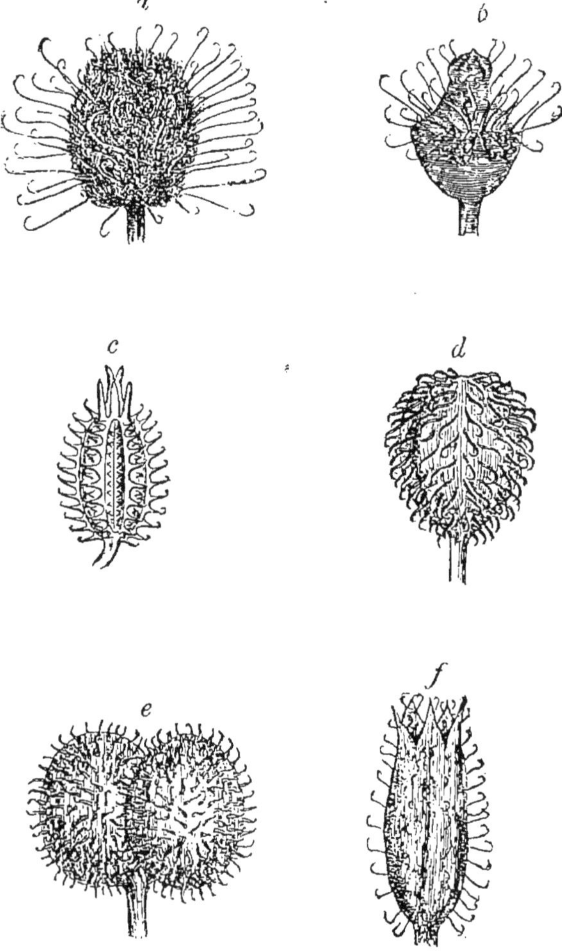

FIG. 49. — Bardane (*a*). — Aigremoine (*b*). — *Caucalis* (*c*). — *Circæa* (*d*). — *Galium* (*e*). — Myosotis (*f*).

sous ce rapport, par beaucoup de mes lecteurs. Parmi les autres plantes possédant le même moyen de dissémination, je citerai les genres *Pittosporum*, *Pisonia*,

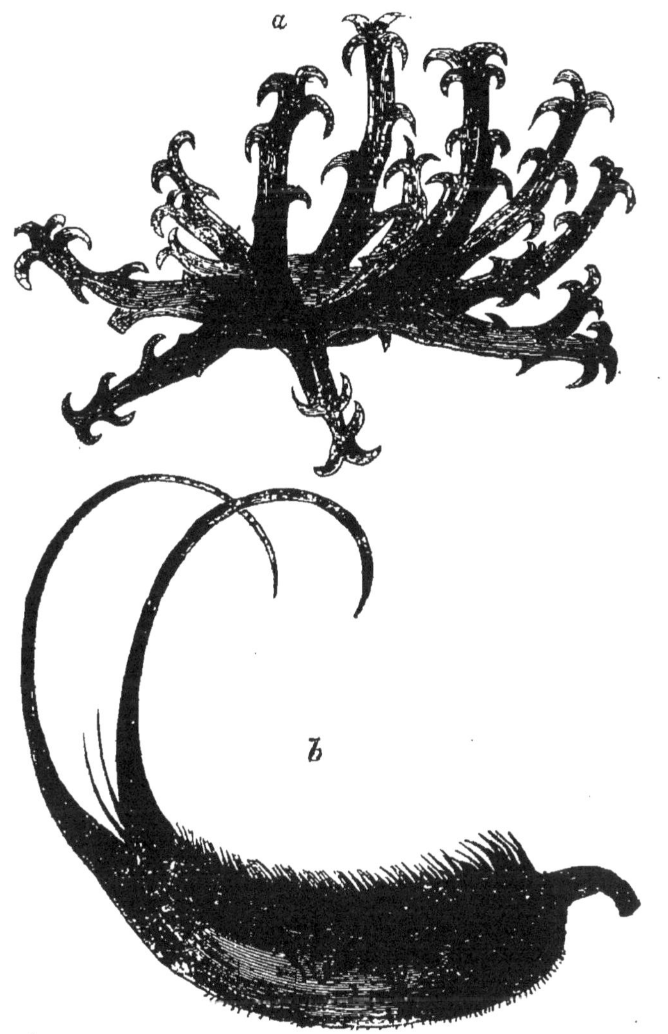

Fig. 50. — *a*, *Harpagophyton procumbens* (grandeur naturelle); *b*, *Martynia proboscidea* (grandeur naturelle).

Boerhavia, *Siegesbeckia*, *Grindelia*, *Drymaria*, etc. Il y a relativement peu de végétaux possédant plus d'un de ces modes de dispersion des graines. Cependant les graines de la Bardane commune possèdent une aigrette, et les fruits de cette plante sont couverts de crochets qui peuvent s'attacher au corps des animaux. Chez l'*Asterothrix*, comme Hildebrand l'a fait remarquer, on trouve une aigrette, une surface rugueuse et un prolongement creux.

Mais l'on dira peut-être que j'ai choisi des exemples tout spéciaux, et que d'autres spécimens de plantes ne m'auraient pas permis de formuler les mêmes conclusions. On pourra même ajouter que j'ai mis *le chariot devant le cheval*, que le prolongement membraneux que possède le fruit du Frêne et les crochets que présente celui de la Bardane n'ont pas été créés spécialement pour que le premier de ces fruits soit transporté par le vent et le second par les animaux, mais que le hasard seul a voulu qu'il en soit ainsi. Il y a certainement quelques particularités dans la structure des graines, qu'on ne s'explique pas encore; et, c'est précisément pour cela que je tenais à attirer votre attention sur ce sujet. Je crois cependant que les explications générales, données par d'éminents botanistes, sont dignes de foi.

Graines et fruits ailés produits par des arbres. — Examinons quelques fruits construits sur le même type que celui du Frêne, c'est-à-dire des fruits munis d'une sorte d'aile membraneuse et auxquels les botanistes donnent le nom de *samares*. Il est évident, à priori, que de pareils fruits seraient inutiles aux petites plantes herbacées, qui cependant sont très nombreuses. Si l'aile membraneuse s'était formée accidentellement, sans être destinée à jouer un rôle dans la dissémination, on trouverait des samares sur les herbes aussi bien que sur les arbres.

Voyons maintenant quelles sont les plantes qui possèdent ces fruits. On trouve des fruits munis de prolongements aliformes sur le Frêne, l'Érable, le Sycomore, le Charme, l'Orme, les Pins et les Sapins. Les fruits du Tilleul sont munis d'une bractée qui aide également à leur dissémination. Les graines munies d'ailes se trouvent seulement sur un grand nombre des arbres de nos forêts. J'ajouterai même que j'ai consulté quelques ouvrages de botanique où des graines sont représentées : le *Traité de botanique descriptive et analytique* de Le Maout et Decaisne (traduction anglaise par Hooker), l'*Histoire des plantes*, de Baillon, et l'ouvrage de Gærtner, intitulé *De fructibus et seminibus*. J'ai trouvé, parmi vingt et un ordres naturels différents, trente genres de plantes possédant des graines ou des fruits ailés. Toutes ces plantes sont des arbres ou des arbustes grimpants.

Graines et fruits munis de crochets produits par des buissons et des herbes. — Passons maintenant au cas des végétaux dont la dissémination des graines est effectuée grâce aux crochets de ces dernières. Si la présence de ces crochets est accidentelle, nous devons en trouver chez toutes les classes de plantes, sur des arbres et sur des végétaux aquatiques, par exemple. D'un autre côté, si ces crochets sont destinés à attacher les graines au corps des quadrupèdes, on ne voit pas quelle utilité il y aurait à ce que les graines d'une plante aquatique en fussent munies. Or, il y a en Anglerre environ trente espèces de plantes chez lesquelles la dissémination des graines s'effectue au moyen de crochets, et aucune de ces plantes n'est aquatique. Elles atteignent toutes une taille supérieure à 1m,20. Je dirai même plus, chez les végétaux dont la hauteur n'est pas suffisante pour que leurs fruits ou leurs graines puissent s'attacher à la toison ou au poil des animaux, on ne constate jamais la présence de crochets. Je crois, ainsi qu'Hildebrand, que l'apparition, sur la terre, des plantes dont les fruits ou les graines sont munis de crochets a dû coïncider avec celle des mammifères terrestres [1].

[1] L'homme est lui-même un des agents qui contribuent le plus à la dispersion des plantes sur les diverses parties de la terre. Non seulement il transporte avec lui les plantes qu'il cultive pour ses propres besoins, mais encore il contribue involontairement à propager au loin un grand nombre de plantes qui lui sont inutiles et même nuisibles. Les armées ont porté çà et là des graines et des procédés de culture d'une extrémité de l'Europe à l'autre et même d'une partie du monde à l'autre. Nous avons introduit dans toutes les parties du globe toutes les mauvaises herbes qui poussent au milieu de nos céréales, et que peut-être, nous avons reçues d'Asie avec elles. Après la funeste guerre de 1870-71, on a trouvé dans certains départements de la France et surtout dans le département du Loiret des plantes qui n'y croissaient pas auparavant et dont les graines avaient été apportées dans les fourrages de la cavalerie allemande. Le temps a fait en partie disparaître cette trace de l'invasion. Déjà plus de la moitié des espèces végétales transportées par l'armée prussienne ont cessé d'exister en France, et celles qui per-

Arbres croissant en Angleterre, étudiés au point de vue de leurs graines et de leurs fruits. — Jetons maintenant un coup d'œil sur les arbres de nos forêts, sur nos arbrisseaux et nos grandes plantes grimpantes. Nous laisserons de côté, pour le moment, toute classification, et nous considérerons seulement le groupe des végétaux caractérisés par une hauteur supérieure à 2^{m},50. Ces arbres et ces arbustes, que chacun connaît, sont au nombre d'environ trente-trois. Sur ce nombre, il n'y en a pas moins de dix-huit qui possèdent des fruits ou des graines comestibles (Prunier, Pommier, Arbousier, Houx, Noisetier, Hêtre, Rosier, etc.). Trois produisent des graines couvertes de poils; et, chez tous les autres on trouve des fruits ou des graines pourvus d'ailes (Tilleul, Érable, Frêne, Sycomore, Orme, Houblon, Bouleau, Charme, Pin et Sapin). D'ailleurs, comme on pourra le voir par le tableau suivant, les plus petits arbres et les plus petits arbustes (Cornouiller, Rosier de Gueldre, Rosier, Aubépine, Troène, Sureau, If et Houx) possèdent généralement des fruits dont les oiseaux sont très friands. Les graines et les fruits ailés caractérisent les grands arbres de nos forêts.

sistent encore diminuent chaque année de vigueur. Sur le plateau de Bellevue où les espèces étrangères étaient si nombreuses en 1871, M. Bureau n'en a trouvé dernièrement qu'une seule, et M. Gaudry n'en a trouvé que deux. Ce résultat doit être attribué au *conflit vital*, dans lequel les plantes indigènes, plus robustes, mieux appropriées au climat ont défendu énergiquement leurs droits à l'existence.

ARBRES, ARBUSTES ET ARBRISSEAUX GRIMPANTS
QUI CROISSENT EN GRANDE-BRETAGNE OU QUI Y ONT ÉTÉ NATURALISÉS

DÉSIGNATIONS DES ARBRES, ARBUSTES ET ARBRISSEAUX	GRAINES OU FRUITS			
	COMESTIBLES	MUNIS DE POILS	AILÉS	POURVUS DE CROCHETS
Clematis vitalba		*		
Berberis vulgaris	*			
Tilleul *(Tilia europæa)*			*	
Érable *(Acer)*			*	
Evonymus (Fusain)	*			
Nerprun *(Rhamnus)*	*			
Prunellier *(Prunus)*	*			
Rosier *(Rosa)*	*			
Pommier *(Pyrus)*	*			
Aubépine *(Cratægus)*	*			
Néflier *(Mespilus)*	*			
Lierre *(Hedera)*	*			
Cornouiller *(Cornus)*	*			
Sureau *(Sambucus)*	*			
Viorne ou Rose de Gueldre *(Viburnum)*	*			
Chèvrefeuille *(Lonicera)*	*			
Arbousier *(Arbutus)*	*			
Houx *(Ilex)*	*			
Frêne *(Fraxinus)*			*	
Troène *(Ligustrum)*	*			
Orme *(Ulmus)*			*	
Houblon *(Humulus)*			*	
Aune *(Alnus)*[1]				
Bouleau *(Betula)*			*	
Charme *(Carpinus)*			*	
Noisetier *(Corylus)*	*			
Hêtre *(Fagus)*	*			
Chêne *(Quercus)*	*			
Saule *(Salix)*		*		
Peuplier *(Populus)*		*		
Pin *(Pinus)*			*	
Sapin *(Abies)*			*	
If *(Taxus)*	*			

[1] Quelques espèces du genre *Alnus* possèdent des fruits ailés.

Modes de dissémination chez les Rosacées. — Prenons maintenant un ordre naturel. Les Rosacées nous offrent des exemples particulièrement intéressants. Dans le genre *Geum*, le fruit possède des crochets; dans le genre *Dryas*, il se termine par une longue touffe de poils semblable à celle qui orne le fruit de la Clématite. D'un autre côté, plusieurs genres produisent des fruits comestibles, et la partie de la plante qui devient charnue et tente les animaux diffère considérablement d'un genre à l'autre. Dans le fruit de la Ronce et celui du Framboisier, les carpelles constituent la partie comestible. Lorsque nous mangeons une framboise, nous les choisissons en laissant le réceptacle de côté. Dans la fraise, le réceptacle est la partie que l'on mange; les carpelles sont petits, coriaces, et entourent exactement la graine. Dans ces genres, les sépales sont situés au-dessous du fruit. Chez la Rose, au contraire, le pédoncule se renfle beaucoup et prend la forme d'une coupe à l'intérieur de laquelle sont situés les carpelles[1]. Il faut se rappeler qu'ici, les sépales sont situés au-dessus du fruit. Chez

[1] D'après un botaniste éminent, M. Van Tieghem, la partie qui, dans le Rosier, forme la coupe ou bouteille renfermant les carpelles, est formée par la concrescence basilaire de toutes les parties extérieures au pistil : calice, corolle, et androcée, qui se développe autour du fruit, devient épaisse et charnue. Il en est de même dans les Pomacées (Poirier, Néflier, etc.), avec cette différence que, l'ovaire étant infère, la substance charnue de la coupe est intimement unie à la substance charnue du fruit qui est une drupe. La partie comestible du fruit dans les plantes de cette famille est donc due à la fois à la coupe externe et au vrai péricarpe.

le Poirier et le Pommier, l'ovaire constitue la partie comestible du fruit, à l'intérieur duquel sont situés les pépins. A première vue, les fruits du Mûrier ressemblent beaucoup à celui de la Ronce, bien que ces deux végétaux appartiennent à deux familles différentes. Mais avec un peu d'attention, on remarquera que dans le fruit du Mûrier, ce sont les sépales qui deviennent charnus et sucrés.

Graines et fruits visqueux produits par les plantes épiphytes. — Pour que la graine puisse germer, il faut qu'elle tombe dans un endroit favorable. Dans la plupart des cas, elle tombe à la surface du sol et développe alors sa radicule. Mais, chez les plantes épiphytes, le cas n'est pas aussi simple, et nous pouvons citer de curieux exemples. Les fruits du Gui sont souvent mangés par les oiseaux. Il arrive fréquemment que ces derniers laissent tomber des graines sur les branches de l'arbre qui nourrit la plante parasite. Si ces graines étaient semblables à celles de beaucoup d'autres végétaux, elles tomberaient à la surface du sol et périraient. Mais elles sont très visqueuses et adhèrent facilement à l'écorce des branches.

J'ai parlé, plus haut, d'un genre voisin du Gui, l'*Arceuthobium*, qui peut lancer ses graines à une distance de plusieurs pieds, et qui vit en parasite sur le Genévrier. Un mucilage très visqueux entoure ces graines, de sorte que si elles sont lancées sur l'écorce d'un arbre voisin, elles s'y attachent.

Le Dr Watt a décrit une autre espèce très curieuse qui appartient à la même famille. Le fruit de cette plante est encore formé par une pulpe visqueuse entourant une seule graine. Lorsqu'il se détache de la plante, il adhère au corps sur lequel il tombe. La graine germe, et la radicule, lorsqu'elle a atteint une longueur à peu près égale à 25 millimètres, élargit son extrémité en un disque aplati, puis se recourbe jusqu'à ce que ce disque soit venu en contact avec quelque objet voisin. Si les conditions sont favorables, la plante se développe ; dans le cas contraire, la radicule se redresse, détache la baie visqueuse de l'endroit où elle s'était fixée et l'élève en l'air ; puis elle se recourbe de nouveau et vient faire adhérer la baie avec un autre corps. C'est alors que le disque se détache à son tour de l'endroit où il était fixé, et est porté, grâce à la courbure de la radicule, à une autre place où il se fixe de nouveau. Le Dr Watt prétend avoir vu ce fait se reproduire plusieurs fois. Les jeunes plantes semblent choisir l'endroit où elles se développeront. Il arrive souvent qu'elles quittent les feuilles sur lesquelles les fruits étaient tombés, et viennent se fixer sur l'écorce d'une branche.

Sir Joseph Hooker a décrit un autre genre intéressant appartenant toujours à la même famille, le *Myzodendron* (fig. 51), parasite du Hètre. Le Myzodendron croît à la Terre de Feu. Ses graines ne sont pas entourées d'une substance visqueuse, mais elles possèdent quatre prolongements aplatis et flexibles, grâce auxquels elles peuvent être transportées, par le vent, d'un arbre à un autre. Dès qu'elles rencontrent un petit rameau, leurs appendices l'entourent et elles se trouvent ainsi fixées.

FIG. 51. — Myzodendron (D'après Hooker).

Les graines d'un grand nombre de végétaux épiphytes sont très petites et très nombreuses. Grâce à cela, elles sont aisément transportées, par le vent, d'un arbre à un autre, et comme le végétal auquel elles adhèrent leur fournit toute la nourriture nécessaire pour leur développement, il est inutile qu'elles possèdent leurs réserves alimentaires emmagasinées dans leur propre substance. De plus, la petitesse de ces graines leur est avantageuse, car elle leur permet de pénétrer dans les crevasses les plus étroites de l'écorce. Dans le genre *Neumannia*, la graine est petite et se termine à chacune de ses extrémités par un long filament, ce qui lui permet d'adhérer plus facilement aux rameaux des arbres.

Graines semées par les plantes qui les ont produites. — Il existe un certain nombre de végétaux qui sèment eux-mêmes leurs graines dans le sol.

C'est ainsi que, parmi les fleurs du *Trifolium subterraneum*, plante assez peu répandue en Angleterre, il en est peu qui acquièrent un parfait développement. Les autres, terminées en pointe, sont fermées et se relèvent verticalement. Dès que les fleurs ont été fécondées, leurs pédoncules continuant à croître tout en se recourbant, tendent à les enfouir dans le sol; ils sont aidés dans cette opération par les fleurs imparfaites, grâce à la structure de ces dernières. Darwin a montré que ces fleurs, aussitôt qu'elles sont dans le sol, tournent autour de leur point d'attache avec le pédoncule, de façon à rapprocher leur extrémité de ce dernier. Grâce à ce mouvement, la fleur s'enfonce dans la terre. Dans la plupart des Trèfles, chaque fleur produit une gousse. Cela serait inutile et même nuisible chez l'espèce que nous venons d'étudier, car plusieurs jeunes plantes voisines se nuiraient réciproquement. Il y a donc tout avantage à ce qu'un petit nombre de fleurs seulement produisent des graines.

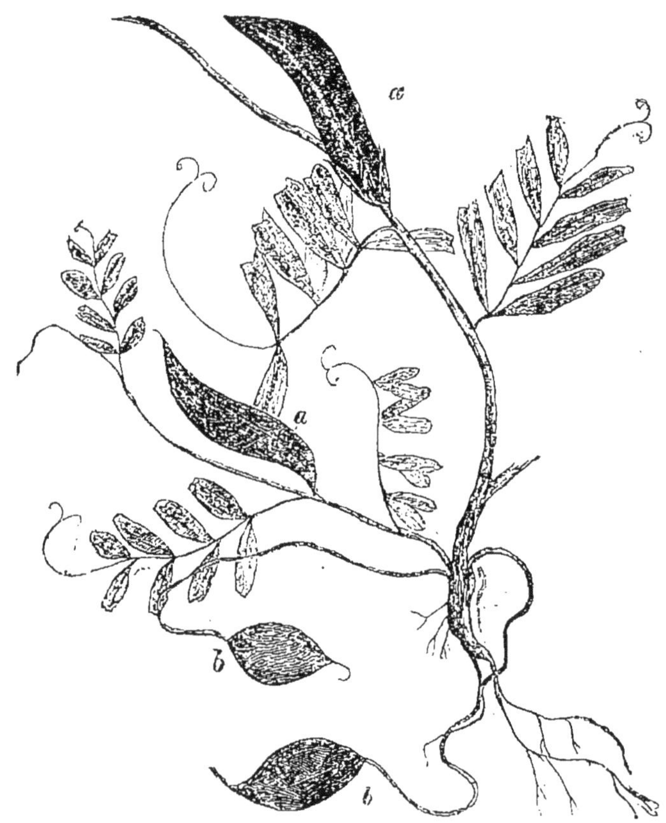

FIG. 52. — *Vicia amphicarpa* : *a*, *a*, gousses ordinaires, — *b*, *b*, gousses souterraines.

J'ai parlé, plus haut, des Cardamines dont les siliques s'ouvrent élastiquement et lancent leurs graines à une certaine distance. Une espèce du Brésil, appelée *Cardamine chenopodifolia* (fig. 35), outre ses siliques ordinaires en possède d'autres courtes et effilées (fig. 35, *bb*) qui s'enfoncent dans le sol.

L'*Arachis hypogæa* possède des fleurs jaunes dont la forme est semblable à celle des fleurs du Pois, et dont le calice, de forme allongée, est situé au-dessus de l'ovaire. Lorsque la fleur s'est fanée, la petite gousse ovale et effilée qui lui succède est entraînée par la croissance du pédoncule. Ce dernier atteint plusieurs pouces de longueur et se recourbe généralement de façon à faire pénétrer la gousse dans le sol. Dans ce cas, les graines se forment vigoureusement; mais, si la gousse ne s'enfonce pas dans le sol, elle ne tarde pas à périr.

Le *Vicia amphicarpa* (fig. 52), qui croît dans l'Europe méridionale, possède, outre ses gousses ordinaires *(a)*, des gousses souterraines *(b)*, ovales, contenant deux graines seulement et provenant de fleurs dépourvues de corolle.

Le *Lathyrus amphicarpos* (fig. 53) nous présente un cas analogue. Parmi les autres plantes qui possèdent la faculté d'enterrer leurs graines, je citerai l'*Okenia hypogæa*, plusieurs espèces de *Commelyna* et d'*Amphicarpæa*, le *Voandzeia subterranea*, le *Scrophularia arguta*, etc. On pourra remarquer que ces plantes appartiennent à des familles distinctes (Crucifères, Légumineuses, Commélynacées, Violariées et Scrophularinées).

Dans le *Lathyrus amphicarpos*, le *Vicia amphicarpa* et le *Cardamine chenopodifolia*, les siliques et les gousses souterraines diffèrent de celles qui se développent en plein air, par leurs petites dimensions et le petit nombre de leurs graines. Je crois qu'il est facile

FIG. 53. — *Lathyrus amphicarpos* (d'après Sowerby) : *a*, gousses ordinaires ; *b*, gousses souterraines.

de donner l'explication de cette différence. Dans les siliques et les gousses ordinaires, grâce à leur grand nombre, les graines ont beaucoup de chances de trouver un endroit favorable à leur développement ; tandis que, d'un autre côté, si les siliques et les gousses souterraines contenaient beaucoup de graines, les jeunes plantes produites se nuiraient réciproquement. Il est donc préférable que ces fruits souterrains ne produisent qu'une ou deux graines seulement.

Cas des Erodium et des Stipa. — Le fruit des *Erodium* est une capsule s'ouvrant élastiquement et qui, chez quelques espèces, lance les graines à une petite distance. Ces graines sont fusiformes, plus ou moins couvertes de poils, et se terminent par une sorte d'appendice, à base spiralée, semblable à une moitié longitudinale de plume d'oiseau (fig. 54, *Erodium glaucophyllum*). Le nombre des spires dépend de l'état hygrométrique de l'atmosphère. Si l'on fixe ces graines verticalement, l'appendice s'enroule et se déroule suivant le degré d'humidité de l'air; et on peut faire mouvoir l'extrémité de cet appendice sur un cadran gradué, absolument comme l'aiguille d'un hygromètre. La chaleur agit aussi sur ces graines. Si, maintenant, on fixe l'extrémité supérieure de l'aigrette, la graine sera déplacée de haut en bas, pendant le déroulement de la spirale; et, ainsi que l'a montré M. Roux, ce mouvement contribuera à enfoncer la graine dans le sol. Cette observation a été faite sur les graines de l'*E. cicutarium*,

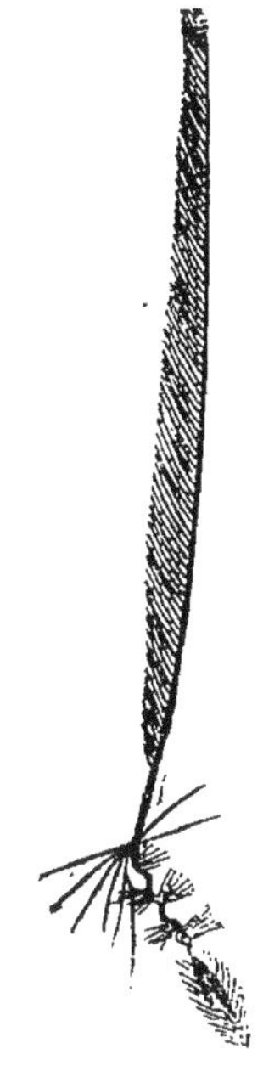

FIG. 54. — *Erodium glaucophyllum*, d'après Sweet.

qui sont d'une certaine grosseur. M. Roux a remarqué que si l'on place une de ces graines sur le sol, elle reste intacte, tant que l'air reste sec; mais, si l'atmosphère devient humide, la partie effilée qui porte les poils de l'appendice se contracte, les poils de la graine se meuvent en éloignant leur extrémité de cette dernière, qui peu à peu est relevée verticalement, sa pointe demeurant fixée dans le sol. C'est alors que la base de l'aigrette commence à se dérouler et à s'allonger, si elle vient à rencontrer quelque brin d'herbe ou quelque autre obstacle, son mouvement de bas en haut sera entravé grâce à la disposition de ses poils, et elle s'allongera alors en sens contraire, ce qui tendra à dégager la graine du sol. Mais, comme l'a remarqué M. Roux, l'aigrette, grâce à la disposition des poils, glissera facilement sur l'obstacle, se raccourcira de haut en bas, et la graine proprement dite ne sera pas déplacée. Quand l'atmosphère redeviendra humide, la graine sera enfoncée un peu plus profondément dans le sol, grâce au mécanisme que nous avons indiqué plus haut, et cela jusqu'à ce qu'elle ait atteint une profondeur convenable pour son développement.

La graine de l'*Anemone montana* est enfoncée dans le sol, de la même façon.

Le *Stipa pennata* (fig. 55), plante de l'Europe méridionale, nous offre également un cas semblable. Cette plante a été décrite par Vaucher et plus récemment par Frank Darwin. La graine est petite, munie

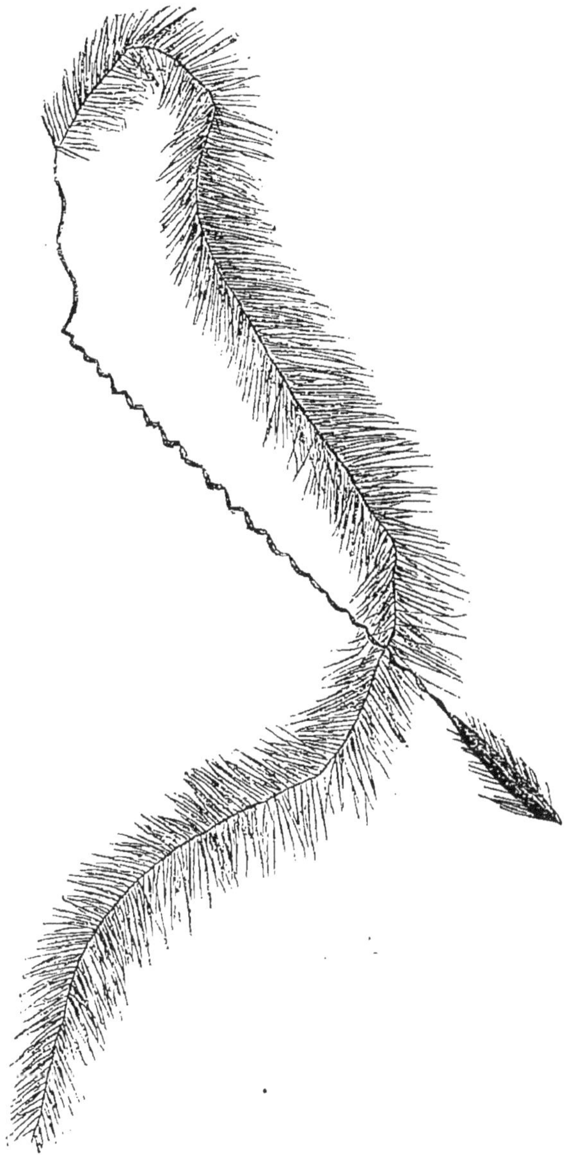

FIG. 55. — Graine de *Stipa pennata* (grandeur naturelle).

de poils raides dirigés d'avant en arrière, et son extrémité antérieure est effilée. Son extrémité postérieure se prolonge en une longue partie spiralée, semblable à un tire-bouchon et se termine enfin par un appendice ayant la forme d'une longue plume d'oiseau. Le tout représente une longueur supérieure à 30 centimètres. Il est évident que l'appendice facilite la dissémination des graines par le vent. Lorsque ces dernières tombent à la surface du sol, leur extrémité antérieure s'y fixe, et elles restent dans cette situation si l'atmosphère n'est pas humide. Mais, s'il vient une ondée ou s'il se produit un dépôt de rosée, la spirale se déroule; et, comme dans le cas de l'*Erodium*, l'extrémité terminée sous forme de plume, rencontre ordinairement un brin d'herbe ou un obstacle quelconque qui l'empêche de se déplacer de bas en haut. Puis, lorsque l'air perd de son humidité, les spires deviennent plus serrées et la graine est poussée peu à peu dans le sol.

Autres plantes produisant deux sortes de graines. — J'ai déjà mentionné plusieurs espèces de plantes produisant deux sortes de gousses ou de siliques et des graines souterraines. L'hétérocarpisme, si je puis m'exprimer ainsi, ne se constate pas chez ces espèces seulement. Une plante de l'Afrique septentrionale, le *Corydalis heterocarpa* (Durieu), produit deux sortes de graines (fig. 56); les unes légèrement aplaties, courtes, larges et à contours arrondis; les autres, allongées, présentant une extrémité recourbée en crochet, de sorte qu'elles ressemblent à une houlette de berger très élargie à sa base. Ce crochet joue peut-être un rôle dans la dissémination des graines de la deuxième forme.

Le *Thrincia hirta* (fig. 48, *b*), outre ses graines munies d'aigrettes, en possède d'autres destinées sans doute à perpétuer l'espèce dans les endroits où elle croît déjà.

M. Drummond a décrit, dans le volume de l'année 1842 du *Journal of Botany* de J. Hooker, une Alismacée qui produit deux sortes de graines : les unes proviennent de larges fleurs flottantes, les autres se trouvent situées à l'extrémité de courts pédoncules submergés. Mais l'auteur n'entre dans aucun détail relativement à ces graines.

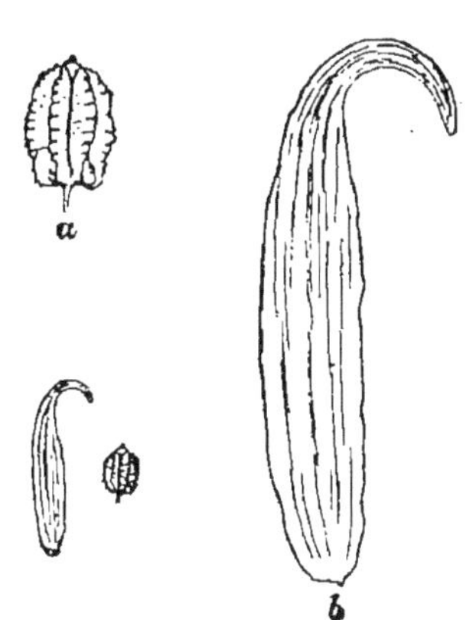

Fig. 56. — Graines de *Corydalis heterocarpa*.

Graines ressemblant à des insectes ou à d'autres animaux. Scorpiurus. Biserrula. Ricin. Jatropha. Martynia. Trichosanthes. — Avant de conclure, je veux vous signaler les formes curieuses que présentent certains fruits et certaines graines. Les gousses du Lotus, par exemple, ressemblent tellement aux pattes d'un oiseau, munies de leurs doigts, qu'une espèce de ce genre est désignée sous le nom de *L. ornithopodioides*. Les gousses de l'*Hippocrepis* ressemblent à un fer à cheval; celles du *Trapa bicornis* rappellent le crâne d'un taureau. Ces ressemblances singulières semblent être purement accidentelles, mais il en est d'autres qui

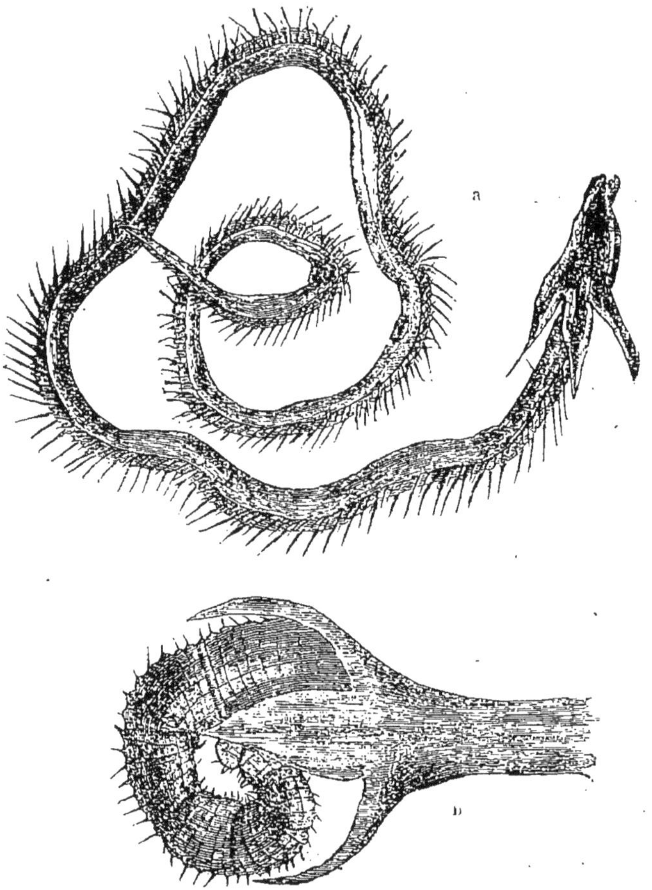

Fig. 57. — *a*, Gousse du *Scorpiurus subvillosa*. — *b*, Gousse du *S. vermiculata*.

semblent devoir être utiles aux plantes. On connait, par exemple, une espèce de Scorpiurus, le S. *subvillosa* (fig. 57, *a*) dont les gousses offrent beaucoup de ressemblance avec le corps d'une scolopendre. Celles du *S. ver-*

miculata (fig. 57, *b*) ont l'aspect d'une chenille. Ne peut-il pas se faire que les oiseaux prenant ces gousses pour des insectes ou des myriapodes, les emportent à une certaine distance avant de s'apercevoir de leur méprise ?

La gousse du *Biserrula pelecinus* (fig. 58) offre une ressemblance frappante avec le corps d'une scolopendre ; tandis que les graines de l'*Abrus precatorius*, par leur grosseur et leur couleur, rappellent un scarabée, l'*Artemis circumusta*.

Fig. 58. — Gousse de *Biserrula*.

Fig. 58 *a*. — Graine du Ricin.

Fig. 58 *b*. — Graine de *Jatropha*.

M. Moore a récemment signalé d'autres cas semblables. C'est ainsi que les graines du *Martynia diandra* ressemblent beaucoup à des scarabées à longues antennes ; tandis que celles du Lupin ont l'aspect d'une araignée et que celles du *Dimorphochlamys* rappellent de petites ramilles desséchées. Les graines du Ricin commun (fig. 58, *a*) pourraient être prises, à première vue, pour des scarabées ou des acariens. Chez beaucoup d'Euphorbiacées, le *Jatropha* (58, *b*), par exemple, la ressemblance est encore plus parfaite. Les graines possèdent une ligne médiane qui simule la ligne de séparation des élytres d'un insecte. La caroncule de ces graines, qui rappelle assez exactement la tête ou le thorax de l'insecte, semble n'avoir aucune utilité dans le phénomène de la germination, ainsi que le prouvent des observations faites à Kew. Les gousses du *Trichosanthes anguina* sont pendantes et ressemblent à des serpents par leur forme, leur couleur, leur grosseur et leur position. Ces ressemblances doivent être favorables à la plante sous un ou deux rapports. Si les graines germent plus facilement quand elles ont été avalées par les oiseaux, la ressemblance qu'offrent les gousses avec certains insectes et certains myriapodes constitue pour elles un avantage [1]. D'un autre côté, elle sera encore

[1] On verra un peu plus loin (chap. VI) que, certaines plantes appartenant quelquefois à des familles différentes (Lamier blanc et Ortie, etc.), offrent entre elles une grande ressemblance. Si certaines graines et certains fruits ressemblent à des insectes, à des myriapodes, etc., il existe aussi, réciproquement, des insectes dont le corps ressemble à des feuilles vertes ou desséchées, à des rameaux morts, à des fragments de Lichens, à des fleurs, à des épines, à des excréments d'oiseaux, ou à d'autres insectes vivants. C'est ainsi que l'insecte appelé *Ceroxylus laceratus* ressemble d'une façon étrange à une baguette recouverte d'une mousse traînante. « Ces faits de *mimétisme*, dit M. Sicard, constituent une imitation véritable de certaines espèces par d'autres qui, appartenant à des genres ou même à des familles différentes, revêtent néanmoins l'aspect des premières, à tel point que l'observateur le plus exercé peut y être aisément trompé. La raison en est dans l'avantage que la forme imitatrice trouve à prendre une livrée qui ne lui appartient pas, et qui la soustrait à quelque danger habituel ; de sorte que toute variation qui tend à la faire ressembler à une forme plus favorisée donnera prise à la sélection naturelle, et se développera de plus en plus. Les exemples de ce genre ne sont pas rares, principalement chez les papillons. » (*Éléments de zoologie*, par M. H. Sicard, doyen de la Faculté des sciences de Lyon.)

fort utile pour les graines, s'il est nécessaire qu'elles échappent aux oiseaux granivores. Mais, nous ne connaissons pas suffisamment les conditions d'existence de ces plantes pour qu'il nous soit possible de résoudre la question. Dans le cours de ces premiers chapitres, plusieurs questions ont dû évidemment se présenter à votre esprit, il ne nous est pas encore permis de les résoudre. Les graines, par exemple, diffèrent beaucoup entre elles au point de vue des ornements et des dessins de leur surface. Je ne dois pas vous dissimuler que nous ignorons encore beaucoup de choses en ce qui concerne les graines. Je dirai même plus; il n'est pas un fruit ou une graine provenant de l'une de nos plantes les plus communes, dont l'étude ne fournisse une ample moisson de résultats précieux.

Questions non résolues. — Dans cette branche de la science comme dans les autres, nous sommes bien novices. A peine en savons-nous assez pour avoir conscience de notre ignorance. D'illustres naturalistes se sont immortalisés par de magnifiques travaux; mais, il s'en faut de beaucoup qu'ils aient épuisé le vaste champ d'investigation que nous offre la nature. Bien que les fruits et les graines ne puissent pas rivaliser, sous le rapport de l'éclat et des couleurs, avec les fleurs splendides qui ornent nos jardins, l'étude de leur admirable organisation offre cependant tout autant d'intérêt et de charme que celle de ces dernières.

CHAPITRE V

LES FEUILLES

Beauté des feuilles. — Variété de leurs formes. — Causes de cette variété. — Dimensions des feuilles (Charme, Hêtre, Orme, Sycomore, Tilleul, Châtaignier, Sorbier, Sureau, Frêne, Noyer, *Ailanthus*, Marronnier d'Inde). — Formes des feuilles (Tilleul, Hêtre, Châtaignier d'Espagne, Orme, Conifères, If, Marronnier d'Inde, Érable). — Longueur des feuilles chez les Conifères. — Structure de la feuille. — Stomates. — Peuplier blanc. — Peuplier noir. — Plantes à feuilles verticales. — Laitue et *Silphium*.

« Les fleurs, dit M. Ruskin, dans l'une de ses pages les plus exquises, semblent avoir été créées pour consoler les humbles. Le peuple, les enfants, les aiment. Elles constituent le trésor du paysan ; et, semblables à de petits fragments d'arc-en-ciel, elles ornent, dans les grandes cités, les fenêtres des travailleurs au cœur tranquille. » La plus grande vérité règne dans ces quelques lignes, mais nous devons aussi avouer que les feuilles contribuent tout autant que les fleurs à orner nos bois et nos champs.

« Les feuilles des plantes que nous foulons aux pieds, dit le même auteur, présentent les formes les plus bizarres et semblent ainsi nous inviter à les examiner.

Elles sont étoilées, cordées, lancéolées, sagittées, découpées, dentelées. Elles prennent l'aspect de spirales, de guirlandes, d'aigrettes. En un mot, elles varient à l'infini; et, tour à tour expressives, décevantes, fantastiques même, elles semblent avoir été créées pour tenter notre curiosité et pour exciter continuellement notre étonnement et notre admiration. »

Causes de cette variété. — Comment expliquer maintenant cette merveilleuse variété, ce trésor inépuisable de formes diverses? Est-ce le résultat d'une tendance innée chez chaque espèce? Ces formes si variées ont-elles pour but de charmer l'œil de l'homme, ou bien, ont-elles ainsi que les dimensions et la structure des feuilles, quelque relation avec l'organisation, le mode d'existence et les exigences de la plante tout entière?

Je n'ai pas l'intention de parler ici des feuilles anormales telles que celles des *Nepenthes*, des *Cephalotus*, des *Sarracenia*, des *Darlingtonia*, des *Dionæa*, des *Drosera*, des *Pinguicula*, feuilles bizarres ressemblant à de petites cruches munies d'un couvercle à charnière, à des cornets, à des nasses. Je laisserai également de côté l'étude des mouvements spontanés ou provoqués qu'exécutent certaines feuilles (*Mimosa*, *Oxalis*, *Desmodium*, etc.). Je ne considérerai que les feuilles appartenant aux végétaux les plus communs de nos bois et de nos champs.

Beaucoup de mes amis avec lesquels j'ai eu l'occasion de m'entretenir de l'utilité des feuilles, considèrent ces variétés comme des ornements destinés à réjouir notre vue. D'autres pensent qu'à chaque plante doivent correspondre des feuilles toutes particulières par leur forme, leurs dimensions et leur structure.

Je crois que toutes ces hypothèses seront rejetées, si l'on fait une étude approfondie de la feuille.

Dimensions des feuilles. — Occupons-nous d'abord de ses dimensions. De quoi dépendent-elles? Les feuilles qui occupent le sommet des végétaux herbacés sont souvent plus petites que celles qui en occupent la base; tandis qu'au contraire, chez les arbres, les feuilles, quoiqu'elles ne soient pas absolument toutes semblables entre elles, présentent au moins des dimensions plus uniformes.

FIG. 59 — Rameau de Hêtre.

Si nous prenons un rameau de Charme, ayant un diamètre à peu près égal à $0^{m},0015$, nous pourrons voir que les six feuilles terminales représentent une surface totale de $0^{mq},0090$ environ. Les feuilles du Hêtre (fig. 59) sont un peu plus larges, six d'entre elles représentent une surface de $0^{mq},0116$ environ, le rameau qui les porte n'ayant que $0^{m},0022$ de diamètre. En poursuivant notre examen, nous trouverons que, *cæteris paribus*, les dimensions de la feuille sont proportionnelles au diamètre du rameau, ainsi que l'indique le tableau ci-dessous :

Section du rameau pratiquée directement au-dessous de la sixième feuille (les feuilles étant comptées à partir de l'extrémité libre du rameau).

Charme Hêtre Orme Noisetier Sycomore Tilleul Châtaignier

Frêne des montagnes Sureau Frêne Noyer Ailanthus Marronnier d'Inde

	DIAMÈTRE DU RAMEAU	SURFACE APPROXIMATIVE DES FEUILLES SUPÉRIEURES
Charme.	0^{m},0015	0^{mq},0090
Hêtre.	0^{m},0022	0^{mq},0116
Orme.	0^{m},0027	0^{mq},0219
Noisetier.	0^{m},0033	0^{mq},0354
Sycomore	0^{m},0033	0^{mq},0387
Tilleul	0^{m},0035	0^{mq},0387
Châtaignier.	0^{m},0038	0^{mq},0464
Frêne des montagnes. . .	0^{m},0040	0^{mq},0387
Sureau.	0^{m},0045	0^{mq},0599
Frêne.	0^{m},0045	0^{mq},0645
Noyer	0^{m},0063	0^{mq},1419
Ailanthus.	0^{m},0070	0^{mq},1548
Marronnier d'Inde. . . .	0^{m},0076	0^{mq},1935

Pour l'Orme, les nombres représentant respectivement le diamètre du rameau et la surface des six feuilles terminales sont 0^{m},0027 et 0^{mq},0219 ; ces nombres sont 0^{m},0038 et 0^{mq},0464 pour le Châtaigner ; 0^{m},0076 et 0^{mq},1935 pour le Marronnier d'Inde. Je dois dire que ces chiffres sont approximatifs. Il faut tenir compte de la résistance du bois, donnée très importante. C'est ainsi que si l'on examine un rameau d'*Ailanthus* et un rameau de Marronnier d'Inde possédant le même diamètre, on verra que la surface des feuilles que porte le premier est inférieure à la surface des feuilles que porte le second, et cela parce que le bois de l'*Ailanthus* est moins compact que celui du Marronnier d'Inde. Il faut aussi tenir compte du poids des feuilles. J'examinai, par exemple, des rameaux de Frêne et de Sureau ayant le même diamètre, et je vis que les feuilles du premier représentaient une surface supérieure à celle des feuilles du second, parce que le Sureau a un bois moins compact que celui du Frêne et que ses feuilles sont au moins aussi lourdes, et peut-être même un peu plus lourdes que celles de ce dernier arbre. Je me demandai pendant longtemps pourquoi les rameaux terminaux du Sapin sont un peu plus gros que ceux du Pin d'Écosse, tandis que la longueur des feuilles du premier ne représente que le tiers de la longueur des feuilles du second. Cela ne proviendrait-il pas de ce que les feuilles du Sapin ont une durée supérieure au double de celle des feuilles du Pin d'Écosse ? De sorte, qu'en définitive, on peut dire que le poids total des feuilles portées par le premier arbre, malgré la petite taille de ces dernières, est plus considérable que celui des feuilles du second. La surface des six feuilles terminales d'un rameau du Frêne des montagnes est relativement petite, si l'on tient compte du diamètre de ce rameau. Peut-être cela provient-il de ce que cet arbre est exposé à toutes les intempéries ? La disposition des feuilles, la direction des rameaux et beaucoup d'autres conditions pourront encore être prises en considération ; mais, de toute façon, je crois qu'il existe une relation entre le diamètre du rameau et les dimensions des feuilles. Nous verrons que cette relation a une influence considérable non seulement sur les dimensions, mais encore sur la forme de la feuille.

Le Frêne des montagnes m'a présenté un cas très embarrassant. C'est, à proprement parler, une espèce de Poirier, le *Sorbier des oiseaux*, et on l'appelle *Frêne* à cause de la ressemblance de ses feuilles avec celles de l'arbre qui porte ce nom. Les feuilles ordinaires du Poirier sont simples et ovales. Comment expliquer alors la forme particulière de celles du Frêne des montagnes ? Leur disposition jettera peut-être quelque lumière sur ce point. Elles sont situées à quelque distance les unes des autres, et quoiqu'elles soient relativement petites, si l'on tient compte du diamètre du rameau, elles atteignent cependant une surface de $0^{mq},0096$ et même davantage. Si elles possédaient la même forme que celles d'un Poirier ordinaire, elles auraient $0^{m},17$ de longueur et une largeur de $0^{m},05$ à $0^{m},07$. Le Frêne des montagnes, comme son nom l'indique, croît dans les pays montagneux ; et, s'il possédait des feuilles pareilles à celles d'un Poirier ordinaire, il ne pourrait résister à la force du vent. La division de la feuille en folioles constitue alors un avantage manifeste.

On dira peut-être que, chez quelques arbres, les feuilles sont beaucoup plus uniformes au point de vue de la surface que chez d'autres. Cela est vrai, et chez le spécimen de Sycomore que nous avons inscrit au tableau précédent, le rameau avait un diamètre de $0^{m},0033$, lorsque la surface totale des six feuilles supérieures était de $0^{mq},0387$; tandis que dans un autre spécimen, le diamètre du rameau étant de $0^{m},0045$ les six feuilles supérieures représentaient une surface un peu supérieure à $0^{mq},0645$. La longueur de l'entre-nœud est aussi à considérer. Pour certains arbres tels que le Hêtre, l'Orme, le Charme, etc., la distance entre deux bourgeons varie relativement peu; tandis que chez le Sycomore, l'Érable, etc., elle varie beaucoup.

Maintenant, si au lieu de considérer une simple feuille, nous examinons une branche de l'arbre, nous trouverons, je crois, l'explication des différences qui existent entre les formes des feuilles.

Formes des feuilles. — Commençons par le Tilleul (fig. 60). Les pétioles des feuilles font avec la branche qui les porte un angle d'environ 40° ; et, les limbes et cette branche sont dans un même plan. Grâce à cette disposition, les feuilles reçoivent la plus grande quantité possible d'air et de lumière. Considérons, par exemple, la deuxième ou la troisième feuille du rameau que représente la figure 60. Leur longueur ainsi que leur largeur est d'environ 0^m,1143. La distance entre deux feuilles situées d'un même côté du rameau est aussi de 0^m,1143 de sorte qu'il ne reste aucun intervalle entre elles. Dans le *Tilia parviflora* l'arrangement des feuilles est le même, mais ces dernières n'ont que

Fig. 60. — Rameau de Tilleul.

Fig. 61. — Rameau de Hêtre.

0^m,0381 de longueur et de largeur, et les entre-nœuds ne sont que de 0^m,0152.

Chez le Hêtre, les feuilles d'un rameau et ce rameau lui-même sont encore dans un même plan (fig. 61); mais les feuilles sont ovales et n'ont que de 0^m,0508 à 0^m,0762 de longueur. D'un autre côté, les entre-nœuds ne sont que de 0^m,0317, la largeur des feuilles étant un peu inférieure à 0^m,0508. La diminution de longueur de l'entre-nœud n'est pas en rapport avec la diminution en largeur de la feuille, mais on doit remarquer que, dans ce cas, les feuilles ne font pas avec le rameau un angle aussi considérable que dans le cas du Tilleul. C'est probablement à cela qu'est due la différence de forme. Le contour de la moitié inférieure de chaque feuille s'applique complètement sur le rameau lui-même, celui de la moitié supérieure suit le bord de la feuille située directement au-dessus, et la forme du bord interne ainsi fixée détermine aussi celle du contour externe.

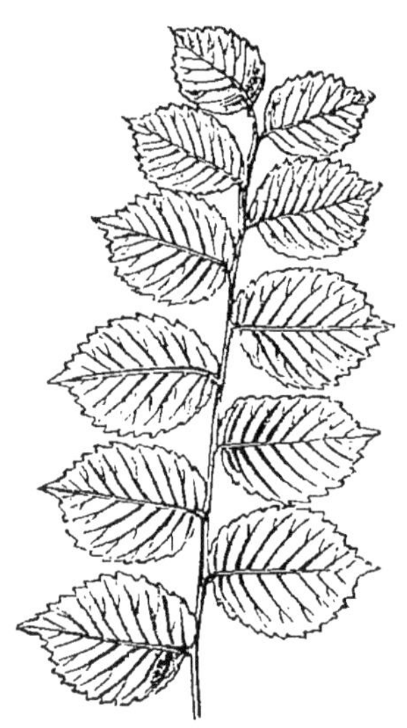

Fig. 62. — Rameau d'Orme.

Dans le Noisetier *(Corylus)*, les entre-nœuds sont plus longs et les feuilles plus larges. Dans l'Orme, les branches ordinaires portent des feuilles ressemblant beaucoup, malgré leur plus grande largeur, à celles du Hêtre ; mais si l'on prend des pousses vigoureuses (fig. 62), les entre-nœuds augmentent, les feuilles deviennent plus longues et plus larges, au point qu'elles ressemblent presque à celles du Noisetier.

Les entre-nœuds des rameaux du Châtaignier d'Espagne *(Castanea vulgaris*, fig. 63) sont à peu près égaux à ceux du Hêtre; mais, d'un autre côté, les branches terminales du premier sont relativement plus grosses que celles du second. Immédiatement au-dessous de la sixième feuille, l'épaisseur d'un rameau du Châtaignier d'Espagne est d'environ $0^{m},0038$ tandis que chez le Hêtre, cette épaisseur n'est que de $0^{m},0022$. Le Châtaignier peut alors, si l'on suppose que la résistance du bois soit la même de part et d'autre, supporter un plus grand poids de feuilles que

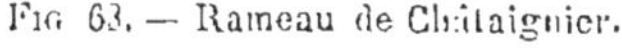

Fig. 63. — Rameau de Châtaignier.

Fig. 64. — Rameaux de Châtaignier et de Hêtre.

le Hêtre ; mais, la largeur de la feuille étant déterminée par la longueur des entre-nœuds, la feuille du Châtaignier est, pour ainsi dire, contrainte à s'allonger. Pour bien faire comprendre cela, j'ai représenté, figure 64, un rameau de Hêtre placé sur un rameau de Châtaignier d'Espagne. D'ailleurs, la disposition des feuilles sur les rameaux est la meilleure possible non seulement pour ces feuilles elles-mêmes, mais encore pour les rameaux qui les portent. La figure 59 montre un rameau de Hêtre vu de face; on pourra remarquer que peu d'espace reste inoccupé entre les feuilles et que ces dernières ne se recouvrent pas les unes les autres.

Les feuilles de l'If (fig. 65) appartiennent à un type tout différent de ceux que nous avons étudiés jusqu'ici. Elles sont longues, étroites, et adoptent sur le rameau qui les porte la disposition spiralée. Leur plan contient ce rameau. Je dois ajouter que, lorsqu'elles occupent leur position naturelle, leurs bords se touchent presque.

Fig. 65. — Rameau d'If.

Longueur des feuilles des Conifères. — Les feuilles des Conifères sont généralement étroites et ont la forme d'une aiguille. Je crois pouvoir dire qu'il y a une relation entre leur forme et l'absence de faisceaux fibro-vasculaires tels que l'on en trouve dans les tiges des Dicotylédones (Hêtre, Chêne, etc.). Les feuilles du Pin d'Écosse *(Pinus sylvestris)* sont aciculaires et ont $0^{m},0381$ de longueur sur $0^{m},0012$ de diamètre. Elles sont disposées par paires, chaque paire possédant une sorte de gaine à sa base. Sur une longueur de 2 centimètres, un rameau porte environ quinze paires de feuilles et c'est précisément ce qui explique le peu d'épaisseur de ces dernières. Si l'on me demandait pourquoi les feuilles du *Pinus sylvestris* sont plus longues que celles de l'If, je répondrais que les rameaux du premier ayant un diamètre supérieur à celui des rameaux du second, sont capables de supporter une plus forte charge. Cette affirmation peut être facilement vérifiée. Si nous comparons au *Pinus sylvestris* le Pin de Weymouth, nous verrons que le diamètre des

FIG. 66.—Rameau de Buis. FIG. 67. — Rameau de Marronnier d'Inde.

rameaux du second est supérieur à celui des rameaux du premier. Nous constaterons aussi que les feuilles du Pin de Weymouth sont plus longues que celles du *P. sylvestris*.

La figure 66 représente une brindille de Buis. On pourra remarquer que l'accroissement des feuilles en largeur correspond à l'accroissement de distance entre leurs points d'attache.

Si nous passons maintenant au Sycomore et au Marronnier d'Inde (fig. 67 et 68), à l'Érable (fig. 69), nous trouvons un arrangement tout différent. Les feuilles sont placées à angle droit avec le rameau qui les porte. Elles ont de longs pétioles et sont palmées. Les pousses principales sont très droites et les pousses latérales leur sont presque perpendiculaires. Les bourgeons sont relativement peu nombreux, ce qui rend les entre-nœuds plus longs (ils atteignent quelquefois 30 centimètres de longueur, à l'exception des deux ou trois derniers qui sont très courts). L'aspect de ces feuilles est représenté par les figures 67 et 68. Si nous supposons que six feuilles de Hêtre ou d'Orme soient placées sur ces trois entre-nœuds, il est évident que la surface totale de ces six feuilles sera plus petite qu'elle n'est actuellement. En comparant le diamètre d'un rameau moyen de Sycomore et celui d'un rameau de Hêtre, ces diamètres étant mesurés au-dessous de la sixième feuille, nous constaterons que chez le Sycomore il y a, pour ainsi dire, beaucoup de force non utilisée. Si les feuilles de cet arbre étaient dans le même plan que le rameau qui les porte, elles recevraient beaucoup moins d'air et de lumière,

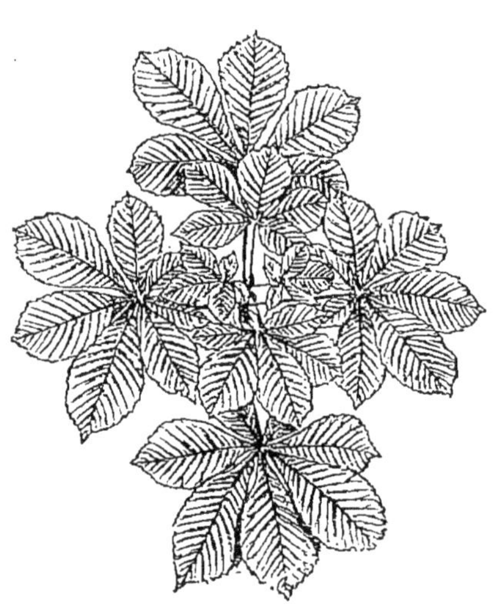

Fig. 68. — Rameau de Marronnier d'Inde.

étant donné la disposition des branches. Un simple coup d'œil jeté sur les figures 67, 68 et 69 montrera de quelle façon ingénieuse les feuilles sont disposées. Les deux feuilles les plus élevées sont presque horizontales. Les pétioles de la deuxième paire alternent avec ceux de la première et sont assez longs pour que les limbes qui les terminent soient presque dans le plan horizontal passant par les limbes de la première paire. Les pétioles de la troisième paire de feuilles alternent avec ceux de la deuxième et les limbes des feuilles de cette troisième paire et ceux des feuilles de la deuxième sont presque dans un même plan horizontal. Sur les pousses vigoureuses, on trouve souvent une quatrième paire de feuilles correspondant à la deuxième. Les feuilles semblent se recouvrir, si l'on regarde d'en haut le rameau qui les porte (fig. 68, 69). En tenant compte de ce que, dans les régions tempérées, les rayons du soleil ne tombent jamais verticalement sur la surface de la terre, on comprendra aisément que cette disposition ne saurait être nuisible aux feuilles. D'un autre côté, tandis que des feuilles alternes sont celles qui conviennent le mieux au Hêtre,

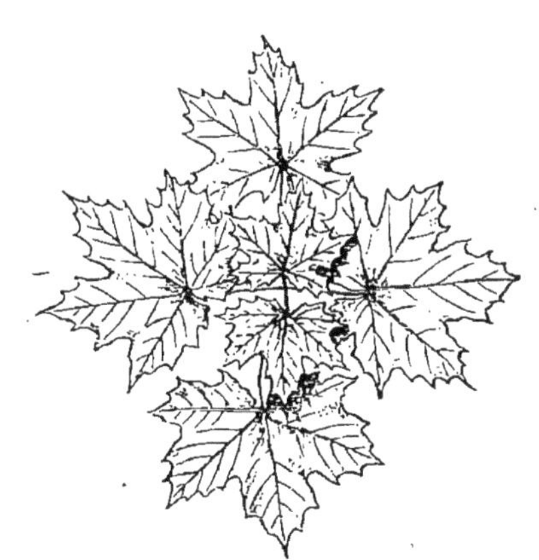

Fig. 69. — Rameau d'Érable.

des feuilles opposées sont préférables chez les Sycomores et les Érables. En effet, les feuilles du Hêtre ne sauraient être opposées, car il n'y a point de place pour une seconde feuille ; et, si les feuilles de l'Érable et du Sycomore étaient alternes, le pétiole de la sixième devrait s'accroître d'une façon anormale. On me dira peut-être que le Platane, dont les feuilles ressemblent tellement à celles de l'Érable qu'une espèce de ce dernier genre a été nommée *Acer platanoides* (fig. 69), possède néanmoins des feuilles alternes. Ce sera alors, il me semble, abonder dans mon sens, parce que les feuilles du Platane, au lieu d'être situées dans des plans perpendiculaires au rameau qui les porte, sont à peu près situées dans des plans contenant ce rameau. D'ailleurs, comme chacun peut le voir, ces feuilles ne sont pas disposées d'une façon aussi favorable à l'exposition de la plante à l'air et à la lumière, que dans les exemples précédents. Mais, comme le Platane croît plus au midi, une économie de lumière solaire lui est moins utile que s'il habitait des régions situées plus au nord.

Les branches du Marronnier d'Inde sont plus résistantes que celles du Sycomore. Au-dessous de la sixième feuilles, elles ont un diamètre d'au moins 0m,0047. Il y a probablement une relation entre cette augmentation d'épaisseur et l'accroissement des feuilles en surface. Ces dernières atteignent jusqu'à 0m,45 de largeur, et la nécessité de leur division en cinq ou sept lobes distincts est peut-être due à ce grand développement. Le Sycomore, l'Érable et le Marronnier d'Inde présentent donc un beau dôme formé de feuilles distinctes, exposant à la lumière du soleil et à l'air, une surface de feuillage en rapport avec les branches vigoureuses de ces arbres.

Si nous plaçons maintenant les feuilles d'un arbre sur les branches d'un autre arbre, nous verrons tout de suite combien ce changement donnerait de mauvais résultats. Il ne s'agit pas de placer une petite feuille telle que celle du Hètre sur un arbre à larges feuilles, tel que le Marronnier d'Inde; mais, malgré cela, si nous mettons, par exemple, une feuille de Hètre sur une branche de Tilleul ou *vice versa*, le contraste sera frappant. Le nouveau feuillage *imaginaire* du Tilleul sera trop serré, les feuilles se recouvriront; d'un autre côté, celui du Hètre montrera des vides considérables. Substituons également les feuilles du Châtaigner d'Espagne *(Castanea vulgaris)* à celles de l'*Acer platanoides*. J'ai choisi, pour opérer cette substitution, deux exemples dans lesquels les six feuilles terminales d'une branche de chaque arbre représentent à peu près la même surface. Les figures 63 et 69 montrent les feuilles du *C. vulgaris* et de l'*Acer platanoides* sur leurs rameaux respectifs. On peut voir que dans les deux cas il n'y a pas recouvrement de feuilles; et que, malgré cela, il n'y a pas de surface non utilisée. Dans le Châtaignier d'Espagne, le peu de longueur des pétioles ne permet seulement aux feuilles que d'exécuter des mouvements assez restreints. Dans l'Érable, les pétioles sont beaucoup plus longs et les feuilles sont à peu près situées au même niveau, les plus anciennes étant toujours les plus extérieures.

Si nous effectuons maintenant la substitution indiquée un peu plus haut, et si nous plaçons les feuilles du Châtaignier d'Espagne en cercle (fig. 70), nous verrons immédiatement qu'il y aura beaucoup d'espace perdu. D'un autre côté, si nous disposons les feuilles d'Érable sur un rameau de Châtaignier d'Espagne, au point où étaient attachées les vraies feuilles (fig. 71 et 72) nous nous apercevrons que la présence des pétioles constitue un désavantage et que beaucoup d'espace reste inoccupé. Si nous coupions complètement ces pétioles, ou si nous nous contentions seulement de les raccourcir en leur laissant une longueur égale à celle des pétioles du *Castanea vulgaris*, les feuilles se recouvriraient les unes les autres.

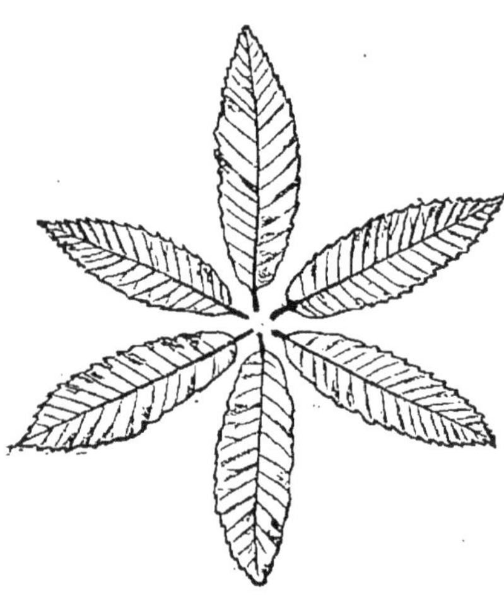

FIG. 70. — Feuilles de Châtaignier.

En un mot, la disposition des feuilles telle qu'elle existe chez le Hêtre, est la plus avantageuse pour cet arbre; car, si ces feuilles étaient disposées en *couronne*, comme celles du Sycomore, beaucoup d'espace resterait inoccupé. Dailleurs, chaque feuille de l'Érable, du Marronnier d'Inde, du Sycomore, présente une échancrure triangulaire à sa partie postérieure (fig. 68 et 69), échancrure qui semble avoir été ménagée pour permettre à l'extrémité antérieure de la feuille située directement au-dessus, de recevoir sa part d'air et de lumière.

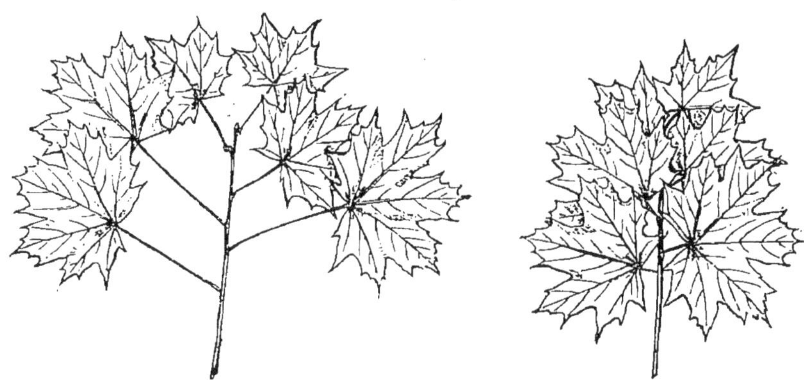

FIG. 71 et 72. — Feuilles d'Érable disposées sur un rameau de Châtaignier d'Espagne.

Vous voyez combien la forme de chaque feuille est admirablement en rapport avec le mode de croissance de l'arbre qui la porte et la disposition des bourgeons de ce dernier.

Structure de la feuille. Stomates. — Avant d'examiner une autre série d'exemples, je crois qu'il est nécessaire de vous donner quelques renseignements sur l'anatomie de la feuille. Malgré son peu d'épaisseur, la feuille se compose de plusieurs couches de cellules. Sur ses deux faces, on trouve un épiderme. Au-dessous de cet épiderme sont situées une ou deux rangées de cellules allongées, que l'on désigne sous le nom de cellules en palissade, et un tissu parenchymateux plus ou moins lacuneux. Le squelette de la feuille est constitué par des nervures de tissu ligneux. Mais ce type général varie beaucoup. C'est ainsi que les feuilles de beaucoup de plantes aquatiques sont dépourvues d'épiderme. La structure des feuilles a été décrite par Bonnet, Haberlandt, Areschoug, Stahl, Pick, Heinricher, Vesque, Tschirch, Hentig et par d'autres naturalistes.

Si l'on examine la surface de la feuille à un assez fort grossissement, on y observe de petites taches ayant la forme d'une boutonnière et dont les bords sont constitués par deux larges cellules recourbées en croissant, tournant l'une vers l'autre leurs faces concaves. On donne à ces petits orifices le nom de stomates. Ils se ferment quand l'air est très sec et s'ouvrent quand il est humide. On en trouve quelquefois plusieurs milliers sur une surface de $0^{mq},000645$. Dans la plupart des herbes, les deux faces de la feuille en présentent à peu près le même nombre. Chez les arbres, cependant, on ne les trouve généralement que sur la face inférieure des feuilles, celle qui est la moins exposée au soleil et à la pluie.

Peuplier blanc et Peuplier noir. Feuilles horizontales et feuilles verticales. — Il existe quelques exceptions. Chez le Peuplier noir *(Populus nigra)*, par exemple, les stomates sont presque aussi nombreux sur une face de la feuille que sur l'autre. Pourquoi en est-il ainsi ? Si nous comparons les feuilles du Peuplier blanc (*P. alba*) et celles du Peuplier noir, nous serons étonnés de leur différence. Les deux faces des feuilles du Peuplier blanc son très différentes au point de vue de la couleur et de la texture. La face inférieure est recouverte de poils cotonneux. Chez le Peuplier noir (*P. nigra*, fig. 73), elles sont tout à fait semblables, ce qui constitue un exemple assez rare. Les pétioles diffèrent aussi : ceux des feuilles du *P. nigra* étant plus aplatis à l'extrémité où s'insère le limbe. Grâce à cette structure, la feuille du Peuplier noir est verticale au lieu d'être horizontale comme celle du Peuplier blanc et de beaucoup d'autres arbres. Les deux faces des feuilles du *P. nigra* étant ainsi également exposées à l'air et à la lumière, cela explique la ressemblance qu'elles offrent entre elles. On pourra même remarquer que si l'on disposait les feuilles du *P. nigra* horizontalement sur leurs rameaux, elles se recouvriraient les unes les autres. Si ces feuilles étaient disposées comme celles du Hêtre, de l'Orme, du Sycomore et de la plupart de nos arbres, il resterait beaucoup d'espace inoccupé. Dans leur posi-

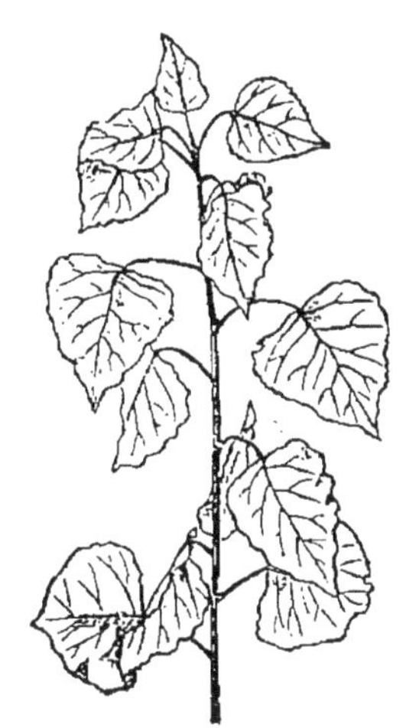

Fig. 73. — Rameau de Peuplier noir (*Populus nigra*).

tion naturelle (fig. 73), les feuilles du Peuplier noir sont complètement séparées les unes des autres.

Laitue et Silphium. — La Laitue épineuse *(Lactuca scariola)* nous offre encore un exemple intéressant de feuilles verticales. Les feuilles de *L. muralis* et celles de la Laitue vireuse *(L. virosa)* sont horizontales.

On trouve dans les prairies d'Amérique une plante de la famille des Composées, le *Silphium laciniatum*, désignée vulgairement sous le nom de *Plante-boussole.* La fleur jaune de cette plante, quoique plus petite, rappelle celle du Grand Soleil. Les feuilles du *S. laciniatum* se tournent vers le nord, et, ce fait connu depuis longtemps par les chasseurs des prairies, mais mentionné pour la première fois par le général Alvord, intéressa Longfellow et lui inspira ce passage d'*Évangéline :*

Look at this delicate plant, that lifts its head from the meadow,
See how its leaves are turned north, as true as the magnet;
This is the compass flower, that the finger of God has planted
Here in the houseless wild to direct the traveller's journey
Over the sea-like, pathless, limitless waste of the desert.

« Regardez cette plante délicate dont le sommet s'élève dans la prairie; voyez comme ses feuilles, pareilles à l'aiguille aimantée, se dirigent vers le nord. C'est la plante-boussole que le doigt de Dieu a plantée pour guider les pas du voyageur dans l'immensité du désert qui n'offre aucun asile et ressemble à une mer de sable impraticable. »

Grâce à leur disposition, les feuilles de cette plante ont leurs deux faces également éclairées par le soleil; les stomates sont presque également répartis sur ces deux faces, et le parenchyme en palissade, qui est ordinairement localisé sur la supérieure, se trouve aussi sur l'inférieure.

Stahl et Pick ont remarqué que, pour une même plante, les feuilles qui se développent à la lumière diffèrent beaucoup de celles qui se développent à l'ombre au point de vue de la répartition des stomates et du parenchyme en palissade sur leurs faces.

Les feuilles de la Laitue épineuse *(L. scariola)* ont aussi, lorsqu'elles croissent en plein soleil, une tendance à diriger leurs feuilles vers le nord. Dans ces conditions elles possèdent, sur chaque face, une assise de parenchyme en palissade.

CHAPITRE VI

LES FEUILLES

(SUITE)

Végétation des pays chauds. — Acacias d'Australie. — *Acacia melanoxylon.* — *Eucalyptus.* — Genévrier. — Lierre. — Chute des feuilles. — Longueur et longévité des feuilles des Conifères. — Feuilles toujours vertes. — Fonctions des poils. — Relation entre les poils et le nectar des plantes. — Les plantes aquatiques sont souvent glabres. — Ressemblance qu'offrent entre elles certaines plantes (Camomille et *Chrysanthemum inodorum.* Ortie et Lamier blanc. Bugle jaune). — Forme des feuilles des plantes aquatiques. — Feuilles flottantes et feuilles submergées *(Ranunculus aquatilis).* — Les feuilles entières se trouvent fréquemment sur les arbres et les arbustes ; les feuilles très divisées, sur les végétaux herbacés. — Feuilles larges et feuilles étroites. — Position des feuilles *(Drosera,* Plantain, Daphné). — Végétation des pays chauds. — Plantes gorgées de sucs. — Différentes formes des feuilles des *Lathyrus.* — Feuilles lobées et feuilles cordées. — A quoi sont dues ces différentes formes? — Feuilles des plantules. — Les feuilles lobées sont souvent précédées par des feuilles cordées. — La forme de la feuille est en relation avec les exigences de la plante. — Espèces herbacées, arborescentes, grimpantes, gorgées de sucs. — Conclusion.

VÉGÉTATION DES PAYS CHAUDS. — *Acacias d'Australie, A. melanoxylon ; Eucalyptus, Genévrier, Lierre.* — Jusqu'ici nous avons étudié des plantes qui recherchent autant que possible l'air et la lumière. Nos végétaux d'Angleterre peuvent être rangés dans cette catégorie. Mais un simple regard jeté sur une plantation d'arbres nous prouvera qu'il n'en est pas de même de toutes les plantes, et que, dans les contrées tropicales, certains végétaux cherchent à éviter l'action trop vive du soleil. Les meilleurs exemples de ce que j'avance nous sont fournis par des espèces australiennes, telles que les Eucalyptus et les Acacias.

Les feuilles ordinaires des Acacias sont pennées et présentent un certain nombre de folioles. Certains Acacias d'Australie possèdent cependant des phyllodes plus ou moins allongés et semblables aux feuilles du Saule. Mais, si nous examinons un Acacia très jeune, l'*Acacia salicina*, par exemple (cet Acacia est ainsi nommé à cause de sa ressemblance avec le Saule), nous verrons que les premières feuilles sont pennées (fig. 74), et ne diffèrent en rien des feuilles caractéristiques du genre Acacia. Chez les feuilles qui viennent ensuite, nous constaterons que le nombre des folioles a diminué et que le pétiole est légèrement aplati latéralement. La cinquième ou la sixième feuille ne possédera peut-être qu'une seule paire de folioles et son pétiole se sera encore aplati. Les feuilles qui viendront ensuite seront réduites à leur pétiole dont la forme rappelle celle d'une feuille de Saule, et qui expose le moins de surface possible au soleil ardent des régions tropicales. Chez quelques espèces, les phyllodes, longs et

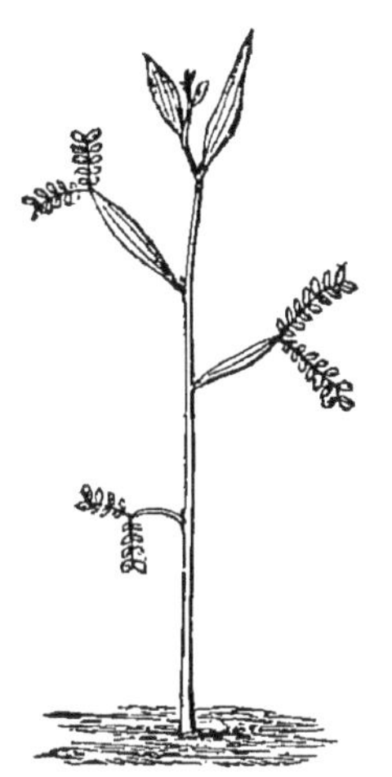

FIG. 74.— Plantule d'*Acacia salicina*.

étroits, pendent verticalement et prennent la forme d'un cimeterre. Une espèce très intéressante, l'*Acacia melanoxylon* (fig. 75), produit des feuilles ordinaires et des phyllodes sur une même branche. De cette façon, les avantages attachés respectivement à chaque sorte de feuilles se font en quelque sorte compensation.

Quiconque a voyagé dans l'Europe méridionale a pu

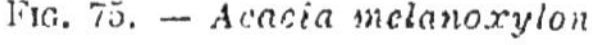

Fig. 75. — *Acacia melanoxylon*.

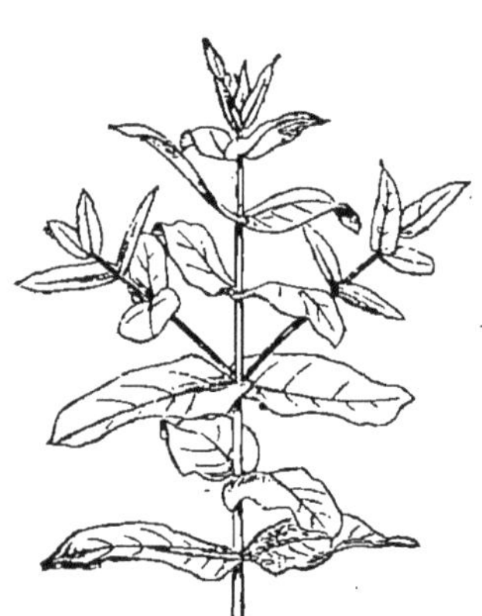

Fig. 76. — Rameau d'un jeune Eucalyptus.

remarquer que les jeunes Eucalyptus diffèrent beaucoup, par leur aspect, des Eucalyptus déjà âgés (fig. 77). Les feuilles des jeunes arbres sont linguiformes et horizontales (fig. 76); celles des Eucalyptus âgés (fig. 77) sont plus ou moins verticales. Elles ont la forme d'un cimeterre; et cela, je crois, parce que leur bord externe, grâce à sa meilleure situation, croît plus rapidement.

que leur bord interne. Cette inégalité de croissance doit, en effet, entraîner la formation de la courbure (fig. 77). Il existe un grand nombre d'autres exemples de plantes possédant deux sortes de feuilles.

C'est ainsi que chez quelques Genévriers, les feuilles sont longues et effilées, tandis que chez d'autres, elles sont arrondies. Le Genévrier de Chine *(Jupinerus sinensis)* possède ces deux variétés de feuilles.

FIG. 77. — Rameau d'un Eucalyptus déjà âgé.

Les feuilles qui se développent sur les tiges rampantes ou grimpantes du Lierre commun sont plus ou moins triangulaires, tandis que celles qui se développent sur les extrémités florifères sont ovales-lancéolées. Je n'essayerai pas maintenant de donner la raison de cette différence.

Chute des feuilles. — Jusqu'ici, nous n'avons considéré d'une façon presque générale, que des arbres décidus. On suppose généralement qu'à l'automne, les feuilles se détachent des arbres, parce qu'elles sont mortes. En réalité, leur chute est due, au contraire, à un phénomène vital[1]. Les feuilles restent solidement

[1] Voici, en quelques mots, la façon dont s'opère cette chute : Quand les feuilles sont arrivées à leur déclin, la séparation est préparée par

attachées à une branche d'arbre que l'on casse. Lorsqu'elles sont fanées, on croit que le moindre choc doit suffire pour les détacher de la branche que l'on a cassée ; mais il n'en est pas ainsi, et elles peuvent supporter un poids un peu supérieur à deux livres, sans se séparer de leur rameau.

Les arbres toujours verts nous offrent un cas tout différent. Quand, pendant l'automne, arrivent des neiges inattendues, beaucoup d'arbres qui étaient encore recouverts de leurs feuilles sont souvent brisés et renversés. C'est peut être pour cela que l'on trouve relativement peu d'arbres toujours verts dans les régions tempérées, et que les feuilles de ces derniers arbres sont unies et luisantes (Houx, Buis, Chêne vert). Les feuilles munies de poils sont celles sur lesquelles la neige s'accumule le plus rapidement.

Longueur et longévité des feuilles des Conifères. — Feuilles toujours vertes. — Les feuilles des arbres toujours verts persistent pendant un certain nombre

le développement d'une ou plusieurs assises de liège dirigées en travers de la base du pétiole. Cette assise est développée dans toute l'étendue du parenchyme, les vaisseaux restant ouverts et maintenant la communication avec la feuille. Bientôt le liège s'étend au travers des vaisseaux et la feuille est à ce moment indépendante de la tige. Au-dessus de l'assise de liège qui interrompt la communication avec la tige, la membrane des cellules de l'assise contiguë se gélifie et se résorbe peu à peu, de sorte qu'il n'y a plus de continuité de tissu entre la tige et la feuille, mais une simple adhérence que le moindre choc ou le moindre vent détruisent. Dans certaines plantes cependant (Fougères, Palmiers, etc.), les feuilles se désorganisent et laissent sur la tige les débris des pétioles qui forment un revêtement continu autour de celle-ci.

d'années. Celles du Pin d'Écosse durent trois ou quatre ans ; celles du Sapin ordinaire et du Sapin argenté, six ou sept ans ; celles de l'If, huit ans ; celles de l'*Abies pinsapo*, seize ou dix-sept ans ; celles de l'*Araucaria* et de quelques autres arbres verts ont encore une plus longue durée. Pendant les dernières années de leur existence, ces feuilles se dessèchent graduellement, et, il est évident qu'une structure toute particulière leur est nécessaire pour leur servir de protection. D'une façon générale, elles sont résistantes et de nature coriace. Chez quelques espèces même, le Houx par exemple, elles sont épineuses, ce qui les protège évidemment contre les animaux herbivores. Le Houx ne possède des feuilles épineuses que pendant les premières années de son existence ; et, quand ses rameaux sont trop élevés pour que les animaux herbivores puissent les atteindre, il possède des feuilles presque entièrement dépourvues d'épines. De même, les feuilles des chênes verts élevés sont entières et à bords unis, tandis que celles des spécimens de petite taille, dont les tiges rabougries forment d'épais buissons, possèdent de fortes épines [1].

M. Grindon (*Echoes on Plant and Flower life*, page 30), prétend que « la présence d'épines chez les plantes appartenant à des familles très différentes prouve que ces épines ne jouent aucun rôle bien déterminé; et que nous devons les considérer comme des

[1] Bunbury, *Botanical Fragments*, p. 320.

exemples de l'unité de plan dans la nature, tendant à élever notre pensée de la terre vers Celui qui est la solution de tous les problèmes et un trésor de vérités ». Il est cependant certain que les épines ont pour but de protéger les végétaux.

Fonctions des poils. Relations entre les poils et le nectar des plantes. Les plantes aquatiques sont souvent glabres. — Un autre point très important pour la feuille est la présence ou l'absence de poils. J'ai déjà fait remarquer que les arbres toujours verts possèdent des feuilles unies et luisantes qui ont probablement pour but d'empêcher ces arbres d'être brisés par l'accumulation de la neige sur leurs branches.

Les poils que l'on trouve sur un grand nombre de feuilles appartiennent à différents types. On dit que les feuilles sont *soyeuses* lorsqu'elles sont couvertes de poils soyeux et brillants (Potentille ansérine) ; *pubescentes*, quand les poils sont courts et fins (Fraisier) ; *pileuses*, quand ils sont longs et peu serrés *(Geranium Robertianum)*; *villeuses* quand ils sont d'une certaine longueur, blancs et serrés (Myosotis) ; *hirsutes*, quand ils sont longs et nombreux (Coquelourde) ; *hispides*, quand ils sont droits et raides (Bourrache) ; *sétеuses*, quand ils sont longs, raides et nombreux (Pavot) ; *tomenteuses*, lorsqu'ils sont assez courts et mêlés ensemble ; *laineuses*, quand ils sont serrés, frisés mais non mêlés ; *veloutées*, quand ils sont courts et doux au toucher (Digitale) ; *arachnoïdes*, quand ils sont longs, très fins et entrelacés comme les fils d'une toile d'araignée (Chardon, Joubarbe). La disposition qu'affectent les poils est aussi très variable. Chez quelques plantes, on trouve une double rangée de poils, le long de la tige. Il n'en existe qu'une simple rangée chez le Mouron des oiseaux. Ils semblent destinés à recueillir les gouttes de pluie et de rosée et sont toujours opposés au pédoncule floral qui porte également une simple rangée de poils. Ce pédoncule est dirigé vers le sol pendant la plus grande partie de son existence, ses poils étant situés à l'extérieur, ce qui compense peut-être l'absence de ces organes protecteurs sur ce côté de la tige.

Un certain nombre de feuilles, lorsqu'elles sont encore dans le bourgeon, sont recouvertes de poils laineux qui disparaissent plus tard (Rhododendron, Marronnier d'Inde, etc.). Quelques feuilles sont glabres à leur face supérieure tandis que leur face inférieure est recouverte par une sorte de feutre formé de poils blanchâtres qui servent probablement à protéger les stomates. Les poils semblent quelquefois avoir pour but de protéger la feuille contre les animaux herbivores. Ils peuvent aussi servir, d'après Kerner, à éloigner les insectes aptères qui pourraient dérober le nectar des fleurs sans leur être d'aucune utilité dans l'acte de la pollinisation. Fritz Müller, dont j'ai déjà cité un grand nombre d'observations ingénieuses, a remarqué que la chenille de l'*Eunomia eagrus*, avant de passer à l'état de chrysalide, arrache ses poils et les dispose sur la ramille où elle s'est établie, de façon à former de petites haies à pointes acérées (fig. 78) qui la protégeront pendant la durée de son immobilité.

Il y a déjà longtemps que Vaucher a remarqué, sans toutefois en donner la raison, que, parmi les Malvacées, les espèces qui produisent du nectar sont munies de poils, tandis que celles qui n'en produisent pas sont glabres.

Si nous faisons une liste des plantes qui croissent en Angleterre, nous pourrons remarquer que celles qui

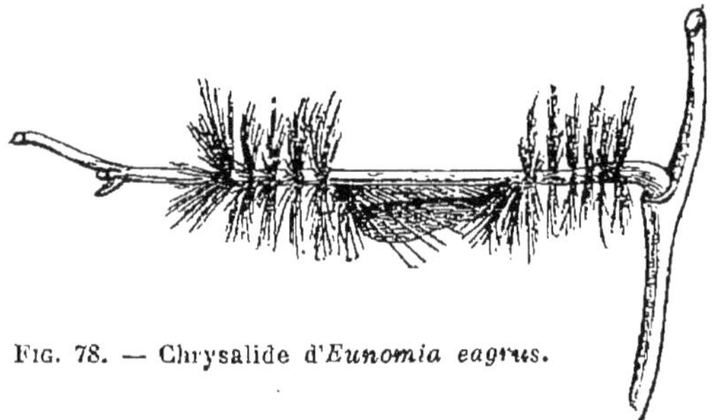

FIG. 78. — Chrysalide d'*Eunomia eagrus*.

produisent du nectar sont généralement munies de poils. Il y a cependant de nombreuses exceptions, mais lorsque nous les examinerons de plus près, nous en aurons l'explication. J'ai dressé rapidement une liste des plantes qui produisent du nectar tout en restant glabres. Certes, ce tableau est incomplet, parce que j'ai rencontré certaines espèces chez lesquelles je n'ai pas pu m'assurer par moi-même ou en consultant des ouvrages de botanique, de la production de nectar. Malgré cela, ma liste comprend 110 espèces. Chez 60 de ces plantes, le passage qui conduit au nectar est si étroit qu'une fourmi même ne saurait y pénétrer ; 30 sont aquatiques et, par suite, plus ou moins protégées contre les visites des insectes aptères. Nous pouvons constater que si, dans un genre composé d'espèces généralement munies de poils, il se trouve des végétaux aquatiques, ils sont glabres. C'est le cas du *Viola palustris*, du *Veronica anagallis*, du *V. beccabunga* et de la Renoncule aquatique *(Ranunculus aquatilis)*. Le *Polygonum amphibium* est particulièrement intéressant, parce que, ainsi que l'a signalé Kerner, les spécimens qui vivent dans l'eau sont glabres, tandis que ceux qui croissent en pleine terre ont la base de leurs feuilles munie de poils. Six des plantes de ma liste fleurissent au printemps avant que les fourmis soient sorties de leur sommeil hibernal. Six environ croissent en pleine terre. Elles sont très petites, et les poils ne leur seraient d'aucune utilité. Trois ou quatre ne s'ouvrent que la nuit. Il reste un petit nombre de plantes qu'il faudrait étudier séparément, à ce point de vue ; mais les exemples que j'ai déjà cités suffisent amplement pour établir les faits.

Ressemblance qu'offrent entre elles certaines plantes. — Je dois mentionner, en passant, les poils glanduleux ; et j'appellerai maintenant votre attention sur la ressemblance remarquable qu'offrent entre elles certaines plantes. Dans quelques cas, il semble que certains végétaux aient intérêt à se ressembler ; c'est ainsi que le Chrysanthème inodore *(Chrysanthemum inodorum)* rappelle beaucoup la Camomille par ses feuilles, ses fleurs et son port. La dernière plante possède cependant un goût fort et amer qui sert probablement à la protéger. On conçoit alors aisément comment la ressemblance que nous venons de signaler peut être avantageuse pour le *C. inodorum.* L'Ortie et le Lamier blanc appartiennent à deux familles différentes ; leurs fleurs ne se ressemblent pas, mais le port de ces plantes est le même et leurs feuilles sont semblables. On peut juger de cette extrême ressemblance par la figure 79 qui est la reproduction d'une excellente photographie faite pour moi, par M. Harman, de Bromley. Les plantes situées à droite sont des Orties, celles qui occupent la gauche sont des Lamiers blancs, dont l'un est déjà fleuri. Ces plantes se ressemblent tellement que, quand la photographie me fut remise, je crus qu'une erreur avait été commise et je voulus voir de mes propres yeux l'endroit où croissaient ces Orties et ces Lamiers. Il est évident que l'Ortie est protégée par ses poils et que le Lamier blanc est protégé lui-même par sa ressemblance avec l'Ortie. Je dois avouer que le hasard m'a favorisé en me procurant un aussi bel exem-

FIG. 79. — Lamiers blancs et Orties.

ple que celui que représente la figure 79 ; mais chacun a cependant dû observer que les Orties et les Lamiers croissent très fréquemment dans les mêmes lieux. Si l'on suppose que les feuilles de la forme ancestrale du Lamier blanc possédaient une légère ressemblance avec celles de l'Ortie, on comprendra aisément que les spécimens chez lesquels cette ressemblance avec l'Ortie était la plus grande avaient le plus de chance de perpétuer l'espèce. D'après les principes de Darwin, avec le temps, cette ressemblance a dû tendre à devenir de plus en plus parfaite. Je me demande si, grâce à cela, le Lamier blanc n'est pas protégé non seulement contre les animaux herbivores, mais encore contre les insectes qui détruisent les feuilles de certaines plantes. Je crois que l'état actuel de nos connaissances ne nous permet pas de résoudre cette question.

L'*Ajuga champæpitys*, ou Bugle jaune, possède des feuilles serrées et divisées en trois lobes linéaires. Les deux lobes latéraux sont aussi quelquefois divisés à leur tour. Cette espèce de Bugle diffère beaucoup des autres *Ajuga*, et cela m'intrigua beaucoup jusqu'au jour où je le trouvai croissant abondamment à la Riviera de Gênes parmi des *Euphorbia cyparissias*. Je fus frappé de la grande ressemblance que ces plantes offraient entre elles. L'*E. cyparissias* produit un liquide âcre, comme toutes les Euphorbes, et je pensai que la ressemblance qu'offre cette plante avec l'*A. champæpitys* constituait pour ce dernier un excellent mode de protection.

Forme des feuilles des plantes aquatiques. Feuilles flottantes et feuilles submergées. — Les feuilles qui flottent à la surface de l'eau dormante sont ordinairement orbiculaires (Nénuphar). Le *Limnanthenum nymphæoides*, que l'on confond souvent avec le Nénuphar, bien qu'il appartienne à la famille des Gentianées, et l'*Alisma natans*, plante voisine des Plantains, possèdent également des feuilles de cette forme.

Les feuilles des plantes qui, au contraire, croissent dans les eaux courantes, tendent à s'allonger plus ou moins. Les feuilles submergées des plantes d'eau douce ont une grande tendance à devenir longues et semblables aux feuilles des Graminées, ou à se diviser en filaments étroits et plus ou moins nombreux. Je puis citer comme exemples, le *Myriophyllum*, l'*Hippuris*, la Renoncule aquatique *(Ranunculus aquatilis)*, espèce voisine des Boutons-d'or, etc.

D'autres plantes qui, lorsqu'elles sont complètement développées ont des feuilles arrondies et flottantes, n'en possèdent que de longues et étroites lorsqu'elles sont jeunes. C'est ainsi que dans le *Victoria regia*, les premières feuilles sont filiformes, celles qui viennent ensuite sont sagittées, et les dernières sont arrondies.

Un autre cas intéressant est celui où l'on trouve deux sortes de feuilles chez la même plante. Chez la Renoncule aquatique, par exemple (fig. 80), les feuilles flottantes sont plus ou moins arrondies, tandis que les feuilles submergées sont très découpées.

M. Grant Allen croit que les feuilles submergées se divisent par suite de la petite quantité ou de l'absence complète d'acide carbonique. Quant à moi, j'explique le fait de la façon suivante. Les feuilles ont tout intérêt à exposer au contact de l'eau la plus grande surface possible. On sait que les branchies des poissons sont constituées par des lamelles minces, laissant un intervalle entre elles, quand ces animaux nagent ; mais qui, dans l'air, n'ont pas une résistance suffisante pour supporter seulement leur propre poids et s'affaissent par suite sur elles-mêmes. Le même fait se produit pour les feuilles minces et divisées en étroits filaments. Dans l'eau dormante, elles occupent la plus grande surface possible sans qu'il soit nécessaire qu'elles possèdent un squelette résistant. C'est là, je crois, ce qui explique la forme très découpée des feuilles submergées.

FIG. 80. — Renoncule aquatique (*Ranunculus aquatilis*).

Les feuilles entières se trouvent fréquemment sur les arbres et les arbustes ; les feuilles très divisées sur les végétaux herbacés. — Dans l'air non agité, les conditions où se trouvent les feuilles sont à peu près semblables à celles où se trouvent dans l'eau les feuilles des plantes aquatiques. Pour les feuilles des plantes aériennes, le poids de la feuille elle-même est cependant une donnée importante. Plus la plante est exposée au vent, plus le développement du tissu de soutien est indispensable [1]. C'est peut-être pour cela que les herbes ont, plus souvent que les arbres, des feuilles longues et étroites. Presque toutes les Ombellifères, par exemple, possèdent des feuilles très découpées. Le même fait doit se reproduire chez les arbres et les arbrisseaux; et je pense que c'est pour cela que les feuilles du Laurier, du Hêtre, du Charme, du Tilleul sont plus ou moins entières; tandis que celles du Frêne, du Marronnier d'Inde, du Noyer sont divisées en plusieurs lobes ou en plusieurs folioles.

Il existe plusieurs groupes de plantes qui, bien que composés presque entièrement de végétaux herbacés, comprennent cependant quelques arbustes et *vice versa*. Jetons un coup d'œil sur quelques groupes dont les espèces herbacées possèdent des feuilles très découpées; et voyons aussi quel est l'aspect du feuillage chez les espèces qui prennent la forme d'arbustes. La plupart des Ombellifères sont des plantes herbacées et possèdent des feuilles très découpées. Nous pouvons prendre comme exemple la Carotte. Il existe cependant, en Europe, une Ombellifère, le *Bupleurum fructicosum*,

[1] D'après M. Grant Allen, on doit attribuer les découpures profondes que présentent ordinairement les feuilles des végétaux herbacés à ce que ces végétaux forment le plus souvent des touffes serrées ou des buissons, ce qui nécessite, pour ainsi dire, entre les nombreuses feuilles, une lutte active dans l'absoption de l'acide carbonique. La petite quantité d'acide carbonique absorbée serait donc la cause de ce phénomène.

arbrisseau atteignant ordinairement une hauteur supérieure à $1^{m},80$, qui possède des feuilles résistantes et oblongues-lancéolées (fig. 81).

Le Seneçon commun (fig. 82) est aussi une petite herbe à feuilles très découpées. Quelques espèces du genre *Senecio* sont cependant d'une taille plus élevée et leurs feuilles sont presque entières. Le *S. laurifolius*

FIG. 81. — *Bupleurum fructicosum*. FIG. 82. — *Senecio vulgaris*.

et le *S. populifolius*, par exemple, possèdent des feuilles qui rappellent celles du Laurier et celles du Peuplier. Dans le genre *Oxalis* on trouve un arbuste, l'*Oxalis laureola*, à feuilles semblables à celles du Laurier.

Feuilles larges et feuilles étroites. Drosera, Plantin, Daphné. — Je vais essayer maintenant d'expliquer pourquoi certaines plantes possèdent des feuilles larges, tandis que d'autres plantes ne possèdent que des feuilles étroites. Les deux formes de feuilles peuvent, du reste, se rencontrer chez des végétaux appartenant à un même genre. Dans certains cas, je crois que la largeur des feuilles est en raison directe de la longueur des entre-nœuds. Cela n'a cependant pas lieu chez les genres *Plantago* (Plantain) et *Drosera*. Les feuilles du *Drosera rotundifolia* (fig. 83) sont presque orbiculaires, tandis

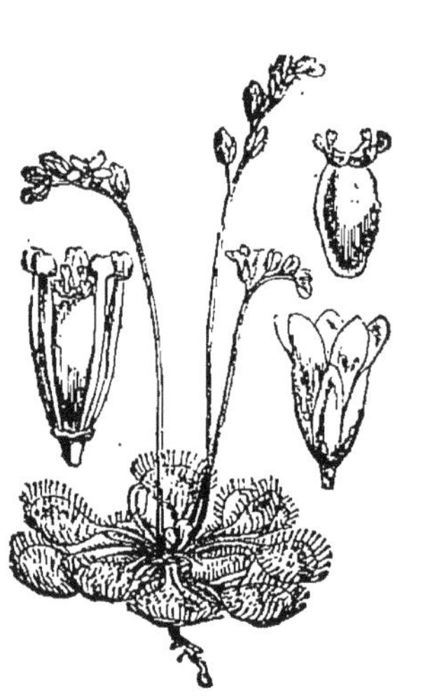

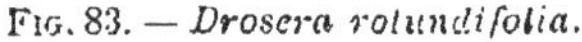

Fig. 83. — *Drosera rotundifolia.*

Fig. 84. — *Drosera anglica.*

que celles du *D. anglica* (fig. 84) sont longues et étroites. Les feuilles du *Plantago media* (fig. 85) sont ovales, tandis que celles du *P. lanceolata* (fig. 86) sont lancéolées et celles du *P. maritima* presque linéaires. Le genre *Ranunculus* (Renoncule) offre aussi de ces exemples. Je crois que ces différences peuvent être attribuées à la position de la feuille. Les feuilles larges sont horizontales et forment une rosette plus ou moins semblable à celles que présentent les feuilles de la Pâquerette.

Dans cette dernière plante, les rosettes sont situées à la surface du sol, tandis que dans le Daphné, elles sont

Fig. 85. — *Plantago media.*

Fig. 86. — *Plantago lanceolata.*

situées à l'extrémité des rameaux (fig. 87). Les feuilles étroites sont plus ou moins relevées.

Végétation des pays chauds. Plantes gorgées de sucs. — Le facies des plantes des pays chauds diffère beaucoup de celui des plantes de nos contrées. Les premières se distinguent des autres par leur grand nombre d'épines, leurs tissus très résistants, leur plus grande production de cire ou d'essences aromatiques. Leur sève

Fig. 87. — Daphné.

est surtout mucilagineuse et quelque peu salée, ce qui doit diminuer son évaporation. L'épaisseur de la cuticule et de l'épiderme de la feuille a évidemment pour but de protéger cette dernière. La présence d'épines et de cire s'explique aussi de la même manière. Quant à l'émission des essences aromatiques M. Taylor croit[1], comme Tyndall, qu'elle tend à intercepter le passage des rayons caloriques et qu'elle protège ainsi les feuilles contre le soleil ardent du désert. Je crois plutôt que ces essences, grâce à la répugnance qu'elles doivent inspirer aux animaux herbivores, ont pour but de protéger les feuilles contre ces derniers. On trouve aussi dans certains pays chauds, au cap de Bonne-Espérance, par exemple, une très grande quantité de plantes bulbeuses. Ces plantes sont cependant disséminées dans un grand nombre de familles différentes. Cette profusion de plantes à bulbes ne doit pas être attribuée à l'influence de l'hérédité, mais plutôt à l'influence des conditions extérieures. De même, dans les pays chauds, beaucoup de végétaux possèdent des feuilles charnues et gorgées de sucs.

On sait que, pour des corps de formes quelconques, les surfaces sont proportionnelles aux carrés et les volumes proportionnels aux cubes des dimensions. La forme sphérique que l'on trouve fréquemment chez les plantes et les animaux inférieurs et de petite taille offre

[1] *Book on Flowers*, p. 311.

relativement à la masse du corps une surface extérieure suffisante; mais elle ne saurait convenir à des êtres de forte taille. C'est pourquoi le corps de ces derniers présente des cavités communiquant avec l'extérieur, ce qui augmente, en quelque sorte, la surface. Dans les pays chauds[1] les végétaux doivent être constitués de façon à pouvoir absorber de l'eau et à l'emmagasiner quand l'occasion se présente. Une tige et des feuilles charnues sont donc de toute utilité pour ces plantes, parce que la surface exposée à l'évaporation est relativement moindre chez ces feuilles que chez les feuilles ordinaires. C'est pour cela, je pense, que les plantes du cap de Bonne-Espérance, des Canaries, etc., possèdent une tige et des feuilles charnues, gorgées de sucs.

Différences des feuilles des Lathyrus. — Le genre *Lathyrus* comprend des espèces possédant des feuilles

[1] Les végétaux exposés aux vents, habitant des lieux secs ou des pays chauds, se défendent contre une transpiration trop active en épaississant l'épiderme de leur cuticule (Houx, Aloès), en se développant un hypoderme. Leurs stomates sont relégués sous l'épiderme ou placés dans des cryptes (Laurier-rose). Ces végétaux peuvent aussi se recouvrir de poils laineux (Romarin). L'eau est emmagasinée dans le collenchyme et dans des cellules parenchymateuses très développées et remplies d'un liquide visqueux.

On a trouvé aussi dans ces végétaux des cellules scléreuses. C'est le collenchyme qui tient le limbe de la feuille sous sa dépendance, le redressant vers le ciel, lorsque gorgé d'eau, il entre en tugescence, le laissant retomber lorsque le végétal souffre de la soif. Le péricycle lui vient souvent en aide en remplaçant ses éléments scléreux par des éléments collenchymateux susceptibles de turgescence. Cette disposition, sorte de régulateur, permet à la plante de proportionner la quantité de calorique qu'elle reçoit à la réserve d'eau qu'elle possède.

très différentes. La forme des feuilles représentée par

Fig. 88. — *Lathyrus niger.*

Fig. 89. — *Lathyrus aphaca.*

Fig. 90. — *Lathyrus nissolia.*

la figure 88 (*L. niger*), est la plus répandue dans le genre. Le *L. aphaca* (fig. 89) a un facies tout différent, et, avec un peu d'attention, on voit que les feuilles proprement dites se sont transformées en vrilles, tandis que les stipules se sont tellement élargies, qu'à première vue, on pourrait les confondre avec de véritables feuilles. La jeune plante possède une ou deux de ces dernières composées d'une paire de folioles comme celles du *L. niger.*

Le *L. nissolia* (fig. 90) croît dans les prairies et au bord des champs, il ne possède ni folioles, ni vrilles. Les fonctions des feuilles sont remplies par les pétioles et non par des stipules élargies. Ces pétioles, derniers vestiges de la feuille dont le limbe a disparu, sont allongés, aplatis, linéaires et se terminent en pointe, de sorte que la plante ressemble beaucoup à l'herbe qui l'entoure[1], et qu'on ne peut l'en distinguer facilement qu'au moment de sa floraison. Ce doit probablement être un avantage pour la plante de posséder ces longues feuilles linéaires qui, je crois, doivent être cueillies ou mangées plus rarement par les animaux, grâce à leur ressemblance avec les herbes voisines[2].

[1] D'après Ch. Darwin, le *L. nissolia* descend probablement d'une plante primordiale volubile qui est devenue une plante grimpante à l'aide des feuilles; les feuilles se sont ensuite converties graduellement en vrilles, avec les stipules notablement augmentées, par suite de la loi de balancement. Après un certain temps, les vrilles ont perdu leurs ramifications, sont devenues simples et leur faculté d'enroulement s'est éteinte. Cet état est celui des vrilles du *L. aphaca* actuel; mais, après avoir perdu leur faculté préhensile et être devenues foliacées, elles ne pouvaient plus être désignées sous ce nom. Dans ce dernier état, celui du *L. nissolia* actuel, les vrilles remplissent de nouveau les fonctions de feuilles.

[2] Darwin admet que, d'une façon générale, les espèces primitivement volubiles ont été converties dans beaucoup de groupes en plantes grimpant à l'aide de leurs feuilles et pourvues de vrilles. Quel avantage en est-il résulté pour elles ? On peut admettre que les plantes grimpant à l'aide de leurs vrilles ou de leurs feuilles, saisissent promptement et solidement leur support, tandis que les plantes volubiles, pendant un fort vent, sont facilement éloignées et détachées de leur support. D'un autre côté, il y a économie dans la longueur de la tige des plantes à vrilles ou grimpant à l'aide de leurs feuilles ; chez les plantes volubiles, au contraire, la tige est beaucoup plus longue que

Feuilles lobées et feuilles cordées. A quoi sont dues ces différentes formes? — En examinant les feuilles des plantes, je me suis souvent demandé pourquoi certaines de ces feuilles avaient, en quelque sorte, la forme d'une languette, tandis que d'autres étaient lobées. Prenons par exemple la Bryone noire *(Tamus communis)* et la Bryone commune *(Bryonia dioica)*. Pourquoi les nervures adoptent-elles dans l'un de ces cas la disposition pennée comme cela a lieu pour l'Orme et le Hêtre, tandis que dans l'autre elles se présentent sous la disposition palmée, comme dans le Sycomore et l'Érable?

J'ai d'abord pensé qu'il y avait quelque relation entre ces dispositions des nervures et l'arrangement des faisceaux dans le pétiole. Si vous pratiquez une section dans le pétiole d'une feuille, vous verrez que, dans quelques cas, il n'y a qu'un seul faisceau qui est central, et que, dans d'autres exemples, il existe plusieurs faisceaux séparés par du parenchyme cellulaire. Je m'imaginai ensuite que chacune des nervures primaires de la feuille pouvait être considérée comme représentant une fibre du pétiole, de sorte que je conclus que les feuilles qui ne possédaient qu'un faisceau de fibres devaient présenter la nervation pennée, et que celles qui en

cela n'est absolument nécessaire. C'est ainsi qu'une tige de Haricot qui, s'était élevée à 60 centimètres de hauteur, avait 90 centimètres de longueur. Il y a donc dans ce dernier cas une dépense inutile de matière organique.

possédaient plusieurs devaient présenter la nervation palmée.

Les premières espèces que j'étudiai semblèrent me donner raison. Les feuilles à nervation palmée du Melon, du Géranium, de la Mauve, du Cyclamen et de certaines autres plantes présentaient plusieurs faisceaux de fibres; tandis que les feuilles à nervation pennée du Laurier, du Rhododendron, du Troène, du Hêtre, du Buis, du Châtaignier, de l'Arbousier, du *Phillyrea*, etc., ne possédaient qu'un faisceau central. Mais je trouvai ensuite de nombreuses exceptions et je dus abandonner ma première idée. Je cherchai ensuite si les différences de formes ne pouvaient pas s'expliquer par le mode de croissance de la feuille, et je crois encore qu'il y aurait lieu d'étudier soigneusement ce point.

En troisième lieu, je crus qu'il existait une relation entre la forme de la feuille et la préfoliation. Les premières feuilles à nervation palmée que j'étudiai étaient pliées en éventail, tandis que les feuilles à nervation pennée que j'examinai étaient condupliquées. Mais je m'aperçus bientôt que cette règle n'était pas générale. C'est alors que j'étudiai des plantes grimpantes et que je cherchai s'il existait quelque relation entre les feuilles à nervation pennée et les feuilles à nervation palmée, d'un côté, et leur mode de croissance, de l'autre. Je cherchai, par exemple, si la feuille présentait l'un ou l'autre mode de nervation, selon la direction de la tige ou selon que cette dernière fût volubile ou s'accrochât simplement au moyen de vrilles, et *vice versa*.

Je dus successivement abandonner toutes ces suppositions.

Parmi les Monocotylédones, cependant, les feuilles à nervation pennée sont beaucoup plus nombreuses que les feuilles à nervation palmée. A quelques exceptions près, les feuilles des Monocotylédones grimpantes semblent toutes dériver d'une feuille linéaire, semblable à celles des petites Graminées qui constituent le gazon, et qui se serait élargie.

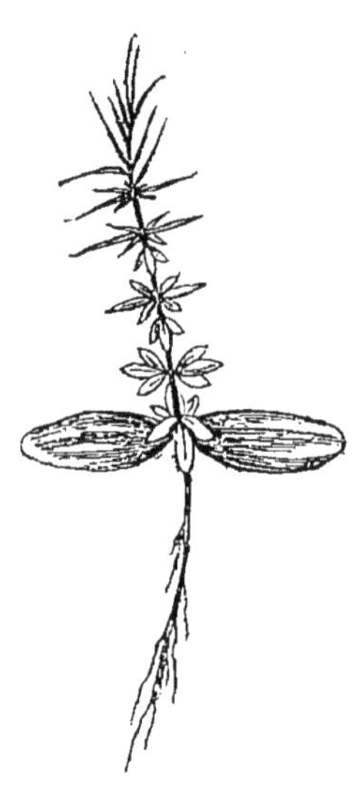

Fig. 91. — Plantule de Genêt épineux *(Ulex)*.

Feuilles des plantules. Les feuilles lobées sont souvent précédées par des feuilles cordées. — C'est ici que l'on peut se demander si la feuille cordée est le type qui a produit graduellement la feuille à nervation palmée. Voyons s'il nous est possible de trouver une preuve de ce fait dans l'embryologie végétale. Le Genêt épineux appartient à un groupe de plantes qui, d'une façon générale, ont des feuilles à nervation pennée ou des feuilles trilobées. Si nous examinons maintenant une plantule de Genêt (fig. 91), nous voyons, au-dessus des cotylédons, des feuilles trilobées à lobes ovales.

Ces lobes deviennent de plus en plus étroits, plus pointus et plus raides, constituant bientôt des épines. Nous pouvons conclure de là que le Genêt actuel descend d'un ancêtre n'ayant que des feuilles trilobées. J'ai déjà cité d'autres cas où la structure actuelle de la jeune plante jette quelque lumière sur l'organisation de la forme ancestrale (*ante*, p. 133).

Nous ne serons plus étonnés de trouver des plantes

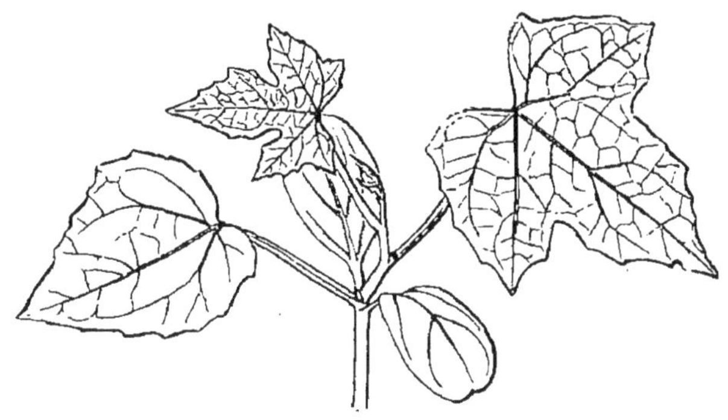

FIG. 92 — Plantule de *Cephalandra palmata*.

chez lesquelles on voit d'abord des feuilles entières, puis ensuite des feuilles plus ou moins lobées ou palmées. Nous pourrons même conclure de ces faits que, dans un genre présentant des feuilles cordées et des feuilles lobées, les premières doivent représenter la forme ancestrale.

Je donne ici des exemples comme preuve de ce que j'avance. Ces exemples sont le *Cephalandra palmata* (fig. 92), de la famille des Cucurbitacées, l'*Hibiscus pedunculatus* (fig. 93), de la famille des Malvacées et le *Passiflora cærulea* (fig. 94). D'autres espèces de *Passiflora* montrent également le passage des feuilles entières aux feuilles trifides ; tandis qu'au contraire, dans le *P. van Volscenii*, les premières feuilles sont plus ou moins lobées. La disposition pal-

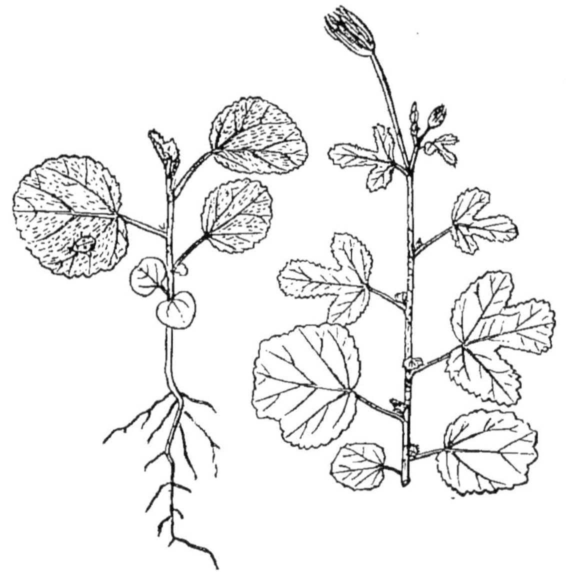

Fig. 93. — Plantule d'*Hibiscus pedunculatus.*

mée a peut-être pour but de placer le centre de gravité de la feuille plus près du point d'appui de cette dernière.

Les feuilles larges se présentent sous la forme cordée, et alors leurs nervures suivent la courbure des bords du limbe, ou bien sous la forme palmée et alors, leurs nervures viennent rejoindre les bords du limbe. Les nervures sont formées par des vaisseaux qui charrient la sève absorbée par la racine, et il est évident que le liquide nourricier les parcourt plus rapidement lorsqu'elles sont droites que lorsqu'elles forment des lignes courbes. C'est précisément grâce à cet afflux considérable de matériaux nutritifs en certains de ses points que la feuille se développe d'une façon inégale et prend la forme lobée, par suite de l'accroissement plus rapide des points qui reçoivent le plus de sève.

La forme de la feuille est en relation avec les exigences de la plante. Espèces herbacées, arborescentes, grimpantes, gorgées de sucs. — En résumé, nous voyons qu'il y a une relation entre la forme de beaucoup de feuilles, les conditions de croissance et les exigences des plantes qui les produisent. S'il existait une forme bien définie pour chaque espèce, une pareille règle devrait s'appliquer à chaque genre. Les espèces d'un même genre peuvent différer davantage entre elles que les variétés d'une même espèce. Le type générique

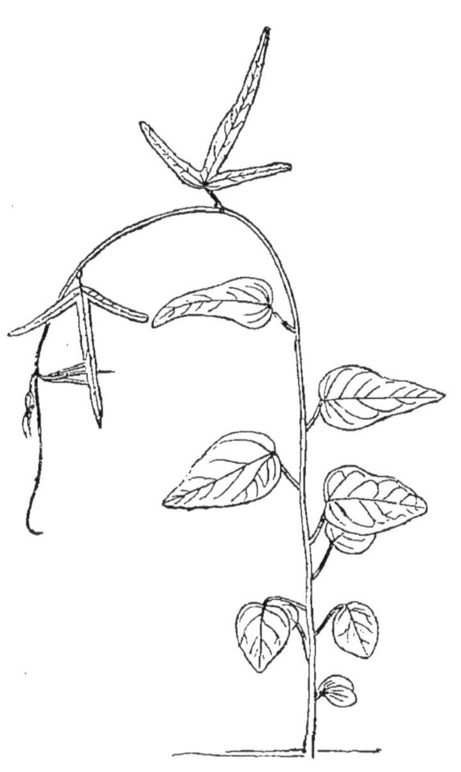

Fig. 94. — Plantule de *Passiflora cærulea.*

peut être, pour ainsi dire, moins nettement délimité, mais il doit toujours y avoir quelque type caractéristique du genre. Voyons s'il en est toujours ainsi. Il est évident qu'il existe plusieurs genres de plantes dont les feuilles sont plus ou moins uniformes, mais les modes d'existence de ces genres doivent être aussi plus ou moins semblables. Est-ce là le cas des genres dont les espèces diffèrent beaucoup entre elles au point de vue du mode d'existence?

J'ai déjà cité incidemment des exemples qui prouvent qu'il n'en est pas toujours ainsi; mais, étudions maintenant, à ce point de vue, le genre *Senecio* auquel appartient le Seneçon commun (fig. 82). Cette dernière plante est trop connue pour qu'il soit nécessaire que je décrive ses feuilles. Cette forme de feuilles se rencontre dans un grand nombre d'autres espèces de *Senecio* dont le mode d'existence est à peu près semblable à celui du Seneçon commun. D'un autre côté, le *S. paludosus* et le *S. palustris* qui vivent dans des endroits humides et marécageux, ont des feuilles longues, étroites, dont la forme rappelle celle de la lame d'une épée. Le *S. campestris* (fig. 95), qui croit dans les prairies, possède une petite touffe terminale de fleurs entourée d'une rosette de feuilles, comme cela se présente chez la Pâquerette *(Bellis perennis)*. Une espèce de Madagascar qui, je crois, ne possède pas encore de nom, ressemble encore davantage à la Pâquerette. Le *S. junceus* ressemble beaucoup à un Jonc; le *S. hypo-*

chærideus de l'Afrique septentrionale présente une ressemblance frappante avec l'*Hypochæris*. Un nombre considérable d'autres espèces atteignent de plus grandes dimensions et forment des buissons. Le *S. buxifolius* a l'aspect du Buis; le *S. vagans*, celui du Troène; le *S. ericæfolius*, celui de la Bruyère; le *S. laurifolius*, celui du Laurier; le *S. pinifolius*, celui d'un Pin ou d'un If.

Quelques espèces de *Senecio* sont même grimpantes. Le *S. scandens* et le *S. macroglossus* possèdent des feuilles semblables à celles de la Bryone. Les feuilles du *S. araneosus* et celles du *S. tamoides* rappellent les feuilles du *Smilax* ou du *Tamus*. Il y a enfin une ressemblance frappante entre les feuilles du *S. tropæolifolius* et celles de la Capucine.

Fig. 95. — *Senecio campestris.*

Parmi les espèces du genre *Senecio* qui habitent les pays chauds, on en trouve quelques-unes à feuilles charnues. Tels sont le *S. Haworthii* du cap de Bonne-Espérance et le *S. pteroneura* de Magdoor. Le *S. rosmarinifolius*, du Cap, ressemble beaucoup au Romarin et à la Lavande. Enfin quelques espèces ont l'aspect de petits arbres : tels sont le *S. populifolius* dont la feuille rappelle celle du Peuplier et le *S. amygdaloides*, dont la feuille rappelle celle de l'Amandier.

Quelques autres espèces ainsi que leurs noms l'indiquent, ressemblent beaucoup à des plantes appartenant à des familles fort différentes. Ce sont surtout les *S. lobelioides, erysimoides, bupleurioides, verbascifolius, juniperinus, ilicifolius, acanthifolius, linifolius, platanifolius, graminifolius, verbenefolius, rosmarinifolius, coronopifolius, chenopodifolius*, etc.[1]

Il semble évident que ces différences ne sont pas dues à une tendance héréditaire, mais bien à la structure, l'organisation, le mode d'existence et les exigences de la plante. Il peut se faire que la forme actuelle ait quelque rapport, non avec les conditions actuelles de la plante, mais avec les conditions où cette plante se trouvait autrefois; et c'est précisément là ce qui rend le problème difficile à résoudre.

Je n'ai pas l'intention de prétendre que chaque forme de feuille est ou a toujours été nécessairement la mieux adaptée aux exigences de la plante. Je crois, cependant, que chaque forme tend vers ce but, de même que l'eau tend toujours à former une surface horizontale.

Mais, si mon hypothèse est fondée, elle ouvrira un immense champ d'études fort intéressantes. Chacune des nombreuses formes de feuilles doit avoir sa raison d'être.

[1] Séneçon lobélie, Séneçon vélar, Séneçon buplèvre, Séneçon à feuilles de bouillon blanc, de Genevrier, de Houx, d'Acanthe, de Lin, de Platane, de Graminées, de Verveine, de Romarin, de Chenopodium, de Lavande, de Saule, de Mesembryanthemum, de Digitale, de Sapin, d'Arbousier, de Mauve, d'Erodium, d'Halimus, d'Hakea, de Réséda, de Lierre, d'Érable, de Plantain, de Châtaignier, de Spirée, de Bryone, de Primevère, etc.

DEUXIÈME PARTIE

DES FORMES VARIÉES DES PLANTULES

CHAPITRE PREMIER

Introduction. — Formes des feuilles. — Des plantules. — Formes des ovules. — Différentes formes de cotylédons. — Cotylédons étroits. — Cotylédons larges. — Cotylédons inégaux. — Cotylédons asymétriques. — Cotylédons crénelés. — Cotylédons pétiolés. — Cotylédons lobés. — Cotylédons émarginés. — Cotylédons divisés. — Cotylédons auriculés. — Grosseur des graines. — Grosseur de l'embryon. — Grosseur des cotylédons. — Remarques finales. — Forme des premières feuilles. — Relations qui existent entre la plantule et la graine.

I. — INTRODUCTION : FORMES DES FEUILLES

Dans les pages précédentes j'ai déjà appelé l'attention sur les feuilles et j'ai cherché à déterminer les causes qui amènent leurs différences de formes. Les feuilles verticales, par exemple, sont généralement longues et étroites ; tandis que les feuilles horizontales sont, le plus souvent, larges, ce qui tend à rapprocher le centre de gravité du point d'appui. Les feuilles larges sont quelquefois cordées ; d'autres fois, elles sont lobées. La première forme est évidemment celle que prendrait une feuille étroite, semblable à celles du gazon ordinaire, dont la base s'élargirait graduellement ; et j'ai remarqué que chez plusieurs espèces dont les feuilles sont lobées *(Passiflora, Cephalandra, Hibiscus*, etc.), les premières feuilles sont entières et ordinairement cordiformes. La forme cordée paraît donc avoir existé tout d'abord et la forme palmée ensuite. Mais, quels sont les avantages que présente cette dernière forme de feuilles?

Chez les feuilles cordées, dont les nervures suivent

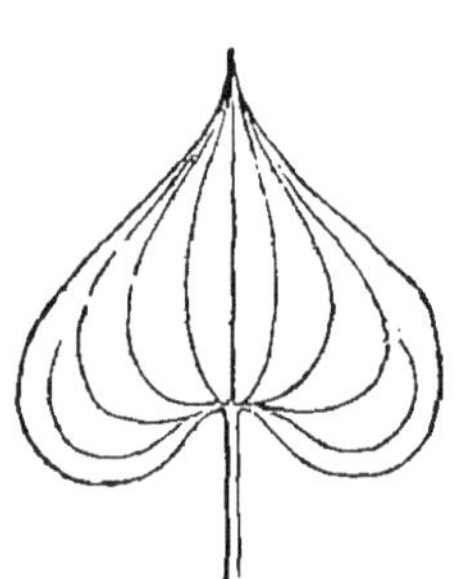

FIG. 96. — Feuille de *Tamus* montrant le trajet curviligne des nervures.

FIG. 97. — Feuille de Sycomore montrant le trajet rectiligne des nervures.

la courbure des bords *(Tamus*, fig. 96), les faisceaux vasculaires sont nécessairement curvilignes, tandis que chez les feuilles palmées *(Acer*, fig. 97), les nervures sont rectilignes. Il y a naturellement tout avantage pour la feuille à ce que ses principaux vaisseaux qui charrient le fluide nutritif suivent le trajet le plus direct. Il a été question de savoir si la sève circule principalement dans les parois des cellules, où si, au contraire, son trajet s'effectue par leurs cavités. La dernière opinion semble être de beaucoup la préférable[1]. La longueur des trachéides de l'If représente au moins soixante-dix ou quatre-vingts fois leur largeur; de sorte qu'en traversant obliquement la longueur d'une seule trachéide, la sève doit traverser soixante-dix parois de cellules au lieu d'une seule[2].

Je crois que les feuilles cordées avec leurs nervures curvilignes ont conservé leur forme ancestrale; tandis que les feuilles palmées et à nervures droites en ont adopté une nouvelle qui leur offre certains avantages.

J'ai aussi remarqué que dans un très grand nombre de cas, la forme de la feuille est déterminée par la longueur des entre-nœuds et par la résistance du rameau. J'ai cité à ce sujet de nombreux exemples. Le Châtaignier d'Espagne produit des rameaux plus forts que ceux du Hêtre; mais, les entre-nœuds du premier arbre n'étant pas beaucoup plus longs que ceux du second, les feuilles du Châtaignier d'Espagne sont, par suite, beaucoup plus grandes que celles du Hêtre, mais elles ne peuvent pas être beaucoup plus larges. De là provient leur forme en lame de poignard. Chez les Conifères, les espèces à feuilles courtes conservent généralement ces dernières pendant plusieurs années, tandis que celles qui possèdent des feuilles plus longues les conservent moins longtemps. La longueur foliaire

[1] Voy. Darwin et Phillips, *On the transpiration stream in cut branches (Proceedings of the Cambridge phil. S c.*, vol. V).

[2] *Loc. cit.*, p. 364.

semble donc alors être une fonction de la résistance du rameau et de la longévité de la feuille. La plupart des arbres appartenant à la famille des Conifères sont toujours verts. Il en existe cependant un petit nombre qui, à l'exemple du Mélèze, sont décidus. Ce dernier arbre croît spécialement en Sibérie et sur les plus hautes pentes des Alpes suisses, tandis qu'ailleurs le sapin a la prédominance. Ces deux arbres sont ennemis. Le Sapin l'emporte généralement, parce que, lorsqu'il est jeune, il peut croître sous le Mélèze. L'ombre du Sapin est, au contraire, fatale à la plupart des autres plantes. Mais, en Sibérie et sur les plus hautes pentes des Alpes suisses, l'été est probablement trop court pour que le Sapin puisse croître dans ces pays ; et, d'un autre côté, la durée de cette saison est cependant suffisante pour que le Mélèze puisse y venir.

M. Grant Allen croit que les feuilles submergées se divisent par suite de la petite quantité ou de l'absence complète d'acide carbonique. Quant à moi, j'explique le fait de la façon suivante. Les feuilles ont tout intérêt à exposer au contact de l'air la plus grande surface possible. On sait que les branchies des poissons sont constituées par des lamelles minces, laissant un intervalle entre elles quand ces animaux sont dans l'eau; mais qui, dans l'air n'offrent pas une résistance suffisante pour supporter seulement leur propre poids et s'affaissent par suite sur elles-mêmes. Le même fait se produit pour les feuilles minces et divisées en étroits filaments. Dans l'eau tranquille, elles occupent la plus grande surface possible sans qu'il soit nécessaire qu'elles possèdent un squelette résistant. C'est là, je crois, ce qui explique la forme très découpée des feuilles submergées (*Myriophyllum*, *Hottonia*, *Utricularia*, *Ranunculus*, etc.).

Dans l'air non agité, les conditions où se trouvent les feuilles sont un peu semblables à celles où se trouvent, dans l'eau, les feuilles des plantes aquatiques. Pour les feuilles des plantes aériennes, le poids de la feuille elle-même est cependant une donnée importante. Plus la plante est exposée au vent, plus le développement du tissu de soutien est indispensable. C'est peut-être pour cela que les herbes ont, plus souvent que les arbres, des feuilles longues et étroites. Presque toutes les Ombellifères, par exemple, possèdent des feuilles très découpées. Le même fait doit se reproduire chez les arbres et les arbrisseaux, et je pense que c'est pour cela que les feuilles du Laurier, du Hêtre, du Charme, du Tilleul sont plus ou moins entières; tandis que celles du Frêne, du Marronnier d'Inde, du Noyer sont divisées en plusieurs lobes ou en plusieurs folioles.

Il existe plusieurs groupes de plantes qui, bien que composés presque entièrement de végétaux herbacés comprennent cependant quelques arbustes et *vice versa*. Jetons un coup d'œil sur quelques groupes dont les espèces herbacées possèdent des feuilles très découpées et voyons quel est l'aspect du feuillage chez les espèces qui prennent la forme d'arbustes.

La plupart des Ombellifères sont des plantes herbacées et possèdent des feuilles très découpées. Nous pouvons prendre comme exemple la Carotte. Il existe cependant en Europe, une Ombellifère, le *Bupleurum fruticosum*, arbrisseau atteignant ordinairement une hauteur supérieure à six pieds, qui possède des feuilles résistantes et oblongues-lancéolées. Le Séneçon commun est aussi une petite herbe à feuilles très découpées. Quelques espèces du genre *Senecio* sont cependant d'une taille plus élevée et leurs feuilles sont presque entières. Le *S. laurifolius* et le *S. populifolius*, par exemple, possèdent des feuilles qui rappellent celles du Laurier et celles du Peuplier. Dans le genre *Oxalis*, on trouve un arbuste, l'*Oxalis laureola* à feuilles semblables à celles du Laurier.

La feuille du Tulipier (Liriodendron).— La feuille du Tulipier (*Liriodendron*) a, depuis longtemps, attiré l'attention des botanistes, par sa forme particulière. Je ne crois pas qu'on en ait cherché l'explication, quoique M. Meehan ait écrit une intéressante note sur les stipules du Tulipier [1].

« L'échancrure de la feuille, dit-il, provient de ce que les parties stipulaires s'insèrent au rameau au lieu

[1] Meehan, *Proceedings of the Academy of natural sciences of Philadelphia.*

d'être complètement sur le pétiole, comme cela se produit chez le *Magnolia.* »

J'avoue que je ne saisis guère cette explication (si, toutefois, M. Meehan lui-même considère ces quelques lignes comme constituant un explication). Il ajoute : « Je ferai remarquer ici que ceux qui partiront du principe de la sélection naturelle de M. Darwin pour expliquer de pareils cas, risqueront fort de se trouver embarrassés. On a peine à comprendre que des feuilles dont le limbe présente des angles droits, comme celles du *Liriodendron*, puissent procurer quelque avantage au végétal qui les porte. Cependant, si cette forme est la conséquence de quelque autre action, constituant un avantage, le principe de la sélection peut être considéré comme un excellent point de départ. »

Je conclus de cela que M. Meehan ignore encore la véritable cause de la forme toute particulière présentée par les feuilles du Tulipier.

M. Newberry a récemment publié[1] une note sur les *Ancêtres du Tulipier;* mais l'étude de la condition ancestrale ne semble jeter aucune lumière sur la question; et, d'un autre côté, il n'existe actuellement aucune espèce que nous puissions prendre pour guide.

Les feuilles du Tulipier ont la forme d'une selle brusquement tronquée à la base, ou, pour employer la propre expression de Bentham et Hooker, *sinuato 4 loba.* Je

[1] *Bulletin of the Torrey botanical Club*, janvier 1887.

me suis souvent demandé quel était l'avantage que le végétal pouvait retirer de cette forme particulière. Je pensai tout d'abord que, grâce à elle, les insectes pourraient apercevoir le Tulipier à une grande distance, de même qu'ils distinguent aisément les fleurs, grâce à leurs couleurs remarquables. Je cherchai ensuite si cette forme particulière pouvait s'expliquer par la disposition des feuilles sur l'arbre. Je crois actuellement qu'elle est due à une autre cause et qu'elle est en rapport avec le caractère particulier du bourgeon.

Chez le Tulipier comme chez les Magnoliées, chaque jeune feuille est entourée et protégée par les stipules de la feuille précédente. Les stipules du Liriodendron sont ovales; ou, pour parler plus exactement, leur forme est celle d'un disque légèrement évidé ou d'une cuiller; de sorte que, quand elles sont placées face à face, elles forment un corps ressemblant à une amande dont la partie centrale serait creuse. La première de ces délicates petites boîtes que j'ouvris me montra une jeune feuille sous l'aspect que représente la figure 98, *p* étant le pétiole, *l*, le limbe de cette feuille et *s*, les limbes des stipules. Ce premier examen me fit perdre la bonne piste, parce qu'il ne semblait donner aucune explication relativement à la forme particulière de la feuille. Cependant, en examinant des bourgeons plus jeunes, je trouvai ce que je considère comme la véritable solution. Dans un bourgeon tel que celui que représente la figure 98, on trouve sous les stipules plusieurs bourgeons plus jeunes placés les uns dans les autres. Le premier stade que je dois signaler ici est représenté par la figure 99. Le pétiole est court et épais, le limbe

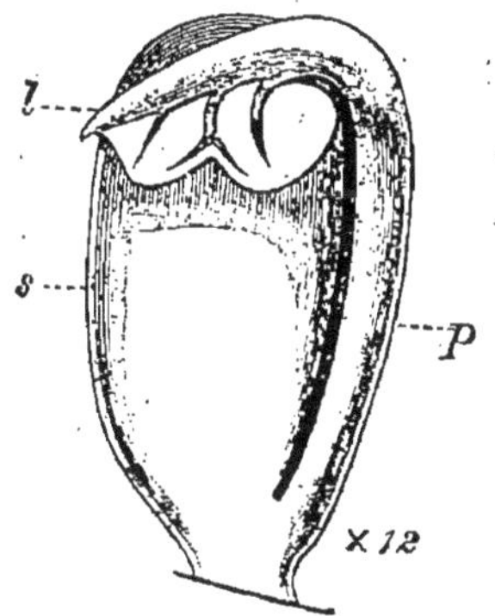

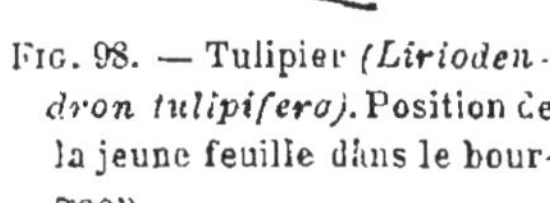

Fig. 98. — Tulipier *(Liriodendron tulipifera)*. Position de la jeune feuille dans le bourgeon.

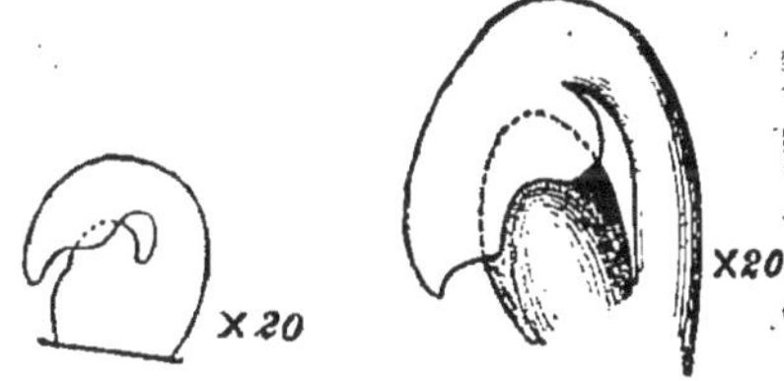

Tulipier *(Liriodendron tulipifera)*.

Fig. 99. — Feuille très jeune et stipule.

Fig. 100. — Jeune feuille et stipule (deuxième stade).

s'élargit en son milieu et se termine régulièrement en pointe à son sommet et à sa base; les stipules sont disposées de façon à former un hémisphère. Elles deviennent graduellement de plus en plus ovales (fig. 100) et forment un ensemble ressemblant à une amande épaisse en son milieu, diminuant ensuite d'épaisseur vers ses bords et surtout vers ses deux extrémités. Le pétiole s'est accru et le limbe de la feuille est plus brusquement dirigé de haut en bas, de sorte que le pétiole et la ner-

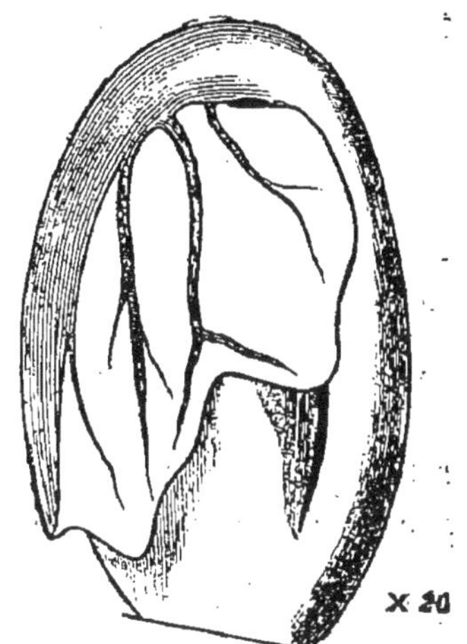

Fig. 101. — Tulipier (*Liriodendron tulipifera)*. Jeune feuille et stipule à un état plus avancé.

vure médiane du limbe viennent s'appliquer à la surface des stipules (fig. 101). Le limbe s'est considérablement élargi, il est condupliqué ou replié sur lui-même et s'appuie sur la partie *s* (fig. 98), entre sa propre stipule et l'une de celles par lesquelles il est entouré. Sa forme s'est aussi considérablement modifiée, et cela pour la raison suivante. La jeune stipule est en contact avec la partie centrale de la stipule enveloppante plus âgée, de sorte que la jeune feuille ne peut se frayer un passage entre elles; tandis que, d'un autre côté, il

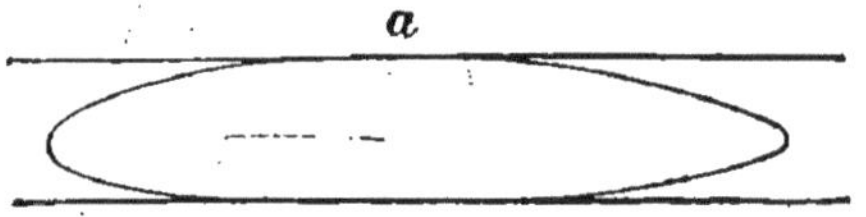

FIG. 102 (schématique). — Montrant un corps en forme d'amande reposant sur une lame de verre et recouvert d'une seconde lame.

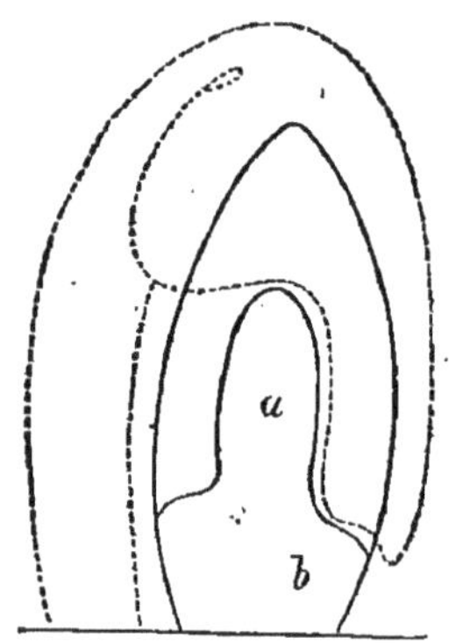

FIG. 103. — Schéma représentant la disposition d'une jeune feuille.

reste assez d'espace pour sa croissance sur les bords et à l'extrémité de la jeune stipule. C'est là, je crois, ce qui détermine la forme particulière de la feuille. Supposons, pour un moment, que nous posions une amande sur une table et que nous la recouvrions d'une lame de verre; il y aura contact en *a* (fig. 102) entre l'amande et cette lame de verre. Dans le cas du *Liriodendron*, grâce à la forme du bourgeon, la surface de contact n'est pas seulement représentée par la partie ovale *a*, mais encore par l'espace qui existe au-dessous de la ligne *b*. Le limbe de la jeune feuille, ainsi que je l'indique sur la figure 103 par une partie pointillée, ne conserve pas sa forme primitive, étant arrêté dans sa croissance par le manque d'espace le long de la ligne *a*, qu'il suit (fig. 103). La nervure épaisse (fig. 98 et fig. 101) sera plus vite arrêtée dans sa croissance que la partie la plus mince du limbe. Quand cette nervure rencontre la stipule, elle se bifurque et cela constitue peut-être une des raisons grâce auxquelles la feuille conserve sa forme particulière. Le limbe croît pendant un certain temps plus rapidement que la stipule; puis, à son tour la stipule croît plus rapidement que le limbe. Finalement, la croissance de la stipule s'arrête et la feuille atteint une grandeur considérable. Dans la figure 101, la portion terminale de la jeune feuille semble plus étroite qu'elle n'est en réalité. Mais on doit se rappeler qu'elle est, dans une certaine mesure, enroulée autour de la stipule intérieure; de sorte que, sur cette figure, elle est, en quelque sorte, vue en raccourci.

On pourra peut-être objecter que la forme de la feuille détermine celle du bourgeon. En réalité, la forme de la feuille n'est pas celle du bourgeon, mais elle est modifiée par la présence de l'espace vide qui existe à l'intérieur de ce bourgeon.

Je pense que ce qui précède s'applique aux différents points et donne complètement l'explication de la cause à laquelle est due la forme particulière de la feuille du *Liriodendron*.

Depuis que ces quelques lignes ont été écrites, notre secrétaire, M. B.-D. Jackson m'a obligeamment signalé la note de M. Godron[1]. L'auteur décrit d'une facon précise l'arrangement et la forme des bourgeons du *Liriodendron* et croit que si l'extrémité de la feuille est presque terminée à angles droits au lieu d'être arrondie, cela provient de ce qu'elle rencontre la base du bourgeon. Mais il n'explique pas la cause qui détermine la forme en *selle* de la feuille.

II. — DES PLANTULES

L'étude des feuilles conduit naturellement à celle des cotylédons.

J'ai déjà examiné la forme et la structure des graines et j'ai prononcé à ce sujet un discours à l'Institution Royale. Depuis j'ai fait une étude plus approfondie des graines et des plantules, au point de vue surtout des caractères présentés par les Cotylédons et les premières feuilles. J'ai été puissamment aidé dans mon travail par les immenses ressources qu'offre le Jardin botanique de Kew. Ces ressources ont été mises à ma disposition par sir Joseph Hooker, M. Thiselton Dyer, M. Watson, et, en un mot, par tout le personnel. Qu'il me soit permis de leur adresser ici mes remerciements les plus sincères.

[1] Godron, *Observations sur les bourgeons et sur les feuilles du* Liriodendron tulipifera *(Bulletin de la Société botanique de France*, 1861, p. 33).

J'ai pu aussi faire mes recherches dans le laboratoire que la science doit à la libéralité de feu M. Jodrell. M. Carruthers et les autres membres du British Museum m'ont accordé leur précieux concours en plusieurs circonstances. M. Lynch m'a envoyé quelques graines du Jardin botanique de Cambridge, et M. Hanbury a eu la bonté de m'envoyer également des échantillons de graines provenant de son riche jardin de la Riviera.

Quiconque a examiné des plantules, a dû être frappé par le contraste qu'offrent les Cotylédons, non seulement avec les feuilles de forme définitive, mais encore avec celles qui se sont développées tout d'abord.

Je conseillerai l'étude de certaines plantes des plus répandues, étude qui pourra peut-être jeter quelque lumière sur la cause de la variété des formes des plantules.

Prenez, par exemple, la Moutarde et le Cresson. La première plante possède des cotylédons réniformes, légèrement inégaux (fig. 104), tandis que le Cresson *(Lepidium sativum*, fig. 105) a ses cotylédons divisés en trois lobes. L'Œillet (fig. 123) a de larges cotylédons; le Mouron des oiseaux et le *Cerastium* (fig. 124) en possèdent d'étroits; ceux du Hêtre (fig. 114) offrent un contour présentant la forme d'un éventail; ceux du Sycomore ont presque l'aspect d'un couteau; ceux de l'*Eschscholtzia* (fig. 141) sont étroits et bifides; ceux du Haricot et du Chêne sont épais et charnus.

Nous connaissions dès notre enfance les plantules de

Moutarde et de Cresson; mais, à ce moment, nous ne nous inquiétions point, moi, du moins, des causes qui entraînaient leur forme et leurs différences.

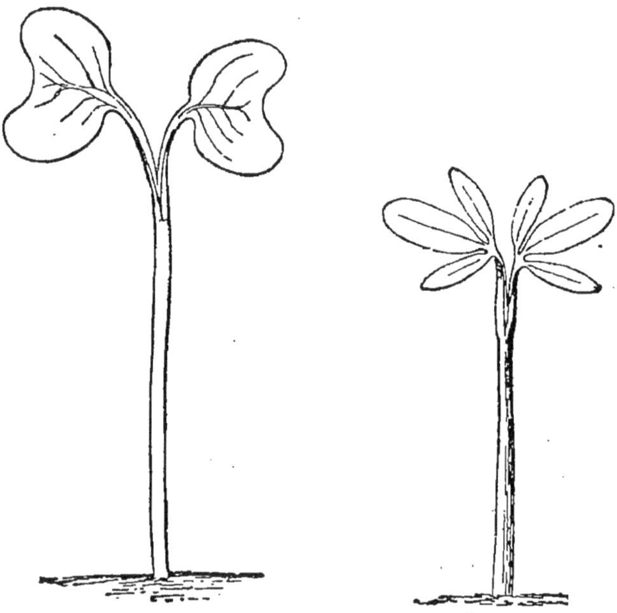

Fig. 104. — Plantule de Moutarde (*Brassica nigra*), × 3.

Fig. 105. — Plantule de Cresson. (*Lepidium sativum*), × 3.

Je me propose maintenant de donner l'explication de ces causes.

J'ai déjà discuté les raisons qui déterminent la forme des graines et je n'ai point l'intention d'aborder de nouveau ce sujet. Je ferai cependant remarquer que la forme des cotylédons semble avoir quelque influence sur la forme de la graine.

III. — FORMES DES OVULES

Je dois d'abord expliquer les termes peu nombreux que j'aurai à employer fréquemment. Le fruit se compose de l'ovaire et des autres parties de la fleur qui persistent après la maturation de la graine. Cette dernière est l'ovule fécondé par le pollen. Le *testa* est l'enveloppe externe de la graine[1]. Le *micropyle* est l'ouverture microscopique par laquelle le tube pollinique pénètre à l'intérieur de l'ovule. Le *funicule* est le petit cordon qui attache la graine au *placenta*. Le *hile* est le point où le funicule se fixe à l'ovule. La *chalaze* est la surface d'attache du *nucelle* (ou portion centrale cellulaire de l'ovule) sur le tégument. Chez quelques graines, la chalaze et le hile coïncident; lorsqu'il n'en est pas ainsi, ils sont réunis par une partie saillante appelée *raphé*.

L'embryon se compose : 1° d'une *radicule*, ou base qui donne naissance à la racine; 2° d'un ou de deux *cotylédons*; 3° d'une *plumule*, ou bourgeon de la future tige, située entre les cotylédons. L'embryon est ordinairement entouré par le *périsperme*, qui peut être farineux, huileux, charnu ou corné et qui sert à nourrir la plantule. Souvent ce périsperme est résorbé

[1] La graine possède quelquefois deux téguments auxquels on donne ordinairement les noms de *testa* et de *tegmen*. Quelquefois aussi, un tégument se différencie en plusieurs couches.

pendant la dernière période de croissance du sac embryonnaire.

Si nous prenons une très jeune graine, de structure très simple, une graine d'ortie ou de sarrasin, par exemple, nous verrons qu'elle est petite, droite, plus ou moins piriforme, fixée par sa base, et qu'elle présente à son extrémité libre une petite ouverture appelée *micropyle*. Les ovules ainsi faits sont désignés sous le nom d'*ovules orthotropes*. Cette forme est la moins répandue. Souvent (Haricot, Mouron des oiseaux, etc.), l'ovule pendant sa croissance se recourbe sur lui-même, de sorte que son sommet et son micropyle se trouvent situés très près de sa base. De tels ovules sont appelés ovules *campylotropes*, ou courbés.

Dans un troisième cas, l'ovule proprement dit est droit, mais il est situé de telle sorte qu'il semble être inséré à angle droit sur la base de son funicule. C'est alors un ovule *demi-anatrope* ou demi-renversé.

Enfin, dans un très grand nombre de cas, l'ovule est tout à fait renversé sur sa base ; le funicule croît en même temps que l'ovule et forme une sorte d'arête appelée *raphé*. Le raphé est très apparent dans l'ovule, mais il devient de moins en moins visible et renverse complètement la graine. La chalaze, point d'attache du nucelle sur le tégument, d'où partent en se ramifiant les vaisseaux charriant les substances nutritives, est éloignée du hile ou point d'attache du funicule sur l'ovule.

Ce dernier se trouve donc complètement renversé, de sorte que sa vraie base s'est éloignée du hile, tandis que le vrai sommet s'en est rapproché. De tels ovules sont dits *anatropes* ou renversés.

Ce dernier arrangement semble très curieux et très indirect. On le trouve décrit dans tous les traités de *Botanique générale;* mais, parmi ceux que j'ai consultés, aucun n'en explique l'utilité. Pour le moment, je laisserai de côté tout ce qui concerne les ovules *campylotropes* et *demi-anatropes* et m'occuperai des ovules orthotropes et anatropes.

Les ovules orthotropes, comme celui du Sarrasin, sont droits, verticaux et attachés par leur base. A l'extrémité libre est le micropyle, et, immédiatement au-dessous de lui, on trouve un petit groupe de cellules situées à l'intérieur de l'ovule : ces cellules constituent le rudiment ou embryon de la future plante. Lorsqu'un grain de pollen tombe sur le stigmate, il ne tarde pas à germer. Il produit un petit tube qui s'allonge rapidement, pénètre dans la cavité ovarienne, s'introduit dans le micropyle, ou petit orifice demeuré ouvert, placé à sa portée et féconde enfin l'embryon.

Mais, comme je l'ai déjà dit, les ovules ainsi conformés sont rares. Chez un très grand nombre de plantes, l'ovule, au lieu d'être droit et fixe à la base de l'ovaire, est, au contraire, attaché au sommet de ce dernier et, par suite, pendant. On trouve la même disposition chez des ovaires contenant un nombre plus considérable d'ovules. Dans un ovule *orthotrope pendant*, le micropyle ne serait pas situé sur le trajet du tube pollinique, et la disposition *renversée* ou *anatrope* a pour but et pour résultat de ramener le micropyle dans une position convenable. De même, quand il existe plusieurs ovules, cette disposition remplit encore le même but.

La structure et la disposition de l'ovule ont été le sujet de nombreux et importants mémoires qui, cependant, sont presque tous simplement descriptifs. Dalmer[1] cite, d'après Schleiden, le *Berberis*, dans l'ovaire duquel on trouve, çà et là, parmi les ovules normaux et anatropes, des ovules orthotropes qui ne se transforment jamais en graines[2]. Cependant, les tubes polliniques suivent naturellement leur trajet régulier, et nous ne devons pas, je le crois, déduire une conclusion générale de ces cas anormaux et rares. Dalmer lui-même, ne semble pas avoir fait ainsi; car, après avoir cité les différentes formes d'ovules, il fait observer que la forme de ces derniers paraît quelquefois être adaptée de façon à faciliter l'entrée du tube pollinique *(scheint zuweilen die Gestalt des Ovulums dem Eintritt des Pollenschlauches angepasst zu sein)*. L'explication que je vais

[1] Dalmer, *Ueber die Leitung der Pollenschlaüche bei den Angiospermen* (Jenaisch Zeitschrift, 1880. p. 530).

[2] *Die Befruchtung der Ovule scheint nur aber in ganz bestimmter Beziehung zu dem vorgeschriebenen Lauf der Pollen schlaüche zu stehen, denn stets beobachtete ich, dass diese regelwidrige atropen Eichen unbefruchtet blieben.*

essayer de donner ici pour cet arrangement remarquable ne semble pas être générale, mais paraît plutôt s'appliquer à un cas particulier. On peut admettre que, dans quelques cas, la disposition anatrope de l'ovule paraît, à première vue, plutôt défavorable qu'avantageuse. Je crois que l'on peut expliquer la plupart de ces cas; chez d'autres, il est possible que les plantes aient conservé, bien qu'il leur soit peut-être actuellement défavorable, un arrangement transmis par la forme ancestrale, chez laquelle il était avantageux. J'espère revenir plus complètement sur ce sujet quand l'occasion se présentera.

Lorsque nous faisons la section d'une graine, nous trouvons à son intérieur un embryon plus ou moins différencié; quelquefois (*Chenopodium*, fig. 149; *Ricinus*, fig. 155, etc.), c'est une petite plante en miniature, généralement blanchâtre, verte chez quelques espèces; ses différentes parties sont distinctes, mais encore enveloppées par le périsperme ou dépôt de matières nutritives. Il est des plantes occupant une place intermédiaire entre celles qui, comme le Pied d'Alouette (*Delphinium*, fig. 239) ont un embryon trés petit, et celles qui, semblables à l'*Hippophaë* (fig. 156), ont leur périsperme presque réduit à une simple membrane, ou bien qui, comme le Haricot, présentent un embryon occupant la graine tout entière et dont les cotylédons renferment les substances nutritives destinées à la jeune plantule.

Dans une noix, par exemple, les deux moitiés de la graine constituent les deux cotylédons, et, entre eux, on trouve la petite plantule embryonnaire munie d'une délicate petite radicule blanche et d'une petite tigelle portant cinq ou six rudiments de feuilles, dont le sommet est souvent un peu coloré en vert.

Je passe maintenant des graines aux plantules. Quiconque a examiné de très jeunes plantes a du être frappé par le contraste qu'elles offrent avec des plantes plus âgées de la même espèce. Cela provient, en partie, des différences qui existent entre les feuilles elles-mêmes et, en partie aussi, des différences qui existent entre les cotylédons ou feuilles de la graine et les feuilles de la plante; et, par ce mot de *feuilles*, il faut entendre non seulement les feuilles de forme définitive, mais encore celles qui suivent immédiatement les cotylédons.

Le contraste entre les cotylédons et les vraies feuilles est si grand, qu'il n'y aurait rien d'extraordinaire à ce que l'on se demandât si on peut les comparer, ou encore si les cotylédons et la partie de la plantule qui les supporte présentent la même relation avec le reste de la plante que le prothalle des Fougères avec leurs frondes.

Mais ce n'est pas la direction que l'on doit suivre si l'on veut avoir la véritable explication de ces différences.

Il est très difficile de trouver des cotylédons dont la forme paraisse influencée par celle des feuilles, tant ces dernières diffèrent des premiers. On trouve cependant une espèce d'*Ipomœa (I. pescapræ)* possédant des cotylédons et des feuilles qui, ainsi que l'indique le nom de la plante, ressemblent un peu à un pied de chèvre; mais les feuilles varient considérablement et il est probable que la ressemblance des cotylédons et des feuilles n'est qu'accidentelle. Les Onagrariées nous offrent toutefois un cas remarquable : celui du genre *Œnothera* et de quelques autres genres alliés, chez lesquels la forme des cotylédons complètement développés est évidemment en relation avec celle des feuilles, comme j'espère du reste le montrer dans le chapitre II. Dans ce cas même, la ressemblance est limitée à une portion basilaire du cotylédon qui apparaît après la germination et dont on n'aperçoit nulle trace au début de l'apparition du cotylédon.

Tittmann, Irmisch, Wichura, Winkler, Tscherning et d'autres botanistes ont écrit des mémoires spéciaux sur les formes des cotylédons chez plusieurs espèces; mais ils n'ont pas cherché à expliquer les causes qui provoquaient les différences de formes. Klebs, dans son intéressant mémoire sur la germination [1], fait même allusion à ces différences et dit nettement qu'elles constituent une énigme. Il observe toutefois que, somme toute, les formes des cotylédons sont plus simples que celles des feuilles et croit que, dans quelques cas, les cotylédons, semblables aux premières feuilles des

[1] Klebs, *Beiträge zur Morphologie und Biologie der Keimung (Untersuch. Botan. Inst.,* V. Tübingen, 1884).

plantes, ont conservé l'aspect qui caractérisait la forme ancestrale. Nous devons plutôt penser qu'ils se sont simplifiés par arrêt de croissance; c'est, du reste,

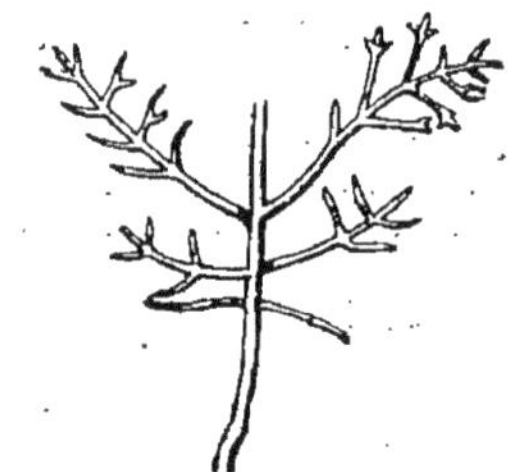

Fig. 107. — Plantule de *Coreopsis filifolia*. 1/2 de la grandeur naturelle.

Fig. 106. — Plantule du Fenouil vulgaire *(Fœniculum vulgare)*, 1/2 de la grandeur naturelle.

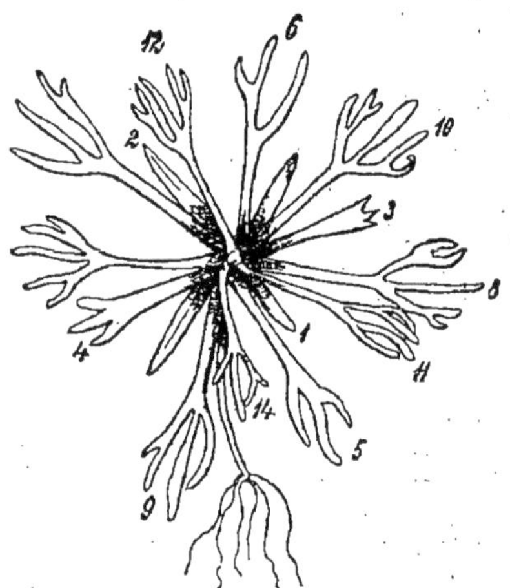

Fig. 108. — Plantule de *Ceratocephalus falcatus*. Les chiffres indiquent l'ordre de succession des feuilles. Grandeur naturelle.

l'explication que Gœbel applique aux stipules[1]. Mais en admettant même que ce soit là le motif réel de cette simplicité relative, nous n'avons pas encore l'explication

[1] *Loc. cit.*, p. 613.

des différences que l'on constate entre les cotylédons d'espèces diverses.

Bien que ces derniers ne présentent pas des formes aussi variées que celles des feuilles, ils diffèrent cependant considérablement les uns des autres.

IV. — DIFFÉRENTES FORMES DE COTYLÉDONS

Quelques cotylédons sont étroits : tels sont ceux du *Fœniculum* (fig. 106), du *Coreopsis* (fig. 107), du

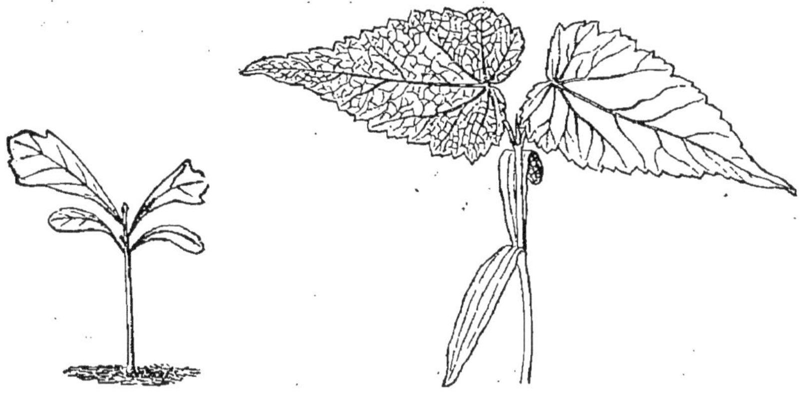

FIG. 109. — Plantule de Platane *(Platanus)*. Grandeur naturelle.

FIG. 110. — Plantule de Sycomore *(Acer pseudo-Platanus)*. 1/2 de la grandeur naturelle.

Ceratocephalus (fig. 108), du *Ferula* (c'est dans la tige creuse de cette dernière plante que Prométhée apporta sur la terre le feu du ciel qu'il avait dérobé), etc. Les feuilles de ces plantes sont très divisées. On trouve encore des cotylédons étroits chez le Platane (fig. 109) et l'Érable (fig. 110) dont les feuilles sont palmées et

FIG. 111. — Plantule de *Chenopodium bonus Henricus*. Grandeur naturelle.

FIG. 112. — Plantule du Ricin sanguin (*Ricinus sanguineus*). 1/4 de la grandeur naturelle.

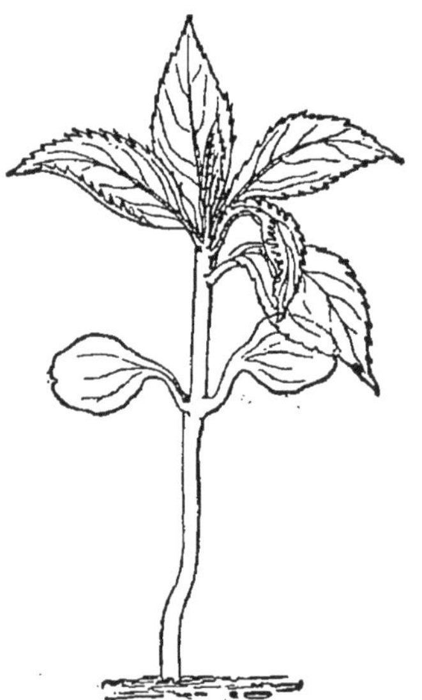

FIG. 113. — Plantule de Balsamine (*Impatiens Balsamina*). 1/2 de la grandeur naturelle.

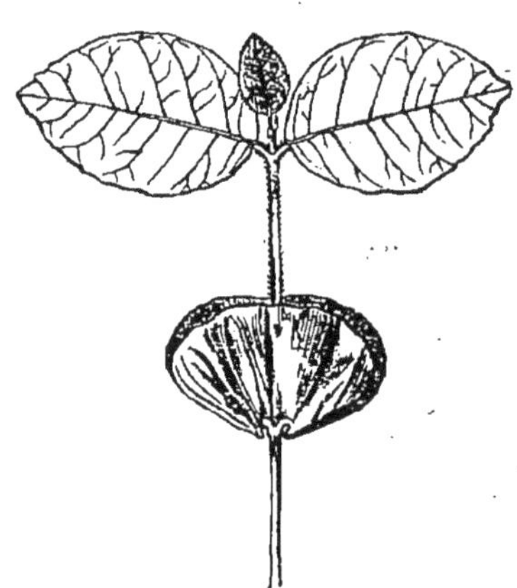

FIG. 114. —Plantule de Hêtre (*Fagus sylvatica*). 1/2 de la grandeur naturelle.

chez le *Chenopodium* (fig. 111) dont les feuilles sont plus ou moins triangulaires.

Quelques cotylédons sont larges : tels sont ceux du Ricin (fig. 112), de l'*Impatiens* (fig. 113), du Hêtre (fig. 114), du *Brassica* (fig. 104), de l'*Hippophaë*

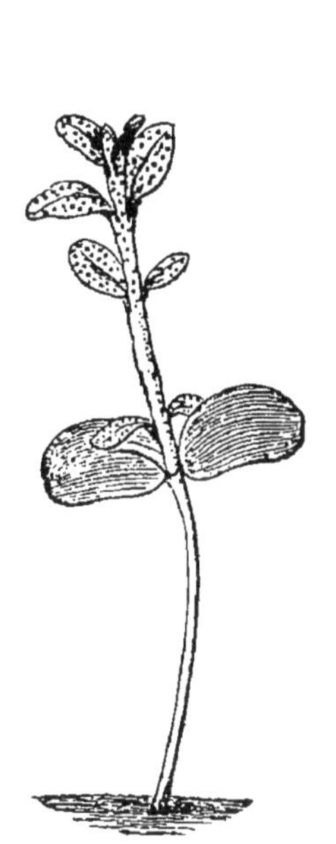

FIG. 115. — Plantule d'*Hippophaë rhamnoides*). 1/2 de la grandeur naturelle.

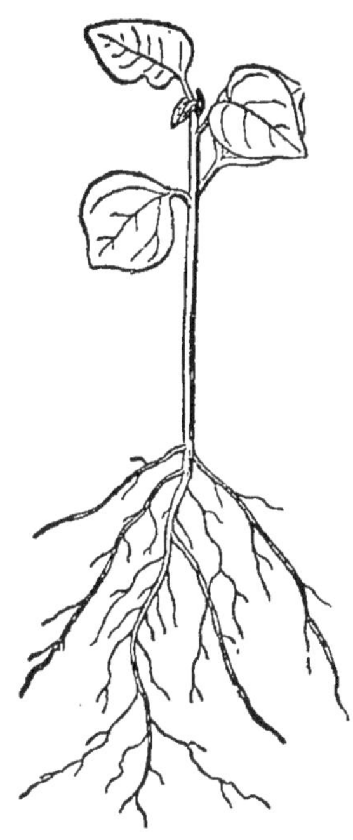

FIG. 116. — Plantule de *Rivina lævis*. Grandeur naturelle.

(fig. 115), du *Rivina* (fig. 116), du *Ruellia* [1] (fig. 117), du *Rhus typhina* (fig. 118) et du Lin (*Linum*, fig. 120). Nous pouvons remarquer ici que quelques espèces qui possèdent des cotylédons étroits ont de larges feuilles

1 Chez l'*Asystasia coromandeliana*, on peut remarquer une intéressante particularité. La première paire de feuilles de chaque branche (ou tout au moins des branches inférieures) revêt à peu près la forme des cotylédons.

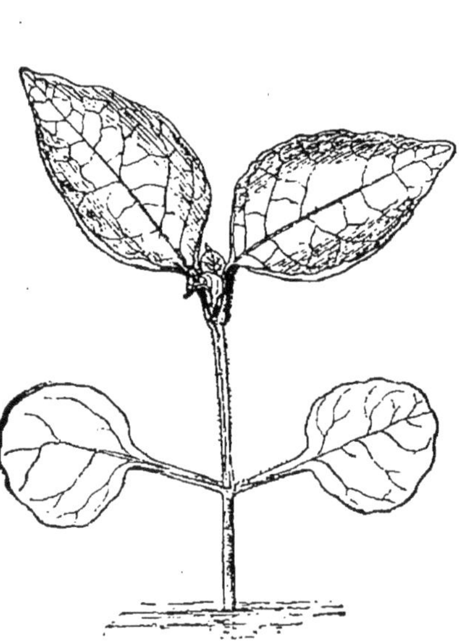

FIG. 117. — Plantule de *Ruellia flava*. 1/2 de la grandeur naturelle.

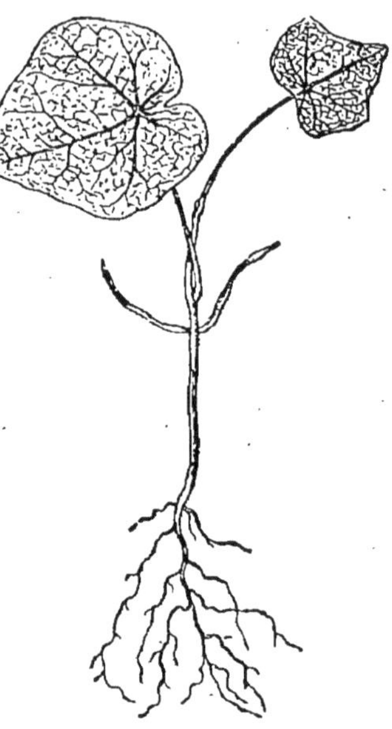

FIG. 119. — Plantule de *Menispermum canadense*. 1/2 de la grandeur naturelle.

FIG. 118. — Plantule de *Rhus typhina*. 1/2 de la grandeur naturelle.

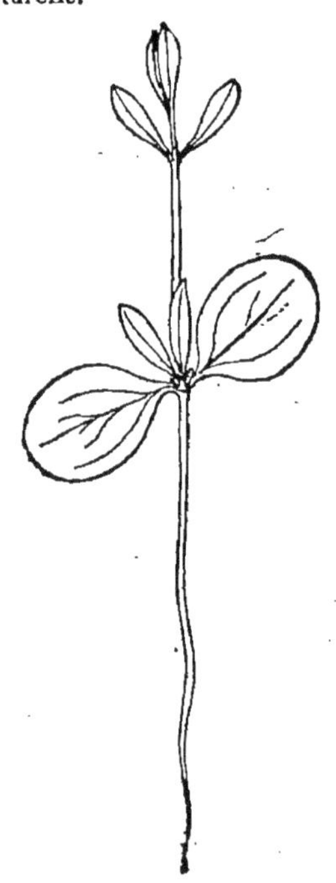

FIG. 120. — Plantule de Lin *(Linum monogynum)*. Grandeur naturelle.

(*Menispermum*, fig. 119; *Olea cuspidata*, fig. 121); et, que quelques espèces qui possèdent de larges cotylédons ont des feuilles étroites (*Linum monogynum*, fig. 120; *Hakea*, fig. 122; *Dianthus*, fig. 123, etc.).

Dans beaucoup de cas, nous trouvons dans une même famille des plantes possédant de larges cotylédons et

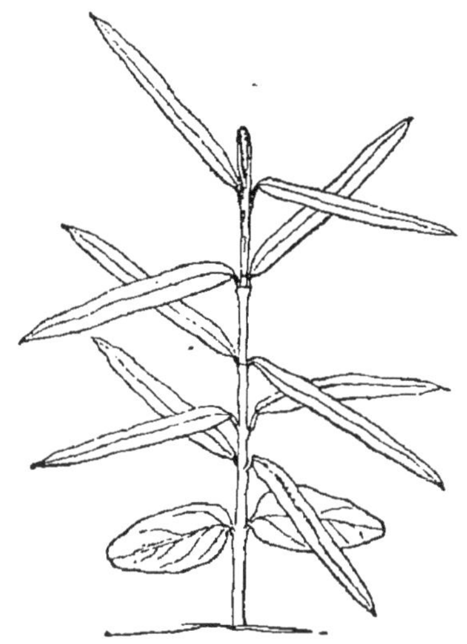

FIG. 121. — Plantule d'*Olea cuspidata*. 2/3 de la grandeur naturelle.

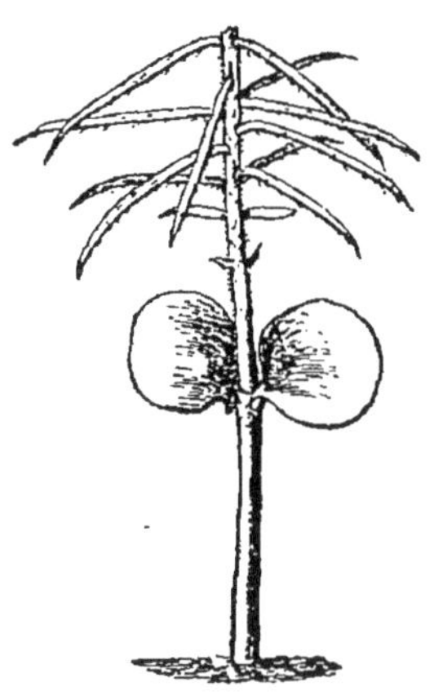

FIG. 122. — Plantule d'*Hakea acicularis*. 1/2 de la grandeur naturelle.

des plantes possédant des cotylédons étroits; tels sont le Mouron des oiseaux et l'Œillet (fig. 123) appartenant l'un et l'autre à la famille des Caryophyllées. Ces exemples peuvent quelquefois se rencontrer dans un même genre (*Galium saccharatum* et *Galium aparine*, fig. 125, 219 et 220).

Quelquefois les cotylédons sont inégaux, cela a lieu pour la Moutarde (fig. 104), le Chou, le Radis, le

Cereus (fig. 180), le *Pachira* [1], etc. Il arrive quel-

Fig. 123. — Plantule d'Œillet (*Dianthus caryophyllus*). Grandeur naturelle.

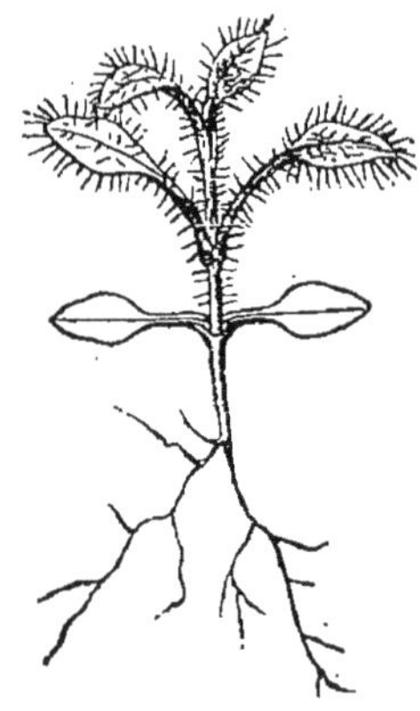

Fig. 124. — Plantule de Céraste des champs (*Cerastium arvense*). 1/2 de la grandeur naturelle.

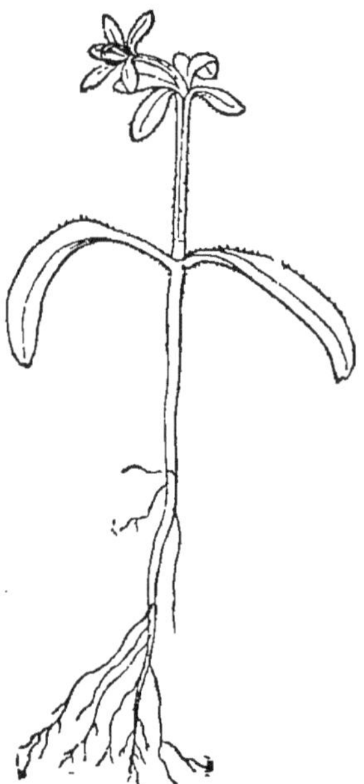

Fig. 125. — Plantule du Galium sucré (*Galium saccharatum*). Grandeur naturelle.

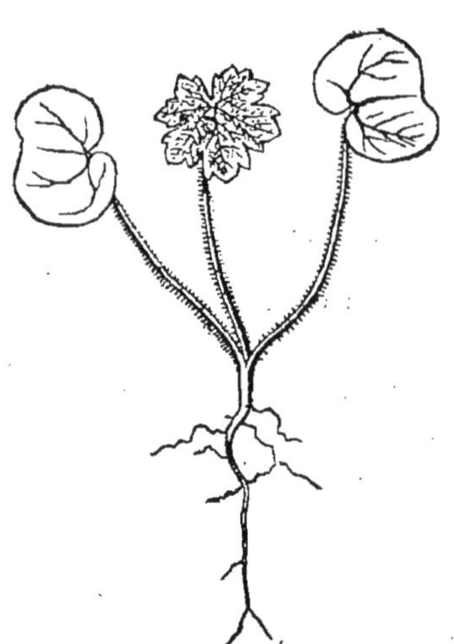

Fig. 126. — Plantule de *Geranium sanguinium*. Grandeur naturelle.

[1] Lynch, *Journal of the linnean Society of London*. Vol. XVII, p. 147.

quefois que les deux moitiés de chaque cotylédon sont

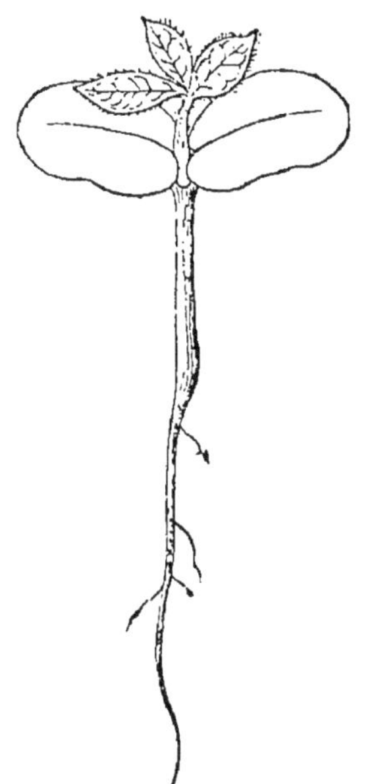

Fig. 127. — Plantule de Cytise *(Cytisus vulgare)*. Grandeur naturelle.

Fig. 128. — Plantule de *Clitoria ternatea*, 1/2 de la grandeur naturelle.

Fig. 129. — Plantule de *Schinus terebinthifolius*. 2/3 de la grandeur naturelle.

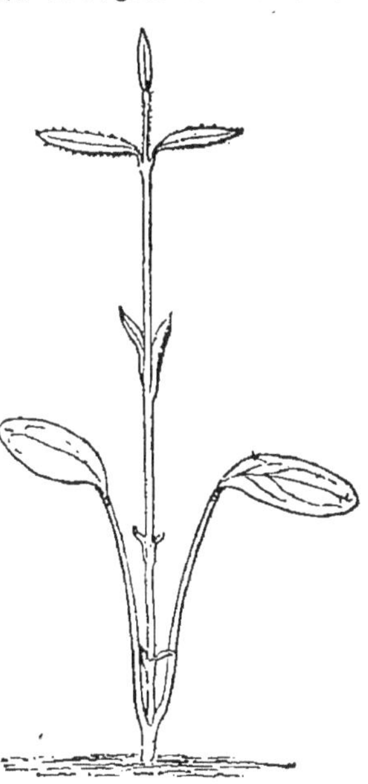

Fig. 130. — Plantule de *Microloma*, × 1 1/2

inégales (Geranium, fig. 126) ou asymétriques (Lupin, *Laburnum*, fig. 127; *Clitoria*, fig. 128; *Schinus*, fig. 129). Les cotylédons peuvent être sessiles (*Acer*, fig. 110; *Hakea*, fig. 122; *Laburnum*, fig. 127, etc.), ou portés sur des pétioles (*Microloma*, fig. 130). Ces différences peuvent se constater chez des espèces très voisines : c'est

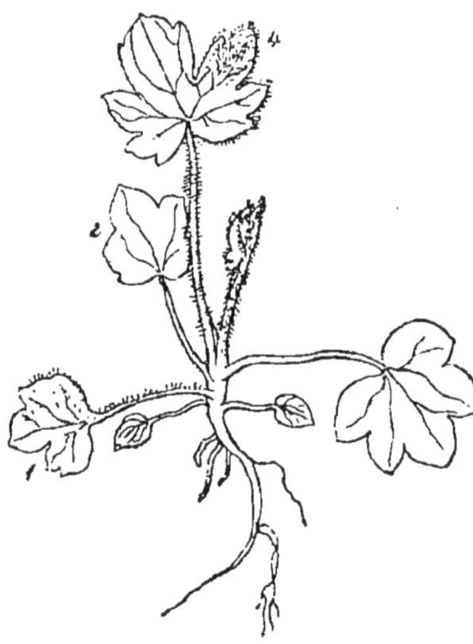

Fig. 131. — Plantule de *Delphinium elatum*. 2/3 de la grandeur naturelle.

Fig. 132. — Plantule de *Delphinium Staphisagria*. 1/2 de la grandeur naturelle.

Fig. 133. — Plantule de *Delphinium nudicaule*. 1/2 de la grandeur naturelle.

ainsi que chez le *Delphinium Staphisagria* (fig. 132),

les cotylédons sont sessiles, tandis que dans le *D. elatum* (fig. 131), ils sont pétiolés. Dans le *D. nudicaule*, les pétioles sont connés (fig. 133).

Les cotylédons sont généralement entiers; quelfois cependant ils sont crénelés (*Cordia*, fig. 134)

FIG. 134. — Plantule de *Cordia subcordata*. 1/2 de la grandeur naturelle.

FIG. 135. — Plantule de *Pelargonium australe*. 1/2 de la grandeur naturelle.

ou lobés (*Pelargonium* et *Malva*, fig. 135 et 136). Souvent ils sont émarginés (*Impatiens*, fig. 113; Moutarde, fig. 104; Chou, *Ipomæa*, fig. 212; *Convolvulus*, *Galium*, fig. 220; *Eucalyptus*, fig. 139; *Pentapetes*, fig. 140, etc.). Ils peuvent être bifides (*Eschscholtzia* et *Ipomœa dasysperma*, fig. 141 et 217), trifides (*Lepidium*, fig. 105) et même se composer de quatre longs lobes (*Pterocarya*, fig. 142).

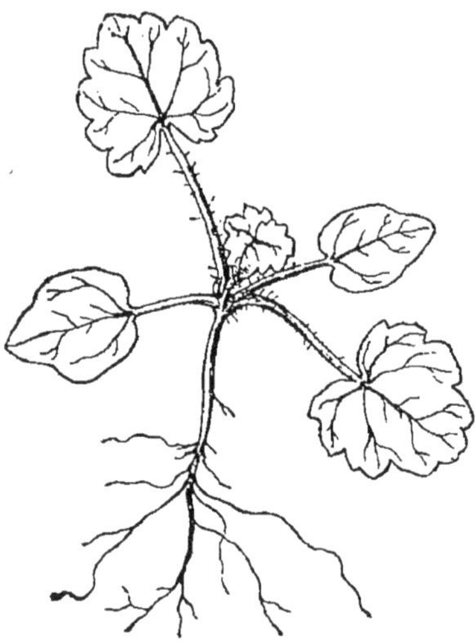

Fig. 136. — Plantule de Mauve musquée *(Malva moschata)*. Grandeur naturelle.

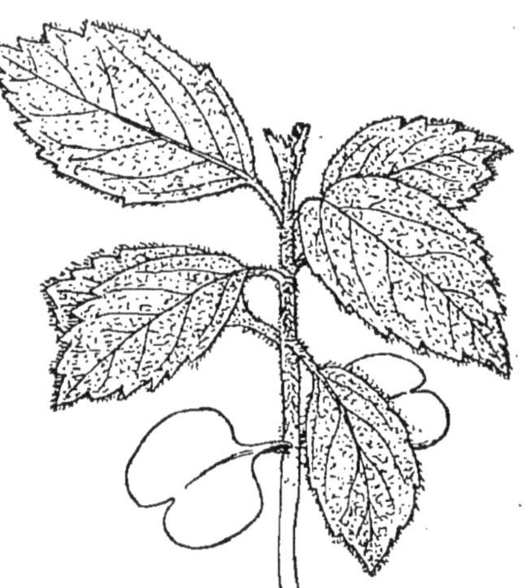

Fig. 137. — Plantule de *Spathodea campanulata*. Grandeur naturelle.

Fig. 138. — Plantule de *Catalpa Kæmpferi*. 1/2 de la grandeur naturelle.

Fig. 139. — Plantule d'*Eucalyptus*. 1/2 de la grandeur naturelle.

Ils sont quelquefois auriculés à leur base (*Cuphea*,

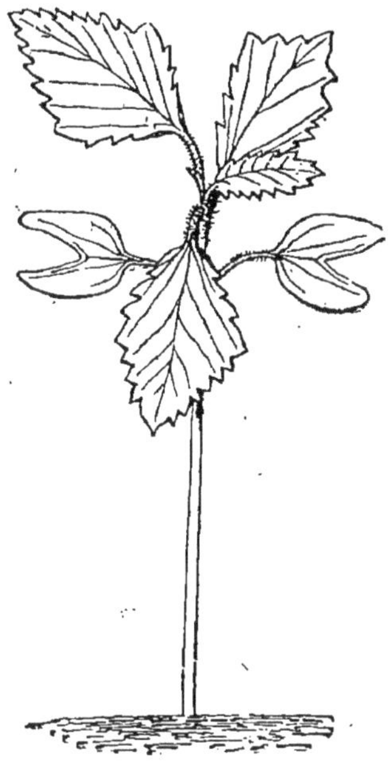

FIG. 140. — Plantule de la *Pentapetes phœnicia*. Grandeur naturelle.

FIG. 141. — Plantule d'*Eschscholtzia californica*. Grandeur naturelle.

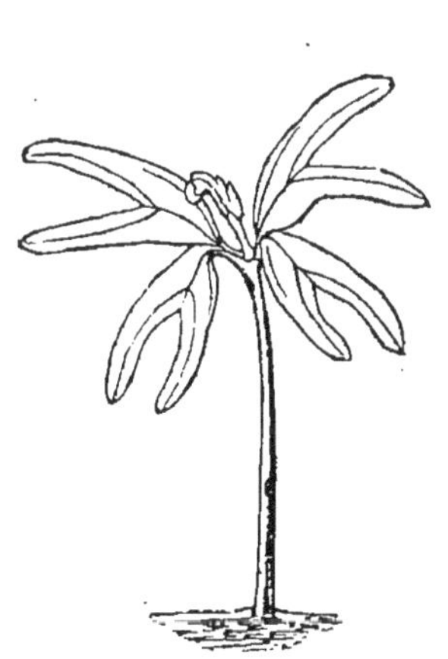

FIG. 142. — Plantule de *Pterocarya caucasica*. Grandeur naturelle.

FIG. 143. — Plantule de *Poterium sanguisorba*, × 2.

Poterium, fig. 143). Il en existe de grands, il en existe aussi de très petits. Ils sont ordinairement foliacés, mais il peut se faire qu'ils soient charnus et épais (*Rhus Thimbergii*, fig. 145; *Sapindus*, fig. 144; Chêne, Noyer, Pois, Haricot, *Mer-*

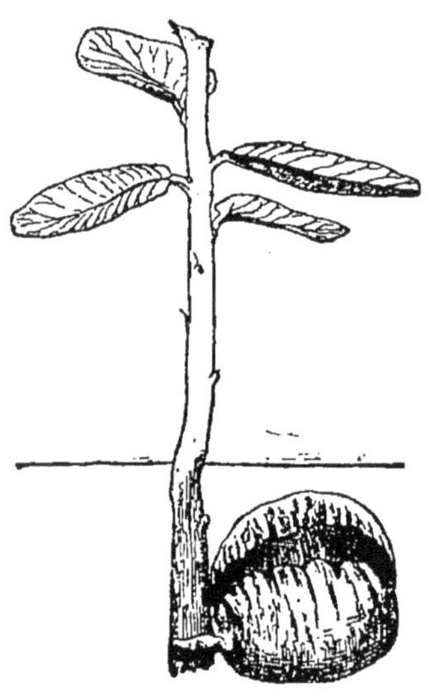

Fig. 144. — Plantule de *Sapindus inæqualis*. 1/2 de la grandeur naturelle.

Fig. 145. — Plantule de *Rhu Thimbergii*. 1/2 de la grandeur naturelle.

curialis perennis[1], *Mélittis melissophylum*[2], *Nymphæa*, *Nuphar*, *Rhamnus frangula*, *Trientalis*, *Daphne*, etc.).

[1] Winkler, *Ueber die Keimpflanze des* Mercurialis perennis, Flora, 1888.

[2] Irmisch, *Zur Naturg. v.* Melittis *Bot. Zeit.*, 1858, p. 283.

V. — COTYLÉDONS ÉTROITS

Étudions d'abord quelques epèces dont les cotylédons sont étroits et voyons si nous pouvons jeter quelque lumière sur ce point. Le problème est assez simple, quant au Platane qui possède des cotylédons étroits (fig. 146) et une graine étroite et allongée, entièrement occupée

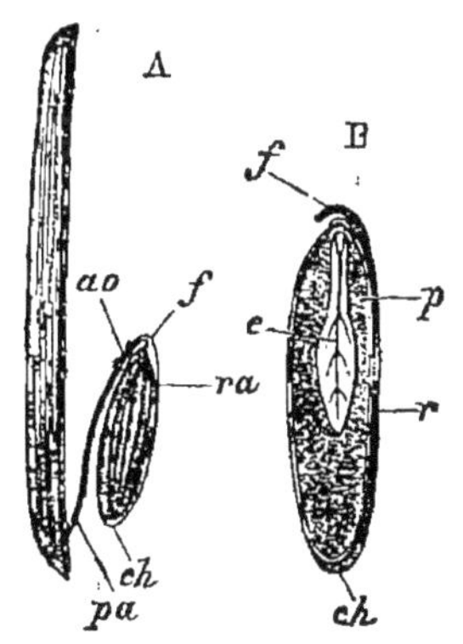

Fig. 147. — A, Samare du Frêne *(Fraxinus excelsior)*. Une moitié a été enlevée et la graine en partie détachée; *pa*, axe placentaire; *ao*, ovule avorté; *f*, funicule; B, section longitudinale de la graine. Grandeur naturelle.

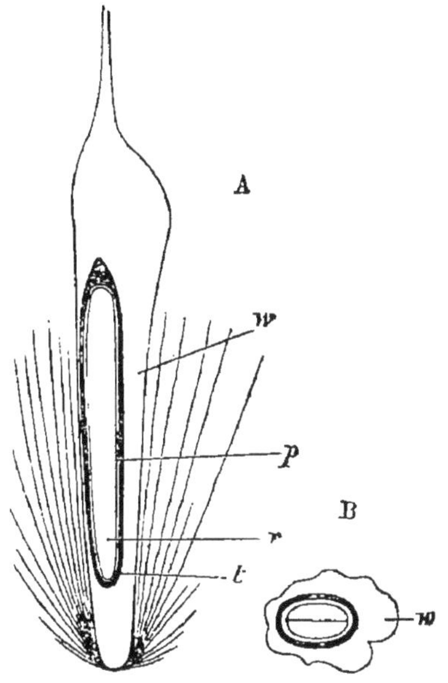

Fig. 146. — A, Fruit de Platane *(Platanus)*, section longitudinale, × 6; *w*, portion ligneuse; B, section transversale, × 12.

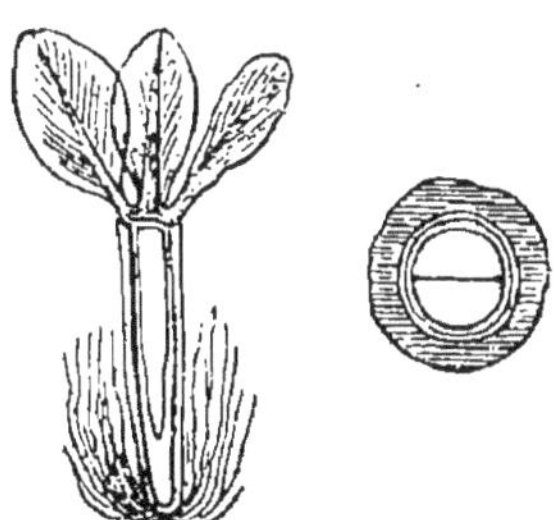

Fig. 148. — Akène d'*Ursinia speciosa*. Section longitudinale. × 2 1/2. Section transversale, × 10.

par un embryon droit. De même chez le Frêne *(Fraxinus*, fig. 147; l'*Ursinia*, fig. 148, etc.), les cotylédons sont situés parallèlement au grand axe de la graine qui est étroite et allongée. Ces cas sont relativement rares et chez un grand nombre d'espèces à graines larges et orbiculaires, on trouve des cotylédons étroits (*Chenopodium*, fig. 149 et *Menispermum*. fig. 150). On constatera alors généralement que les cotylédons sont situés transversalement dans la graine. Chez le *Menispermum* (fig. 119), le fruit (fig. 150 et 151) est comprimé latéralement et

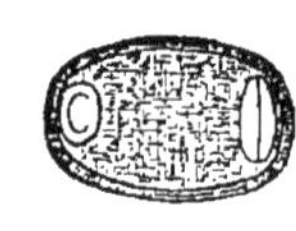

Fig. 149. — *Chenopodium Bonus Henricus*. Section verticale et section transversale de la graine.

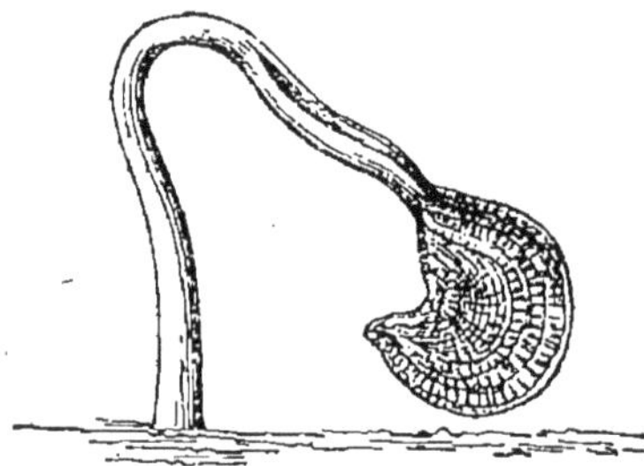

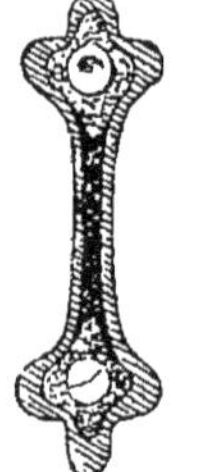

Menispermum canadense.

Fig. 150. Graine germant, × 2.

Fig. 151. — Section verticale de la graine, × 4.

Fig. 152. — Section transversale de la graine, × 2.

a la forme d'un fer à cheval possédant une crête le long de son bord. La graine (fig. 152) a la même forme que le fruit; l'embryon est recourbé et linéaire; les cotylédons sont appliqués face à face l'un sur l'autre et à angle droit avec le plan de la graine, de sorte que leurs bords touchent les parois de cette dernière de chaque côté.

Le Sycomore *(Acer pseudo-Platanus*, fig. 110) possède ainsi des cotylédons étroits, mais leur arrangement est très différent des précédents. Le fruit (fig. 153) est ailé; les graines légèrement obovoïdes et dépourvues de périsperme. L'embryon occupe la cavité entière de la graine. Si nous voulions maintenant faire entrer une feuille de papier dans une telle

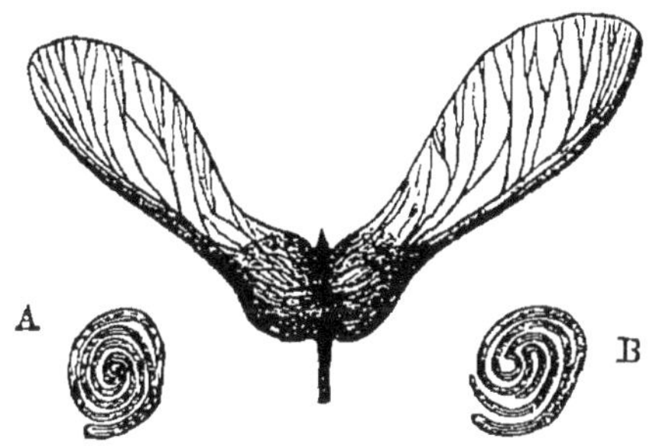

Fig. 153. — Sycomore *(Acer pseudo-Platanus)*. Fruit: A, B, embryons montrant les deux modes d'arrangement des cotylédons. Grandeur naturelle.

cavité, le mieux serait de la prendre semblable à une longue lanière et de l'enrouler en spirale ou en pelote. C'est là, je crois, ce qui détermine la forme des cotylédons. Chez le Sycomore, la disposition de ces derniers n'est pas toujours la même (fig. 153, A et B). J'essayerai, un peu plus loin, d'expliquer cette différence.

VI. — COTYLÉDONS LARGES

Je passe maintenant aux espèces qui possèdent de larges cotylédons. Chez le Chêne, le Noyer, le Haricot (*Phaseolus*, fig. 154) et le Pois, les cotylédons sont charnus, larges, épais et occupent la graine entière. Chez le Ricin (*Ricinus*, fig. 112), la graine (fig. 155) est ovoïde, oblongue, légèrement comprimée, élégamment tachetée et sa caroncule lui donne l'aspect d'un scarabée ou d'un large *acarus*. Le périsperme est abondant, blanc, charnu et entoure l'embryon. Ce dernier est droit, plat, large, blanc et central. Les cotylédons, larges et oblongs, suivent à peu près

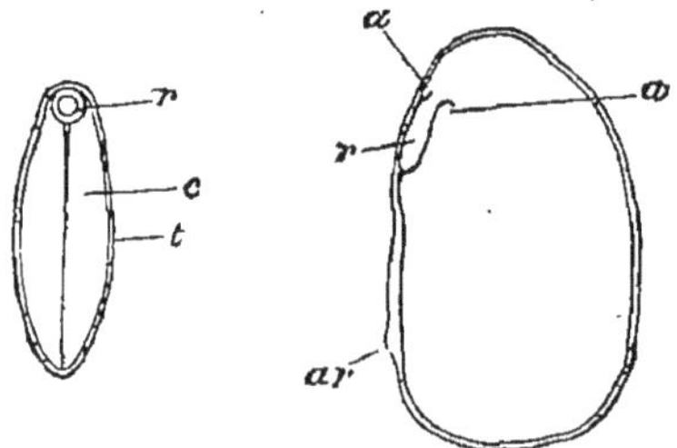

Fig. 154. — Haricot multiflore (*Phaseolus multiflorus*). Section verticale de la graine parallèle aux cotylédons : *aa*, auricules ; *ar*, arillode. 3/4 de la grandeur naturelle.

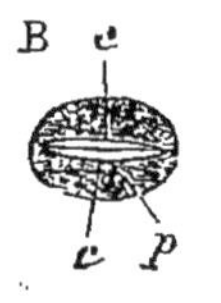

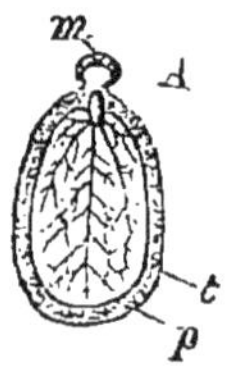

Fig. 155 — Ricin sanguin (*Ricinus sanguineus*) : A, section longitudinale de la graine ; B, section transverse de la graine. Grandeur naturelle.

le contour général de la graine. Chez l'*Hippophaë* (fig. 115), nous avons un cas à peu près semblable ; mais les cotylédons sont charnus et occupent presque entièrement la graine (fig. 156). La graine de l'*Evonymus* est obovoïde et légèrement comprimée latéralement. Le périsperme est abondant, ferme, charnu, blanc et entoure complètement l'embryon. Ce dernier est droit, plat, central, d'un vert pâle et s'étend presque d'une extrémité de la graine à l'autre. L'arrangement est à peu près le même dans le pépin de la pomme.

Chez le Lin, la graine est ovale, terminée obliquement en pointe, glabre, plan-convexe, très comprimée latéralement. Elle est placée de côté sur le placenta et les cotylédons sont situés parallèlement au petit axe de la graine. Dans d'autres exemples, les graines sont encore plus aplaties (*Ailanthus*, *Passiflora*, *Cobœa*, *Stephanotis*, etc.).

Les Composées possèdent généralement des cotylédons étroits. Chez le *Moscharia* cependant, la graine étant obovoïde, ils sont un peu plus larges et disposés souvent selon le grand axe (fig. 157).

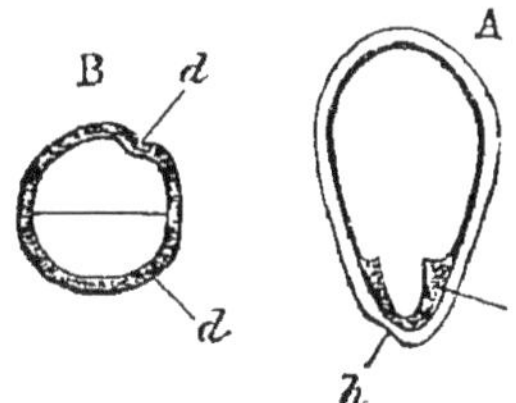

Fig. 156. — *Hippophaë rhamnoides*. A, section longitudinale de la graine, × 4; B, section transversale; *dd*, ligne de dépression.

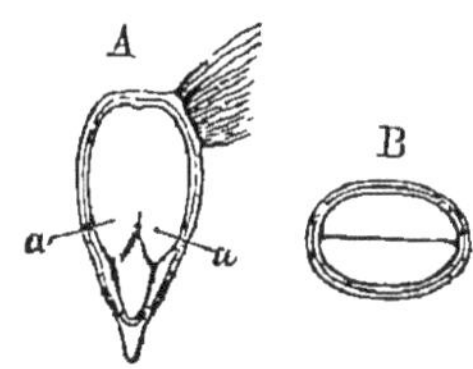

Fig. 157. — *Moscharia pinnatifida*. A, section longitudinale de la graine, × 8 : B, section transversale de la graine, × 8; *aa*, auricules.

Dans beaucoup de cas, des graines d'une même forme possèdent des cotylédons de formes différentes.

Comparez, par exemple, le *Ruellia* (fig. 117, plantule; fig. 158, graine) et le *Cerastium* (fig. 124, plantule; fig. 159, graine). L'un et l'autre possèdent des graines comprimées et presque orbiculaires; mais, les cotylédons du *Ruellia* sont larges, tandis que ceux du *Cerastium* sont étroits. Si nous faisons des sections dans les graines, nous apercevons facilement la cause de cette différence : dans l'une (fig. 158) les cotylédons sont disposés parallèlement à la direction de la graine; dans l'autre, ils sont obliques par rapport à cette direction.

La forme des cotylédons varie souvent beaucoup chez les plantes d'une même famille.

Les Caryophyllées, dont l'Œillet fait partie, nous en

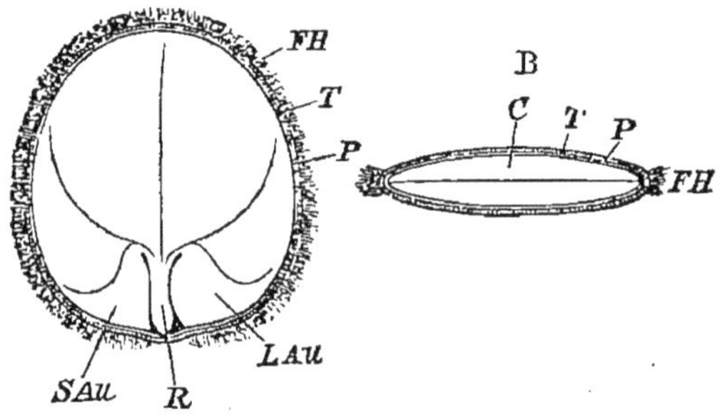

FIG. 158. — *Ruellia longifolia :* A, section longitudinale de la graine, × 10; B, section transversale de la graine, × 10; FH, frange de poils; LA*u*, la plus grande auricule; SA*u*, la plus petite auricule.

offrent un cas intéressant. Les cotylédons ont leur partie dorsale tournée vers le placenta et sont étroits dans la plupart des espèces (*Cerastium*, fig. 124). Ils sont cependant larges chez quelques exemples (*Dianthus*, fig. 122; *Tunica*).

Mais, chez la plupart des genres (*Stellaria*, *Spergularia*, *Cerastium*, etc.), les graines sont comprimées latéralement, les cotylédons sont alors disposés transversalement dans la graine et leur largeur est, par suite, limitée par l'épaisseur de la graine (fig. 159). Le cas est cependant compliqué par ce fait que la graine et l'embryon sont recourbés.

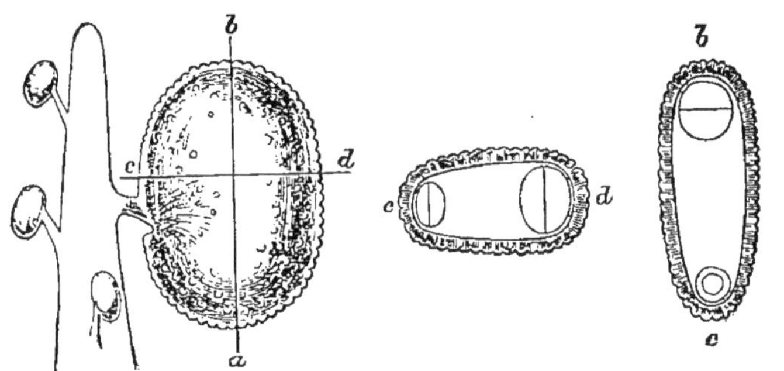

FIG. 159. — Céraiste des champs *(Cerastium arvense)*, × 15.

D'un autre côté chez l'Œillet (fig. 160), les graines ne sont pas comprimées latéralement, elles le sont à leur partie dorsale. Elles sont attachées à la colonne placentaire par le milieu de leur face interne, de sorte que les cotylédons sont droits, parallèles à la direction de la graine, et ont, par suite, beaucoup d'espace pour se développer.

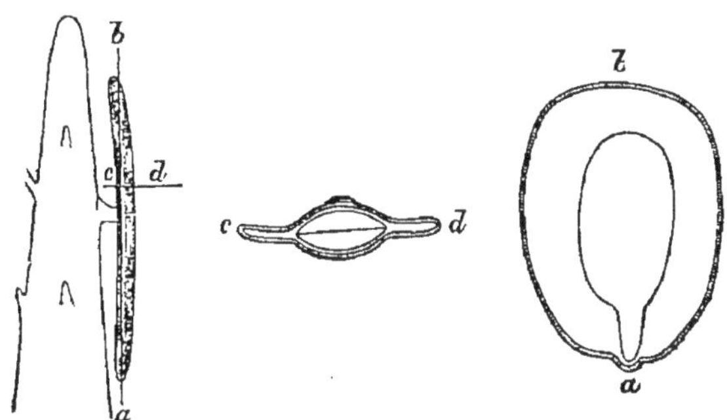

FIG. 160. — Œillet *(Dianthus caryophyllus)*, × 15. Sur les figures 159 et 160, les lettres *a*, *b* et *c* indiquent les directions des sections.

Chez les plantes du genre *Solanum*, le fruit est sphérique, d'une couleur écarlate quand il est mûr, glabre, indéhiscent et pourvu d'un grand nombre de graines. Ces dernières sont réniformes, très comprimées latéralement, leur extrémité étroite est tournée vers le placenta. Elles sont glabres, blanchâtres et entourées d'une bordure de couleur plus claire. Le hile est petit et situé au milieu du bord ventral. Dans la graine mûre, l'embryon est très recourbé, enfoncé dans le périsperme, quoiqu'il soit très près de la face extérieure de ce dernier. La radicule occupe la partie la plus inférieure et la plus étroite de la graine. Les cotylédons sont linéaires, leur largeur ne surpasse pas celle de la radicule. Ils sont recourbés, leur extrémité étant située près du hile et leur partie dorsale vers l'axe placentaire. Leur position est telle qu'ils forment un angle droit avec le plan de la graine et occupent toute la largeur de cette dernière, de sorte qu'ils ne peuvent s'élargir davantage. Bien que le fruit des plantes du genre *Cestrum* ressemble assez à celui des plantes du genre *Solanum*, les graines en sont très différentes. En effet, les graines des plantes du genre *Cestrum* sont peltées, plus ou moins obovales et leur extrémité la plus large en est le sommet, de sorte que les cotylédons ont de l'espace pour se développer davantage.

On rencontre quelquefois dans un même genre des espèces à cotylédons étroits et des espèces à cotylédons larges. C'est ainsi que le *Coreopsis filifolia* (fig. 161) possède des cotylédons étroits, tandis que le *C. auriculata* en possède de larges. Si nous examinons les graines, nous voyons que celles du *C. filifolia* sont étroites et sub-cylindiques (fig. 162–164), tandis

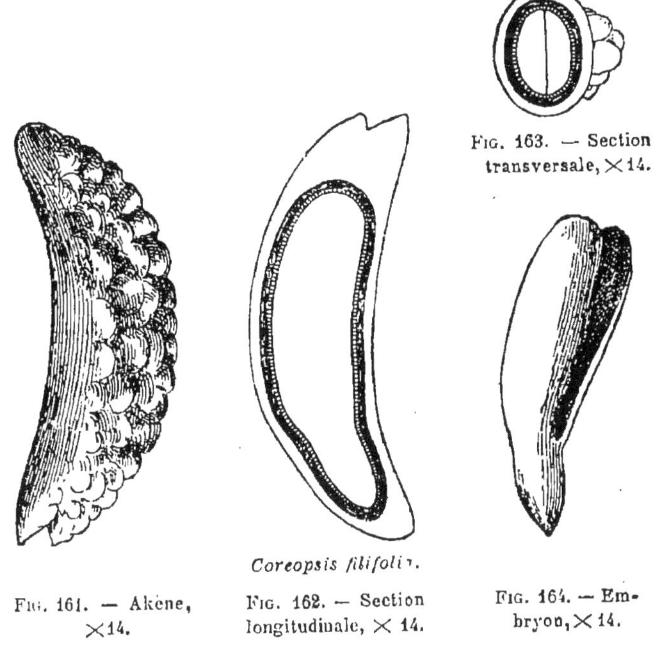

Coreopsis filifolia.

FIG. 161. — Akène, ×14.

FIG. 162. — Section longitudinale, × 14.

FIG. 163. — Section transversale, ×14.

FIG. 164. — Embryon, ×14.

que celles du *C. auriculata* (fig. 165-168) sont larges et obovoïdes ; et, comme dans ces exemples, l'embryon remplit entièrement la graine, cette différence explique la dissemblance des cotylédons.

Le genre *Galium* est très intéressant. Ici encore, nous trouvons des espèces à cotylédons étroits et des espèces à cotylédons larges,[1] mais cela semble être dû à une cause différente.

Le *Galium aparine* (fig. 220) possède de larges cotylédons et le *Galium saccharatum* (fig. 125) en

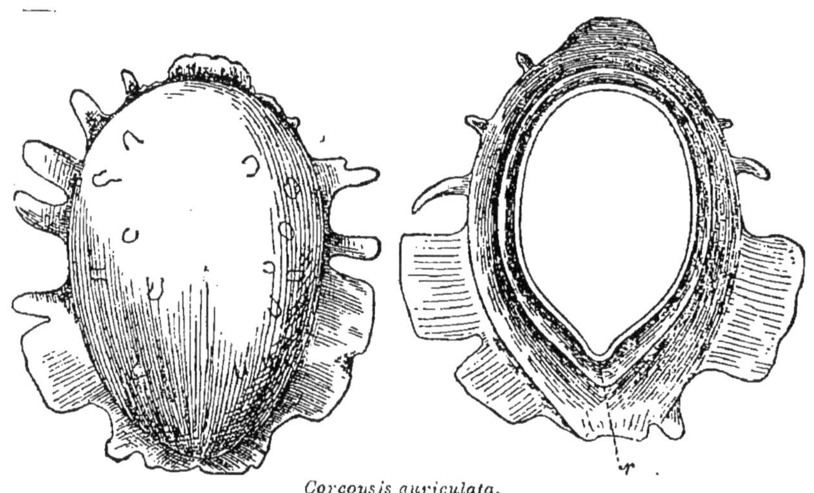

Coreopsis auriculata.

Fig. 165. — Akène, × 14. Fig. 166. — Section longitudinale, × 14.

possède d'étroits. Dans cette dernière espèce, le fruit indéhiscent, couvert d'éminences ayant la forme de tubercules (fig. 169-171), est profondément

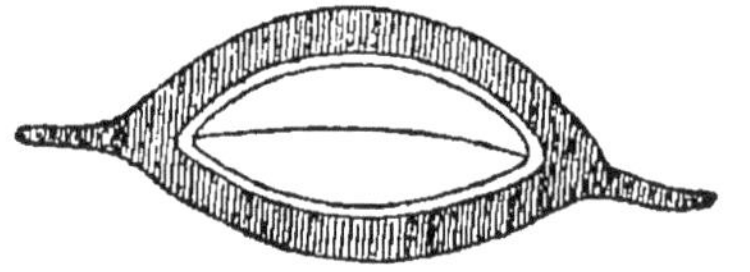

Coreopsis auriculata.

Fig. 167. — Section transversale, × 14. Fig. 168. — Embryon, × 14.

lobé et présente deux loges et deux graines. Ces graines sont sphériques et creusées à leur face ventrale d'une profonde cavité. L'embryon (fig. 169, *rc*) est recourbé suivant la concavité de la partie évidée, la partie la plus épaisse du périsperme étant située à la périphérie. Les cotylédons sont linéaires et obtus. Si l'on considère la figure 170 et si l'on ne tient compte que de la forme de la graine, on ne s'explique guère le peu de largeur de ces cotylédons. Mais, on aura peut-être l'explication de ce fait si l'on étudie la structure du péricarpe. Ce dernier (fig. 161, *pc*) est épais, dur, et a un peu l'aspect du liège. Il est très imperméable à l'eau et doit protéger l'embryon contre la sécheresse, les insectes et même contre l'action du suc gastrique, dans le cas où la graine serait avalée par un oiseau. Il est trop dur pour que l'embryon puisse le déchirer. Si alors, les cotylédons s'étaient élargis, il leur aurait été impossible de sortir de la graine. Mais, comme ils demeurent étroits, une pareille difficulté leur est évitée. Dans le *G. aparine*, le péricarpe est beaucoup plus mince (fig. 172-174) et l'embryon est capable de le déchirer (fig. 174). Les cotylédons peuvent alors s'élargir, puisqu'ils n'éprouveront aucune difficulté à sortir de la graine.

L'enveloppe épaisse et de nature subéreuse que l'on trouve dans la graine du *G. saccharatum* est bien moins perméable à l'eau que le testa mince du *G. aparine*. Cette dernière plante se trouve abondamment aux Iles Britanniques, tandis que le *G. saccharatum* croît à Alger et dans les plus chaudes parties de la France. Cela ne semble-t-il pas indiquer que dans le

G. saccharatum, l'enveloppe subéreuse a pour but de protéger l'embryon contre la chaleur et la sécheresse ?

FIG. 169. — *Galium saccharatum*. Section longitudinale de la graine, × 8.

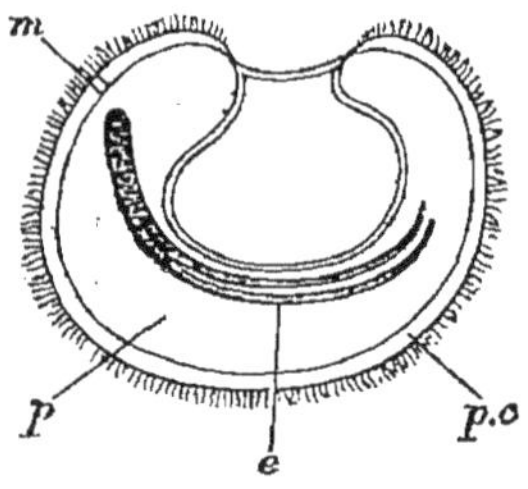

FIG. 172. — *Galium aparine*. Section longitudinale de la graine, × 8.

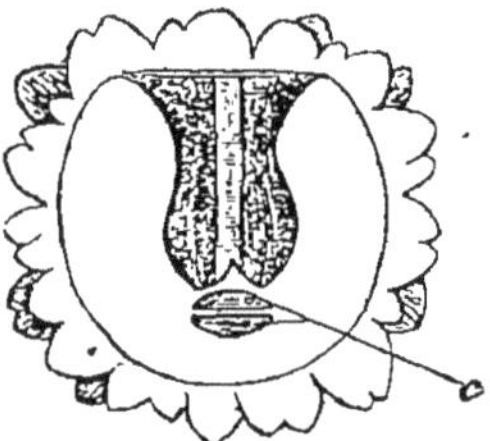

FIG. 170. — *Galium saccharatum*. Section transversale de la graine, × 8.

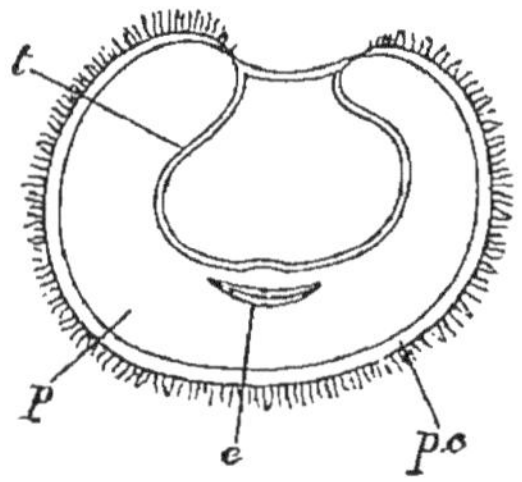

FIG. 173. — *Galium aparine*. Section transversale de la graine, × 8.

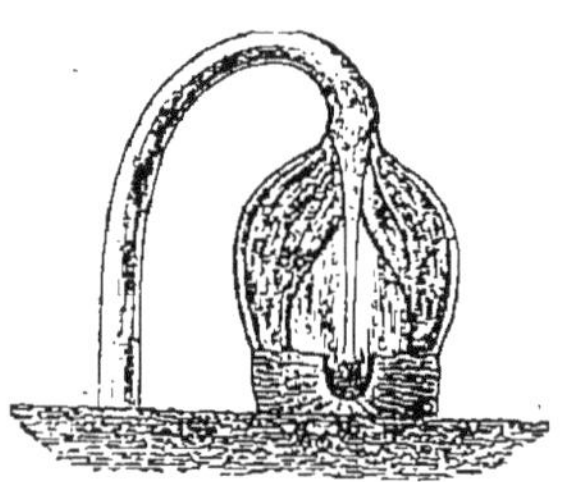

FIG. 171. — *Galium saccharatum*. Germination de la graine, × 4.

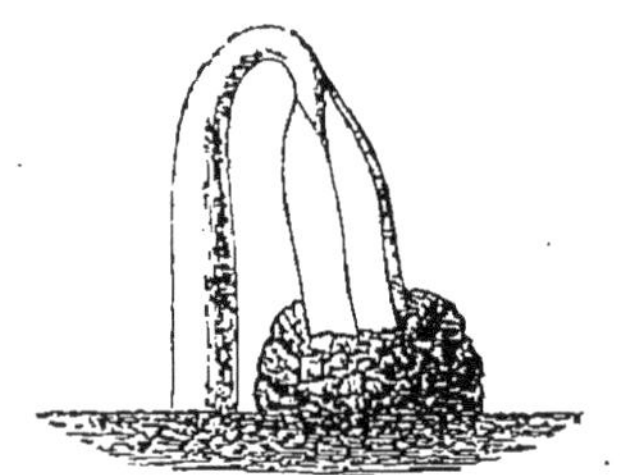

FIG. 174. — *Galium aparine*. Germination de la graine, × 4.

VII. — COTYLÉDONS INÉGAUX

Je passe maintenant à l'étude des espèces qui possèdent des cotylédons de grosseur inégale.

Ch. Darwin[1] attribuait cette inégalité de grosseur à la formation d'un dépôt anormal de substances nutritives qui se seraient amassées, aux dépens de l'un des cotylédons, dans d'autres parties de la jeune plante, telles que l'hypocotyle, le second cotylédon ou l'une des racines secondaires. C'est avec la plus grande hésitation que je me hasarde à contredire une telle autorité scientifique; mais je ne vois pas cependant la relation qui peut exister entre la formation d'un dépôt de substances nutritives dans une autre partie de la plante et l'inégalité des cotylédons. Pourquoi ce dépôt est-il formé au détriment d'un seul cotylédon? Je crois que cette différence est due plutôt à la disposition de l'embryon dans la graine, position qui, quelquefois favorise beaucoup le développement de l'un des deux cotylédons. Dans certains cas, par exemple, les cotylédons sont dits *incombants*, ce qui signifie que la radicule est repliée sur l'un des cotylédons. Le cotylédon le plus externe est alors souvent un peu plus large que l'autre (*Hesperis matronalis*).

Chez le Chou, la Moutarde (fig. 104, le Radis (*Raphanus*) et quelques autres Crucifères, la différence est encore plus marquée et est due à une autre cause. Les cotylédons, comme nous l'avons déjà dit, sont appliqués l'un sur l'autre, face à face (fig. 175-178) et pliés longitudinalement, l'un d'eux étant recouvert par l'autre.

[1] *The power of movement in plants*, p. 94.

Le cotylédon le plus externe ayant plus d'espace pour se développer, devient plus large que l'autre et son

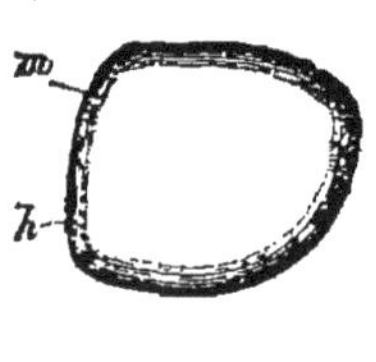

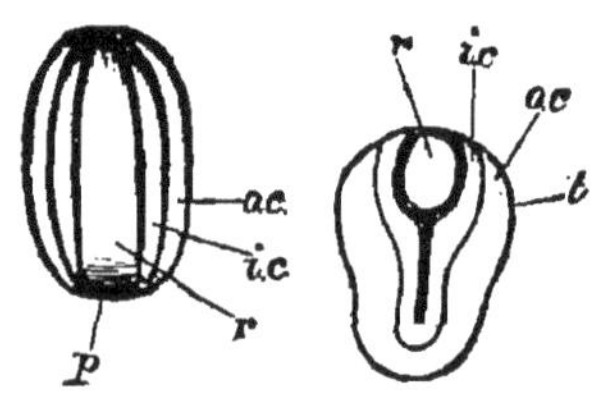

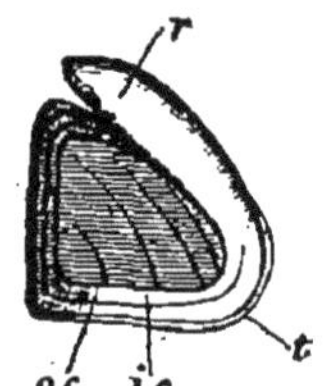

Radis (*Raphanus sativus*).

FIG. 175. — Contour de la graine, × 4; *m*, micropyle *h*, ; hile.

FIG. 176. — Embryon extrait de la graine, × 4.

FIG. 177. — Embryon, × 4. Section verticale.

FIG. 178 — Embryon vu de côté, × 4. *oc*, le cotylédon le plus extérieur; *ic*, le cotylédon interne; *r*, radicule; *t*, testa.

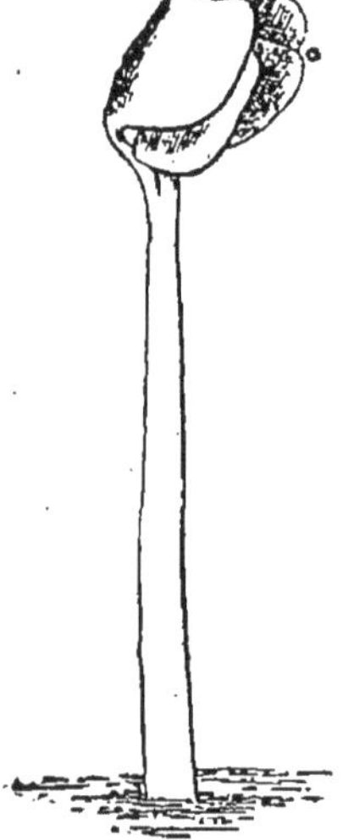

FIG. 179. — Radis (*Raphanus sativus*). Graine germant, × 2 et montrant les cotylédons encore pliés.

pétiole est aussi le plus long. Chez le *Cereus* (fig. 179), l'embryon est très recourbé et les cotylédons étant épais et charnus, le plus interne est naturellement plus petit que l'autre. Chez l'*Abronia umbellata* (fig. 180, B), l'embryon est large, très recourbé ou plié sur lui-même et est situé en dehors du périsperme. Les deux bords de l'un des cotylédons touchent presque la radicule. Le second cotylédon est petit, sa longueur ne dépasse pas, en général, le septième de la longueur de l'autre, et, cependant, dans une graine, il atteignait presque la moitié de la longueur de l'autre. Dans une autre espèce appartenant au même genre, l'*A. arenaria*, le plus petit cotylédon est réduit à une éminence (fig. 181, A *ic*).

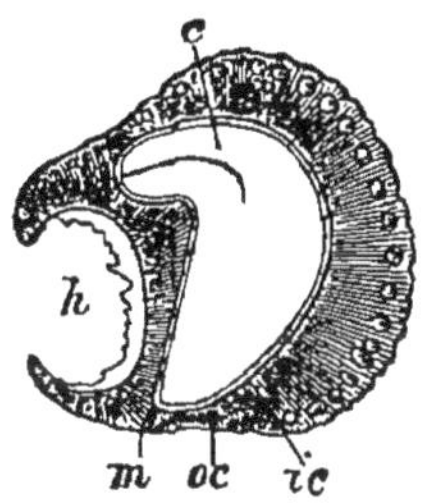

FIG. 80. — *Cereus Napoleonnis*. *oc*, tunique externe du testa; *ic*, tunique interne.

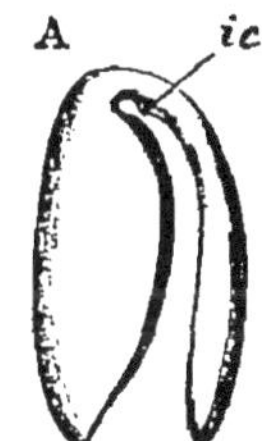

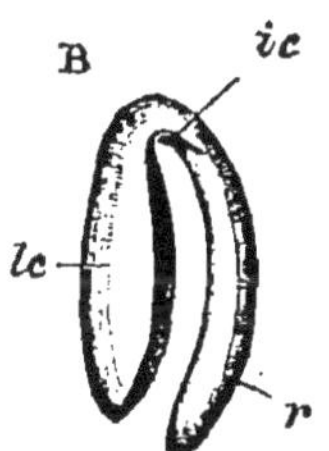

FIG. 181. — Embryon d'*Abronia arenaria*. × 6 : *ic*, le plus petit cotylédon; B, embryon d'*Abronia umbellata*, × 6; *ic*, cotylédon de droite (le plus interne); *lc*, le cotylédon gauche.

On trouve encore des exemples de cotylédons rudimentaires dans les genres *Ranunculus*[1], *Carum*[2], *Cyclamen*, etc.

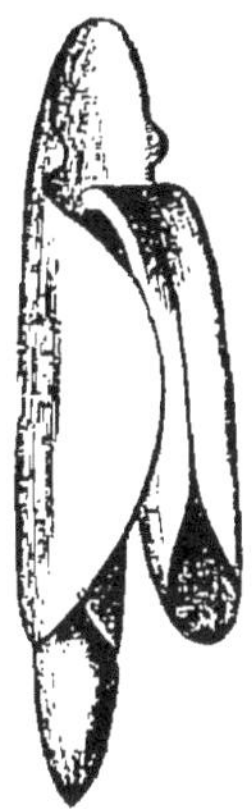

Petiveria octandra.

FIG. 182. — Plantule réduite de moitié.

FIG. 183. — Embryon en partie déplié, × 6.

FIG. 184. — Le cotylédon le plus externe et le plus court.

FIG. 185. — Le cotylédon le plus interne et le plus long.

[1] Irmisch, *Beit., zur vergl. Morphol. der Pflanzen*. Halle, 1854.
[2] Hegelmaier, *Vergl. Untersuchungen*, 1875.

Chez le *Petiviera octandra* (fig. 182), les cotylédons sont très remarquables. L'un d'eux n'a que 3 centimètres de longueur et 1 centimètre de largeur; il est entier, oblong et effilé à ses deux extrémités. Le second est plus court et plus large (sa longueur est de 2 centimètres et sa largeur de 1 centimètre 3/4). Il est subcordé, présente un large lobe terminal et un lobe plus ou moins prononcé sur chacun de ses côtés. Je pensai d'abord que cette symétrie n'était qu'accidentelle. Elle est cependant normale et s'explique par la forme particulière et la disposition de l'embryon dans la graine (fig. 183-185). Le fruit est un akène de forme toute spéciale : il est oblong, linéaire, comprimé latéralement, bifide à son sommet, plus ou moins couvert de poils. Il est indéhiscent et ne présente qu'une loge à une seule graine. Il est couronné par des soies aiguës et réfléchies dont le nombre varie de 2 à 6. La graine est oblongue, linéaire, se termine légèrement en pointe, et, en un mot, se moule exactement sur la cavité de la loge qui la contient. L'embryon est large, le plus long cotylédon est replié sur lui-même, le cotylédon le plus large se replie aussi à son extrémité et enveloppe le plus étroit[1], sans atteindre cependant l'extrémité la moins large de la graine. Le lobe terminal du cotylédon le plus court et le plus large est la partie qui est repliée, et les lobes latéraux, qui sont très petits dans l'embryon, sont également dûs au pli (fig. 183-185).

[1] Le plus petit cotylédon manque quelquefois.

VIII. — COTYLÉDONS ASYMÉTRIQUES

Dans d'autres cas (Géranium, fig. 126; *Schinus*, ou faux Poivre, fig. 129; *Clitoria*, fig. 128; *Laburnum* fig. 127; Lupin, etc.), il y a inégalité, non entre les cotylédons, mais entre les deux moitiés de chaque cotylédon. Chez les Géraniums, cela est dû à la façon dont les cotylédons sont pliés. Chez le Chou et la Moutarde, nous avons vu qu'un cotylédon est plié à l'intérieur de l'autre; chez le Géranium, les cotylédons sont enroulés (fig. 186), une moitié de chacun d'entre eux étant pliée à l'intérieur d'une moitié de l'autre. Les deux moitiés internes sont les plus petites, les deux moitiés externes, les plus grandes.

FIG. 186. — Coupe d'un embryon de *Geranium*, montrant la disposition des cotylédons.

Chez le *Laburnum* (fig. 127) et le *Clitoria* (fig. 128), où l'arrangement est très semblable, l'inégalité entre les deux moitiés de chaque cotylédon est due à l'inégalité qui existe entre les deux faces de la graine (fig. 187).

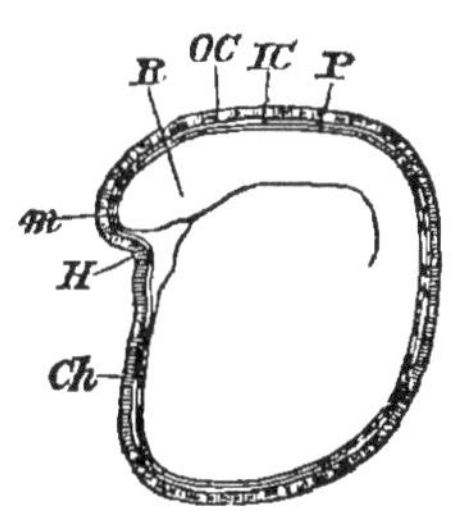

FIG. 187. — Section d'une graine de *Laburnum vulgare*, × 6 : OC, tunique externe; IC, tunique interne.

Chez l'*Heritiera macrophylla*, les cotylédons remplissent la graine dont la forme est celle des carpelles, et le fait même que ces derniers ont quelquefois leurs faces asymétriques détermine la forme particulière de la graine et des cotylédons.

Chez les Lupins, les graines sont obliquement oblongues, comprimées latéralement et dépourvues de périsperme, l'embryon étant large, charnu, jaunâtre et occupant la graine tout entière. Cet embryon est plié sur lui-même et les cotylédons aussi se replient le long de la radicule qui les égale presque en longeur. Leurs divisions les plus petites sont dirigées vers la radicule, de telle sorte qu'elles occupent avec cette dernière une moitié de la graine et que le tout occupe autant de place que les plus larges divisions des cotylédons qui remplissent le reste de la graine.

Dans les plantes du genre *Triphasia*, l'inégalité est due, en partie, à une autre cause. Les graines sont ovales, légèrement aplaties à leur partie ventrale. L'embryon est large et occupe la graine tout entière. Les cotylédons sont de grosseur très inégale et le plus petit est plus ou moins enfermé dans le plus gros. Mais, outre cela, on trouve souvent et même généralement deux et quelquefois trois embryons dans chaque graine. Ces embryons diffèrent au point de vue de la grosseur, et les plus petits déplacent souvent plus ou moins un des cotylédons appartenant à l'un des plus gros embryons.

Les graines du *Coreopsis Athkinsoniana* (fig. 188-190) sont ob-ovales, recourbées longitudinalement et comprimées dans le sens dorso-ventral, de façon à prendre la forme de l'intérieur du fruit. L'embryon est légèrement recourbé et suit la direction de la graine. Un des cotylédons occupe, par suite, le bord le plus externe de la

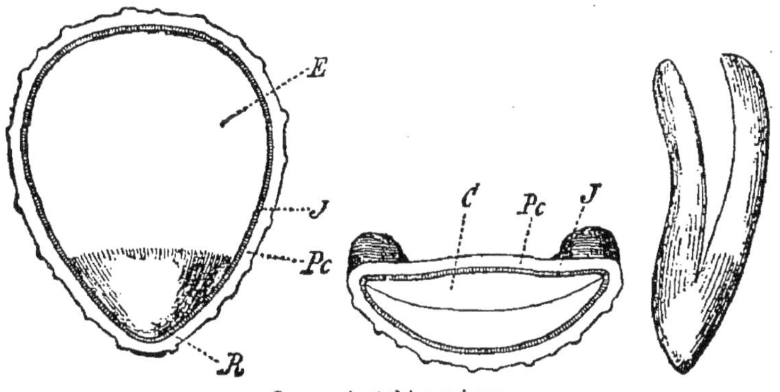

Coreopsis Atkinsoniana.

FIG. 188. — Section longitudinale d'un akène, × 10. FIG. 189. — Section transversale d'un akène, × 10. FIG. 190. — Embryon, × 10.

courbure, le second occupant l'autre bord. La figure 191 montre distinctement que le colylédon le plus externe est sensiblement plus large que l'autre.

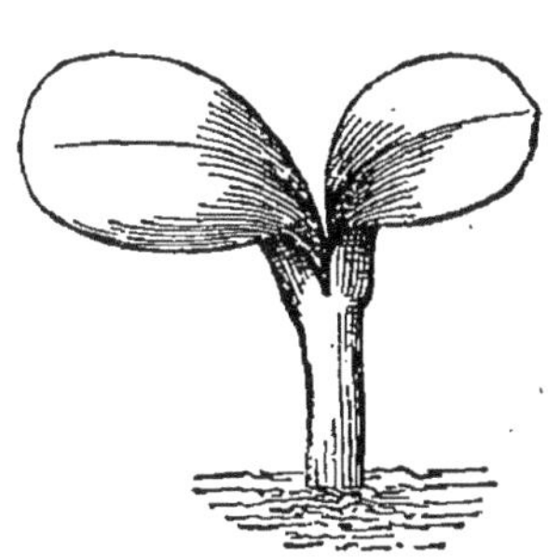

FIG. 191. — Plantule de *Coreopsis Atkinsoniana*, × 10.

Le Chanvre *(Cannabis)* et le *Caylusea* nous offrent deux autres cas rappelant celui que présente le genre *Hesperis*.

Chez le *Thunbergia reticulata*, les cotylédons sont inégaux, ovales, obtus, légèrement émarginés et cordés à leur base. Le plus large est légèrement denticulé et présente en son centre une partie bosselée; l'autre est presque entier et uni. La graine est orbiculaire ou oblongue, apérispermique, comprimée. Elle a de 3 à 4 millimètres de diamètre et présente une cavité à son bord interne. L'embryon est légèrement recourbé; les cotylédons ont leurs faces dirigées vers le hile très proéminent. Le cotylédon interne se relève lorsqu'il se trouve en contact avec les parois de la graine et s'enroule en partie autour de l'autre. La partie bosselée que l'on trouve au centre de ce cotylédon est due à la courbure interne du testa.

IX. — COTYLÉDONS CRÉNELÉS

La plupart des plantes possèdent des cotylédons à bords entiers. Il existe cependant un petit nombre d'espèces chez lesquelles les bords des cotylédons sont plus ou moins crénelés. Cela a lieu, par exemple, chez le *Cordia subcordata* (fig. 134).

FIG. 192. — Embryon de *Cordia subcordata*, × 2.

Chez cette plante, l'embryon occupe toute la cavité de la graine ovoïde-conique. Il n'existe pas de périsperme, et les cotylédons, pour occuper la graine entière, doivent être pliés longitudinalement (fig. 192), ce qui donne naissance aux crénelures des bords.

COTYLÉDONS ACCOMBANTS ET COTYLÉDONS INCOMBANTS

La radicule peut se replier de deux façons différentes sur les colytédons.

Quelquefois elle est recourbée sur la face dorsale de l'un d'eux (fig. 193 et 194) : on dit alors que les cotylédons sont *incombants;* mais, d'autres fois, la radicule est recourbée suivant le bord des cotylédons : ces derniers sont alors dits *accombants.* Les divisions de la famille des Crucifères sont établies, en partie, d'après ce caractère : quelques groupes étant accombants et

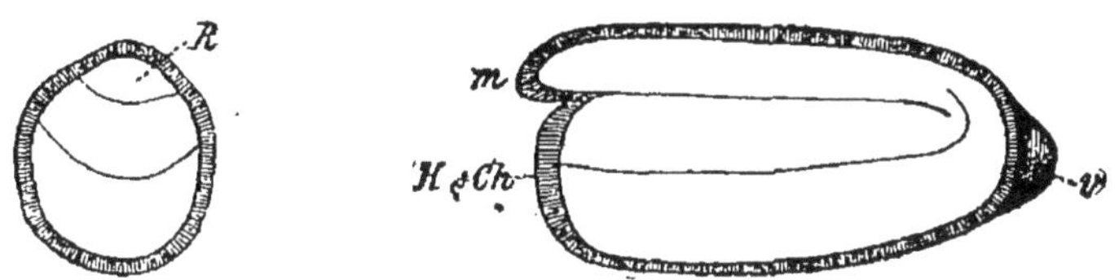

Fig. 193 et 194. — Sections de la graine de l'*Hesperis matronalis*, × 10 : *v*, cavité du testa.

d'autres incombants. Je me suis demandé pendant longtemps quelles étaient les raisons qui pouvaient amener cette différence, et cependant l'explication que je vais donner est très simple. Je dois dire, toutefois, que je n'ai pu étudier qu'un petit nombre d'exemples et qu'il faut surtout considérer cette explication comme une hypothèse.

Les figures 193 et 195 représentent des sections des deux formes de graines. Si, maintenant, d'après la forme de la silique ou pour une autre cause, il y a avantage à ce que la graine soit comprimée (voir fig. 195), l'épaisseur des cotylédons restant alors la même, il vaut mieux que la radicule soit accombante. D'un autre côté, dans une graine plus épaisse ou sphérique, la disposition incombante est préférable. En réalité, nous trouvons que dans certains groupes tels que celui des Arabidées, où les graines sont généralement comprimées, la radicule est presque toujours accombante ; tandis que, dans les groupes à disposition incombante, tels que celui des Sysimbriées, les graines sont, au contraire, plus ou moins renflées. Comme exemple d'une Crucifère à cotylédons incombants, je citerai l'*Hesperis matronalis* (fig. 193 et 194) et le *Cheiranthus Cheiri*, comme exemple d'une Crucifère à cotylédons accombants.

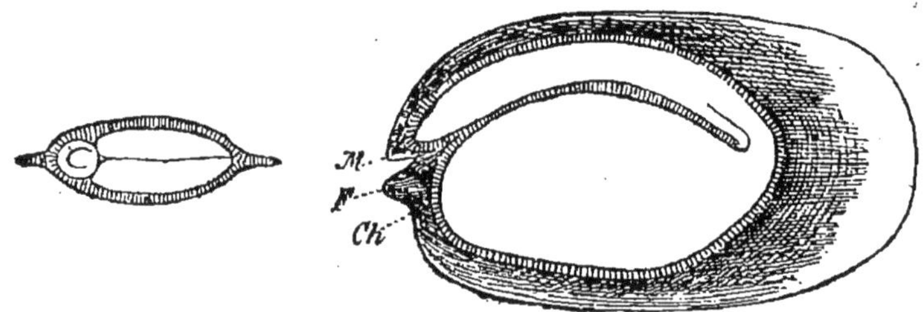

Fig. 195 et 196. — Sections de la graine de la Giroflée jaune. (*Cheiranthus Cheiri*), × 10.

X. — PÉTIOLES

Les cotylédons sont quelquefois sessiles (*Acer*, fig. 110; *Hippophaë*, fig. 115; *Hakea*, fig. 124; *Clitoria*, fig. 128). Cependant, ils sont quelquefois portés par des pétioles qui, dans certains cas, peuvent atteindre une longueur considérable (*Microloma*, fig. 130).

On peut trouver dans un même genre des espèces à cotylédons sessiles et des espèces à cotylédons pétiolés.

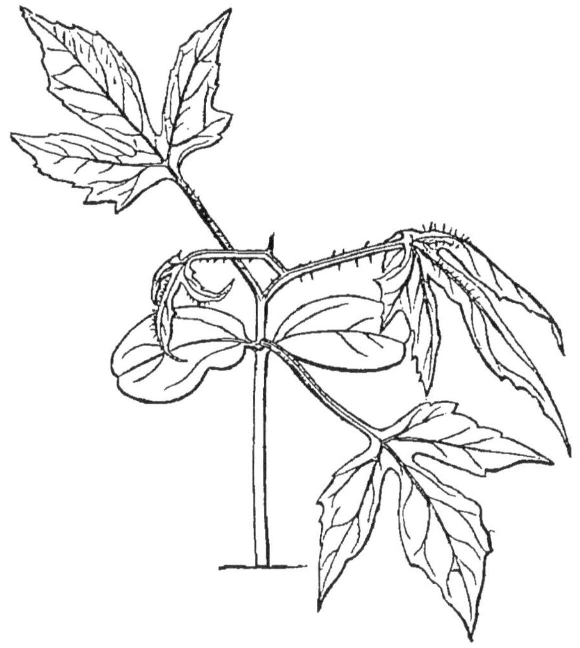

FIG. 197. — Plantule de Bryone laciniée (*Bryonia laciniosa*). 1/2 de la grandeur naturelle.

C'est ainsi que le *Delphinium staphisagria* (fig. 132) possède des cotylédons sessiles, tandis que le *D. elatum* (fig. 131) en possède de pétiolés. Les cotylédons du *Bryonia laciniosa* (fig. 197) sont presque sessiles, tandis que ceux du *B. dioica* (fig. 198) possèdent des pétioles.

Je crois que rien dans la structure de la graine ne

peut rendre compte de cette différence. On peut cependant observer que les cotylédons du *B. laciniosa* (fig. 197) et ceux du *D. staphisagria* (fig. 132) sont élevés un peu au-dessus du sol par la croissance de la caulicule, tandis que ceux du *B. dioica* (fig. 198) et du *D. elatum* (fig. 131) sont insérés près du sol. A vrai dire, les cotylédons sont entraînés de bas en haut dans les deux cas, mais, dans le *B. laciniosa* et le *D. staphisagria*, c'est la caulicule qui les entraîne; dans le *B. dioica* et le *D. elatum*, ce sont leurs propres pétioles.

Fig. 198. — Plantule de Bryone dioïque *(Bryonia dioica)*, Grandeur naturelle.

En résumé, nous pouvons dire que les cotylédons sont généralement sessiles quand ils sont élevés au-dessus du sol par la croissance de la caulicule, tandis qu'ils sont pétiolés quand ils prennent leur origine près du sol. Il y a sans doute quelques exceptions : chez quelques espèces d'*Hedysarum*, par exemple, les cotylédons sont radicaux et sessiles. J'ai cependant vu souvent, en Algérie, des plantules appartenant à ce groupe qui, exposées dans des endroits chauds où elles croissaient seules et où une ample provision de chaleur et de lumière leur était assurée, ne ressentaient pas, par suite, la nécessité que leurs cotylédons fussent élevés au-dessus de la surface du sol.

L'exception contraire, consistant en ce que les cotylédons quoique situés à une certaine hauteur au-dessus du sol soient pétiolés, est peut-être plus commune. Dans ce cas, les cotylédons, comme les feuilles, doivent être pétiolés parce que les pétioles offrent l'avantage de placer les feuilles inférieures en dehors de l'ombre que projettent celles qui sont immédiatement au-dessus d'elles.

Chez le *Delphinium nudicaule* (fig. 133), les cotylédons sont élevés à une certaine distance au-dessus du sol, sur une sorte de support consistant en leurs deux pétioles qui sont connés, bien qu'ils soient facilement séparables l'un de l'autre. On trouve aussi des cotylédons connés dans le *Phlomis tuberosa*, le *Smyrnium perfoliatum*, le *Polygonum bistorta*[1], etc. Gray fait observer[2] que l'utilité de cette disposition n'est pas apparente. Cependant, en tenant compte de ce que l'élévation des cotylédons au-dessus du sol, offre peut-être, comme je l'ai déjà dit, l'avantage de les placer au-dessus de l'herbe environnante, l'accolement des deux pétioles, toutes choses égales d'ailleurs, permettra à la partie qui en résulte de supporter un poids plus considérable.

A l'appui de ce que je viens de dire, je citerai encore le cas du *Smyrnium perfoliatum* (fig. 199). Dans la graine de cette plante, la caulicule est atrophiée ; les

[1] Winkler, *Ueber die Keimblätter der deutschen Dicotylen. Brandenburg Bot. Ver.*, 1874.

[2] Gray, *Structural Botany*, p. 21.

cotylédons sont oblongs-elliptiques, obtus, émarginés, leurs faces sont généralement inégales. Ils sont longuement pétiolés, glabres, munis de trois nervures partant de leur base, finement réticulées; les nervures latérales se recourbant et venant rejoindre la nervure médiane près du sommet. Leur face supérieure est d'un vert clair; leur face inférieure est d'un vert encore plus pâle. Les limbes ont de 18 à 24 millimètres de longueur et de 8 millimètres et demi à 11 millimètres de largeur. Les pétioles ont de 6 à 10 centimètres de longueur; ils sont connés en une seule pièce provenant de la soudure de leur partie inférieure, et cela sur une longueur de 55 à 75 millimètres. Cette pièce présente une petite fente à sa base, fente par laquelle sortira la plumule. Les deux pétioles sont libres dans leur partie supérieure, creusés, en dessus, d'un sillon peu profond, glabres, brillants et d'un vert très foncé.

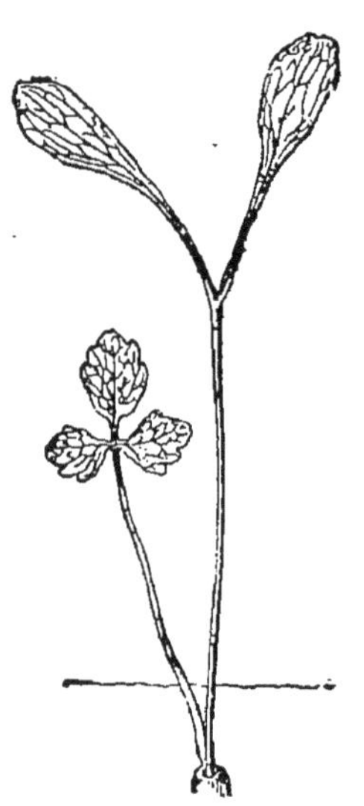

Fig. 199. — Plantule de *Smyrnium perfoliatum*. 1/2 de la grandeur naturelle.

Dans ce cas, il est évident que si les pétioles étaient complètement séparés, ils seraient beaucoup trop faibles pour se soutenir eux-mêmes et leur longueur serait relativement inutile.

Chez le *Polygonum polystachyum*, les pétioles sont également connés et forment un tube creux au travers duquel passent les feuilles, de sorte que la plantule semble posséder une caulicule droite et des cotylédons presque sessiles.

Dans d'autres cas, cependant, la présence de pétioles est apparemment en rapport avec l'arrangement de l'embryon dans la graine.

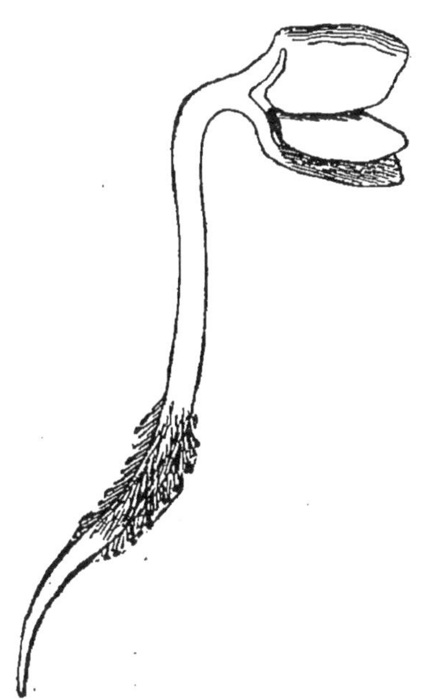

Fig. 200. — Jeune plantule de Géranium de Bohème (*Geranium bohemicum*), ×6.

Chez les Géraniums par exemple, les cotylédons, comme je l'ai déjà dit, sont pliés sur eux-mêmes, une moitié de chacun d'eux étant située à l'intérieur d'une moitié de l'autre. La figure 200 représente un embryon dont les cotylédons sont en partie dépliés, et l'on peut voir que, dans la position qu'occupent ces cotylédons, la moitié de leur largeur est nécessairement égale à la longueur des pétioles. De même, dans l'*Eucalyptus globulus* (fig. 218), la disposition ordinaire des cotylédons serait rendue irréalisable par l'absence des pétioles. Enfin, dans les cas où les cotylédons ne sortent pas de la graine, les pétioles laissent de l'espace pour la libre croissance de la plumule (*Sapindus*, fig. 144).

XI. — COTYLÉDONS LOBÉS

Les cotylédons sont en général entiers; il en est cependant qui sont plus ou moins lobés. Ceux de la Mauve, par exemple (fig. 136), sont larges, ovales, légèrement émarginés, cordés à leur base et trilobés près de leur sommet. Chaque lobe présente une nervure.

Ceux de *Lavatera*, de *Malva* et d'*Althæa* sont semblables. L'embryon est vert, recourbé et occupe une grande partie de la graine. Les cotylédons sont appliqués face à face. Au fur et à mesure que la croissance continue, leur extrémité se recourbe et présente bientôt un sillon longitudinal médian; le pli de l'un des cotylédons étant situé à l'intérieur du pli de l'autre.

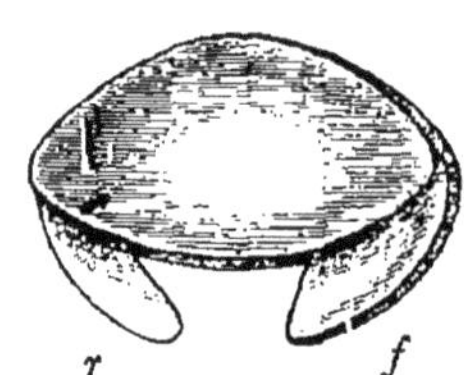

Fig. 201. — Embryon de la Mauve (grossi). r, Radicule; f, pointe du cotylédon.

L'embryon est le petit corps que représente la figure 201. L'appendice en forme de corne *r*, n'est autre chose que la radicule, le reste représente un cotylédon dont l'extrémité libre est pliée sur elle-même et dirigée de haut en bas. De cette façon, l'embryon occupe l'intérieur de la graine, laissant un petit espace entre les cotylédons et entre *f* et *r*, espace qui est occupé par le périsperme. Pour avoir une idée plus exacte de cet arrangement, on peut prendre une feuille de papier, la découper de façon à lui donner une forme ovale (fig. 202), rabattre la large portion *ab* en faisant un pli suivant le grand axe, puis replier la partie *efcd*, de façon à l'amener dans la position qu'elle occupe dans la figure 203, position telle que *cef* et *def* se touchent par leurs faces supérieures, le sommet *f* étant dirigé vers le bas. Nous avons alors ce que représente la figure 203 avec une partie aiguë *c* qui diffère un peu du contour arrondi de la graine. Si, pour arrondir

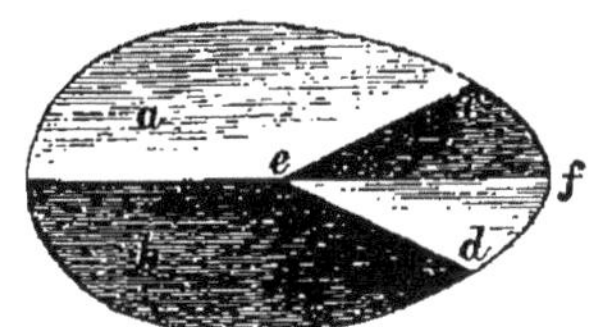

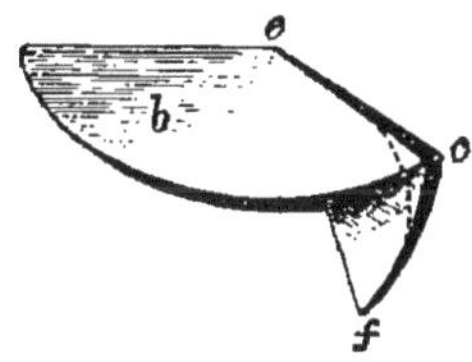

Fig. 202 et 203. — Morceau de papier préparé de façon à montrer comment est replié l'embryon de la Mauve et la disposition qui en résulte.

cette extrémité, afin qu'elle prenne la forme de la graine, nous enlevons maintenant la portion comprise entre *c* et la ligne pointillée sur la figure 203, et si nous déplions la feuille de papier, nous trouverons qu'elle possède la forme d'un cotylédon de Mauve (fig. 136) avec une échancrure de chaque côté.

Chez l'*Erodium*, l'arrangement est presque le même et il semble clair que les lobes sont dûs à la façon dont l'embryon est replié.

Dans l'*Œnothera* et quelques espèces alliées, les cotylédons présentent également un lobe terminal. Cela n'est cependant pas dû à la même cause. Le lobe terminal est le cotylédon primitif et la portion basilaire qui, jusqu'à un certain degré, revêt les caractères d'une vraie feuille, est produite par une croissance ultérieure. Je reviendrai plus tard sur ce groupe. Quant au cas du *Petiveria octandra* (fig. 182), il a déjà été décrit.

XII. — COTYLÉDONS ÉMARGINÉS

Chez un grand nombre d'espèces, les cotylédons sont émarginés et même plus ou moins profondément bifides. Je crois qu'aucune explication de ce fait n'a encore été donnée. Cette structure particulière n'est pas toujours due à la même cause.

Un des cas les plus simples est celui que nous offre le Chêne, chez lequel l'embryon épais et charnu occupe la graine tout entière. La chalaze est située au centre de la partie inférieure du gland, à l'extrémité des cotylédons. Les parois de la graine étant un peu épaissies en ce point, les cotylédons sont légèrement comprimés. La même explication semble devoir s'appliquer à un certain nombre d'autres espèces (*Impatiens*, fig. 113 et 204; *Poterium*, fig. 143 et 205; *Cuphea*, fig. 206; Ortie, fig. 207.)

Chez l'*Helianthus Cucumis*, l'akène est légèrement entaillé au point où il s'articule avec le réceptacle; et, les cotylédons qui, avec le reste de l'embryon, occupent éventuellement tout l'intérieur de la graine, présentent aussi cette échancrure.

Chez le Chou, la Moutarde (fig. 104) et le Radis,

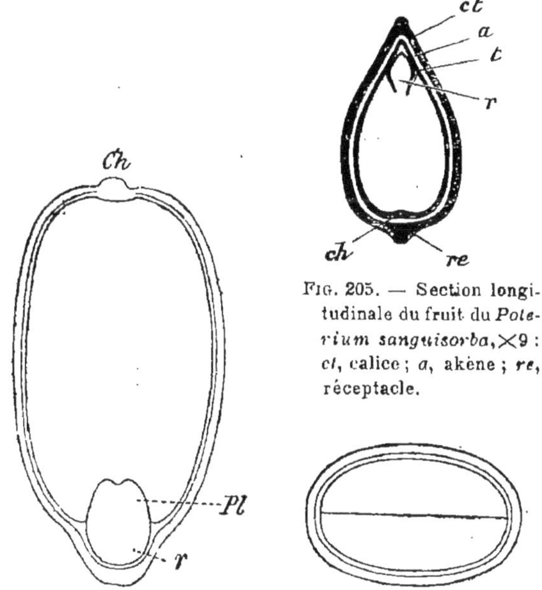

FIG. 205. — Section longitudinale du fruit du *Poterium sanguisorba*, × 9 : *ct*, calice ; *a*, akène ; *re*, réceptacle.

FIG. 204. — Section longitudinale et section transversale de la graine de l'*Impatiens parviflora*, × 10, *Pl*, Plumule.

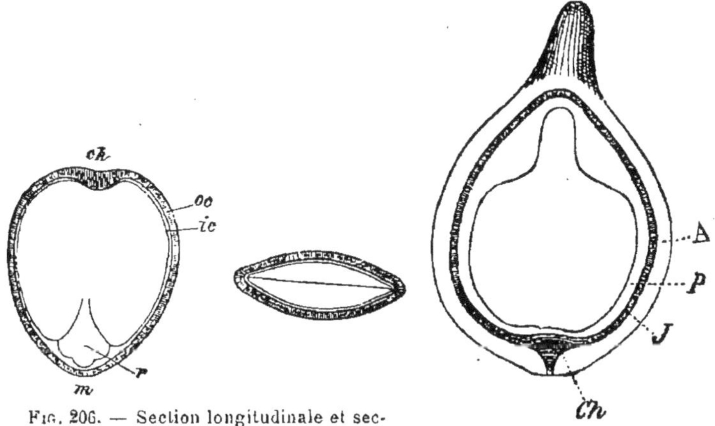

FIG. 206. — Section longitudinale et section transversale du *Cuphea silenoides*, × 10 ; *oc*, tunique externe du testa ; *ic*, tunique interne.

FIG. 207. — Coupe d'un akène d'Ortie *(Urtica dioica)*, × 30. J, testa.

l'émargination est due à une cause toute différente. La

graine (fig. 175) est épaisse, oblongue et légèrement plus étroite à une extrémité qu'à l'autre. Il n'y a point de périsperme, de sorte que l'embryon occupe la graine entière, et, comme cette dernière a d'assez grandes dimensions, les cotylédons afin d'occuper tout l'espace libre, sons disposés l'un sur l'autre, comme deux feuilles d'un carnet (fig. 176-179) la radicule étant repliée le long du bord. La figure 178 représente la graine entr'ouverte et la figure 177, une section montrant la radicule, le cotylédon le plus interne et le cotylédon le plus externe. L'émargination est due à cette disposition. Si l'on prend une feuille de papier, si on la replie sur elle-même, si on la découpe en lui donnant la forme indiquée par la figure 175 et en faisant un pli le long du bord de *m* à *n*, on comprendra facilement quelle est la raison qui détermine la forme des cotylédons.

Le *Zilla myagroides* nous offre un cas analogue.

Mais l'on me dira peut-être que la graine de la Giroflée possède la même forme extérieure que les graines que nous venons d'étudier; et que, malgré cela, les cotylédons ne sont pas émarginés (fig. 208). Je ferai alors remarquer que la graine de la Giroflée (fig. 195, 196) est plus comprimée que les graines du Radis (fig. 176, 177) et de la Moutarde. Par suite, les cotylédons ne sont pas repliés, de sorte que, chaque cotylédon tout entier, et non sa moitié, répond à la forme de la graine.

Chez les Bignoniacées, un grand nombre d'espèces

possèdent des cotylédons émarginés ; et cela paraît être dû, dans le *Pithecoctenium Aubletii*, par exemple, à la chalaze. Les graines sont oblongues transversalement, très comprimées à leur face dorsale, entourées de tous côtés, excepté à leur base, par une aile membraneuse extrêmement mince et transparente. Cette membrane est traversée par des nervures rayonnant autour de la partie centrale de la graine et présente un bord inégal. Le raphé est ventral et s'étend du hile jusqu'au centre de l'embryon. La chalaze est située un peu au-dessus du milieu de l'embryon. La radicule est très petite, éloignée du hile, mais se dirigeant vers lui. L'embryon est droit et aplati ; les cotylédons croissent jusqu'à ce qu'ils aient atteint la chalaze, et alors ils s'étendent en avant, de chaque côté, en formant deux lobes.

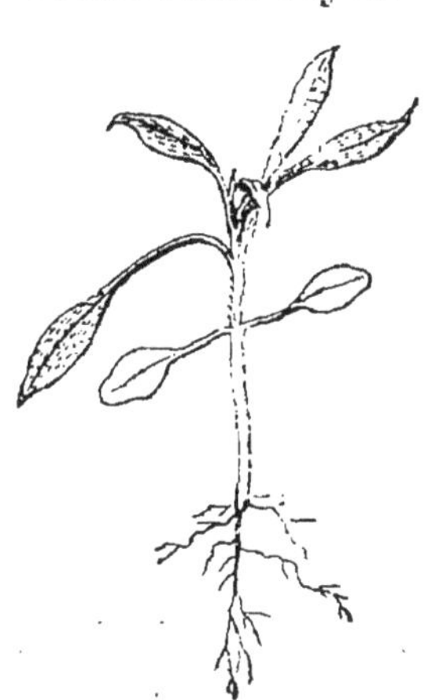

FIG. 208. — Plantule de Giroflée jaune *(Cheiranthus cheiri)*. 2/3 de la grandeur naturelle.

Dans l'*Oroxylum indicum*, la structure générale de la graine est la même, mais la croissance des deux lobes des cotylédons est encore plus rapide, de sorte qu'ils finissent par se recouvrir. On rencontre une structure plus ou moins semblable chez les autres genres constituant cette famille.

L'émargination est beaucoup plus accentuée et due à

d'autres conditions chez d'autres groupes, dans les Convolvulacées, par exemple. Chez le *Convolvulus soldanella* (fig. 209), l'embryon qui, au début, est très large, est d'abord droit et contenu dans un périsperme clair, semblable à une gelée. Il est situé sur une petite proéminence solide, ovale, blanche et évidée (fig. 210-

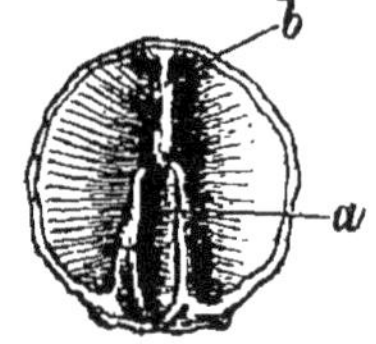

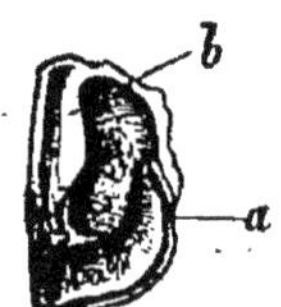

Soldanelle. (*Convolvulus soldanella*.)

Fig. 209. — Embryon, × 2.

Fig. 210. — Section de la graine après enlèvement de la face dorsale, de l'embryon et du périsperme, × 2.

Fig. 211. — Le même ensemble vu de profil, × 2.

211, *a*) qui s'élève près du micropyle. Cette petite saillie linguiforme croît avec l'embryon. A l'extrémité opposée de la graine, le raphé et la chalaze forment une autre proéminence (*b*) dans le périsperme. A ce moment, les cotylédons sont plan-convexes, appliqués face à face l'un sur l'autre, orbiculaires, entiers, verts, munis de pétioles distincts. Ils possèdent cinq nervures avec deux branches latérales et sub-opposées, issues de la nervure médiane, à quelque distance au-dessous du sommet. La plumule et la radicule sont petites. Les cotylédons augmentent graduellement de grosseur et croissent au-dessus de la saillie qui supporte la radicule (*a*). Ils s'étendent jusqu'au sommet de la graine, puis se replient sur eux-mêmes et aboutissent à la petite proéminence formée par le raphé et la chalaze *(b)*, devenant ainsi de plus en plus émarginés à leur sommet. L'échancrure qu'ils présentent est donc due à ce que leurs bords ont continué à croître après que leur sommet a eu atteint la proéminence.

Chez l'*Ipomæa purpurea* (fig. 212-214) dont la

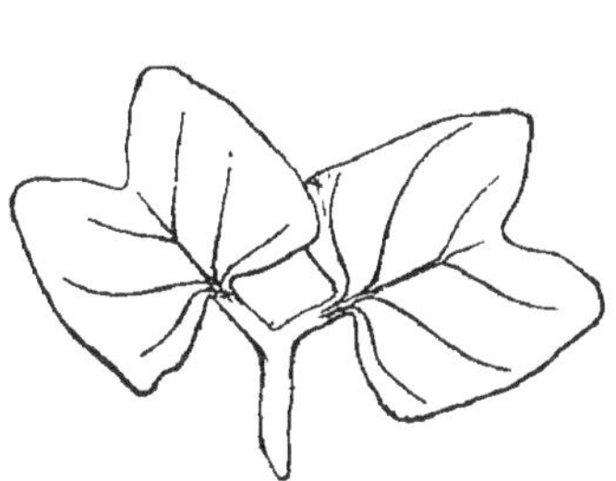

Fig. 212. — Volubilis *(Ipomea purpurea)*. Embryon, × 2.

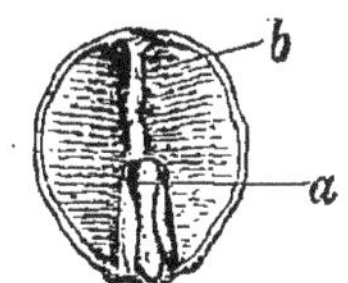

Fig. 213. — Volubilis *(Ipomea purpurea)*. Coupe de la graine après l'enlèvement de la face dorsale, de l'embryon et du périsperme, × 2.

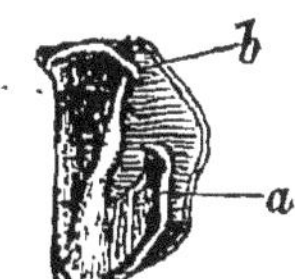

Fig. 214. — Volubilis *(Ipomea purpurea)*. Le même ensemble vu de profil, × 2.

graine est généralement construite sur le même modèle que celle du *C. soldanella*, la petite proéminence formée par le raphé et la chalaze (fig. 213-214, *b)* est plus accentuée, et, par suite, l'échancrure des cotylédons est plus profonde. Enfin, chez l'*I. dasysperma* (fig. 215-217), l'arête saillante de la chalaze est encore plus développée et croît jusque dans le voisinage de la saillie qui supporte la radicule. La croissance en longueur des cotylédons est alors empêchée, et ces derniers donnent alors naissance à deux longues ailes, de sorte qu'ils sont divisés presque à partir de leur base (fig. 217).

Chez les plantes du genre *Shorea*, la division des cotylédons paraît également être due à une cause sem-

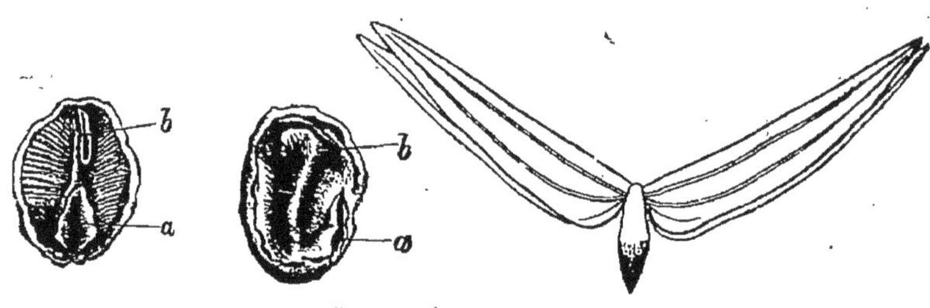

Ipomæa dasysperma.

FIG. 215. — Embryon, × 2.

FIG. 216. — Section de la graine après enlèvement de la face dorsale, de l'embryon et du périsperme, × 2.

FIG. 217. — Le même ensemble vu de profil, × 2.

blable; mais je n'ai pas eu l'occasion d'examiner un spécimen de graine de cette espèce.

L'*Eucalyptus* (fig. 139 et 218) nous offre un cas tout différent. L'embryon est (à l'exception des pétioles) droit, ou à peu près droit, blanc, charnu; il occupe tout l'intérieur de la graine dont il adopte la forme extérieure. Les cotylédons s'enroulent autour de la radicule et possèdent des lobes d'égale longueur. L'une des moitiés de chacun de ces cotylédons vient s'appuyer sur l'une des moitiés de l'autre; une moitié de chacun d'entre eux repose ainsi contre le testa. La radicule est charnue, tronquée à l'extrémité qui est en contact avec le testa;

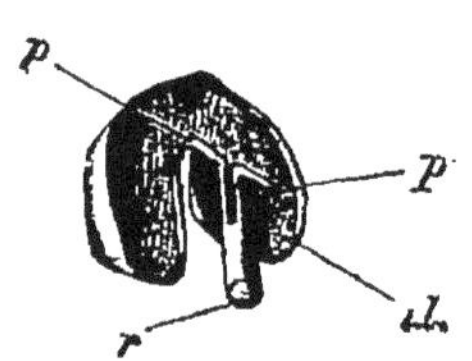

FIG. 218. — Embryon de l'*Eucalyptus globulus* (un des cotylédons étant enlevé) *p*, pétiole; *p'*, extrémité coupée du pétiole ; *il*, lobe interne du cotylédon, × 4.

mais, partout ailleurs, elle est complètement entourée par les cotylédons repliés. La longueur proprement dite des cotylédons est déterminée par la distance qui existe entre l'extrémité du pétiole et le pôle opposé de la graine. Le bord des cotylédons étant replié, leur partie qui se trouve au-delà des pétioles, peut s'accroître tout en s'enroulant autour de la radicule, et c'est précisément là ce qui donne à ces cotylédons la forme d'un sablier.

D'ailleurs, lorsque nous parlons de cotylédons émarginés, nous devons distinguer deux cas opposés, comme exemple desquels je prendrai le *Galium aparine* et l'*Œnothera Lindleyana*. Chez le premier, les cotylédons se présentent d'abord avec leur extrémité entière (fig. 219). Ultérieurement, et d'une façon générale, ils ne deviennent émarginés que lorsqu'ils sont sortis de l'intérieur de la graine (fig. 220). Chez l'*Œnothera Lindleyana*, au contraire, les cotylédons, d'abord émarginés, cessent graduellement de l'être. L'embryon absorbe d'une façon régulière tout le périsperme, mais la provision de substances nutritives située à l'extrémité la plus large de la graine est la plus abondante, et est, par suite, la dernière absorbée. Dans tous ces cas, l'émargination ne paraît pas être directement due à la structure de la graine; elle ne paraît pas, non plus, constituer un avantage pour la plante. Elle semble plutôt dépendre des conditions dans lesquelles s'effectue la croissance. Dans le *Galium aparine*, le cotylédon se termine par une glande particulière[1] qui, dans ce cas et dans un certain nombre d'autres, fait son apparition lorsque le cotylédon est sorti de la graine. Cette glande arrête toute croissance au point où elle se trouve et produit ainsi l'émargination.

La plupart des espèces du genre *Senecio* possèdent des

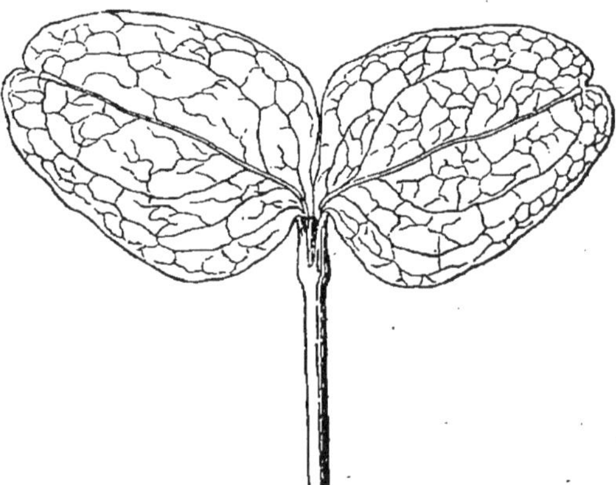

FIG. 219. — Jeune plantule de *Galium aparine*, ×2.

FIG. 220. — *Galium aparine*, jeune plantule un peu plus âgée, ×2.

cotylédons entiers. Chez quelques-unes, cependant, le *S. erucæfolius*, par exemple, ils sont émarginés. Mais, dans ces cas mêmes, ils sont d'abord entiers (fig. 221) et l'émargination n'est apparente qu'après la

[1] Cette glande a déjà été mentionnée par Gravis, dans son travail sur l'*Urtica dioica*, p. 139. Ce naturaliste a aussi observé la présence sur cette glande, d'une douzaine environ de petits stomates (on ne trouve point d'autres stomates sur la face supérieure de la feuille). Il considère cette glande comme un organe destiné à remédier à l'excès de tension dans l'appareil aquifère.

germination, lorsque les cotylédons se sont beaucoup élargis (fig. 222). Le *S. squalidus*, le *S. viscosus*, le *S. vulgaris*, etc., ont leurs cotylédons entiers et étroits, tandis que ceux du *S. erucæfolius* et du *S. cruentus* qui croissent plus en largeur qu'en longueur deviennent émarginés. Parmi les autres plantes dont les cotylédons, d'abord entiers, deviennent émarginés après la

Séneçon à feuille de Roquette *(Senecio erucæfolius)*.

FIG. 221. — Jeune plantule. FIG. 222. — La même, un peu plus âgée.

germination, nous pouvons citer plusieurs espèces de *Lithospermum*.

Le *Bryonia laciniosa* (fig. 197) possède également des cotylédons émarginés, tandis que ceux du *Bryonia dioica* (fig. 198) sont entiers. Dans ces deux cas, les cotylédons sont cependant primitivement entiers, et l'émargination chez le *B. laciniosa* est due à ce fait que dans cette espèce, les cotylédons croissent beaucoup plus que ceux du *B. dioica*. Il n'y a pas beaucoup de différence au point de vue de la grosseur entre les graines; celles du *B. laciniosa* étant peut être plus larges d'un dixième que celles du *B. dioica*. D'un autre côté, les cotylédons du *B. laciniosa* atteignent une longueur trois fois plus grande que celle des cotylédons du *B. dioica* (voir fig. 197 et 198). De même, dans le *Tacsonia ignea*, les cotylédons sont émarginés, tandis qu'ils sont entiers dans le *T. Van-Volxeni* et le *T. Leschenaultii*. Ici encore, ils sont d'abord entiers et ne deviennent émarginés qu'après être sortis de la graine.

XIII. — COTYLÉDONS DIVISÉS

Le genre *Pterocarya* possède des cotylédons très curieux, et cela pour une cause toute différente de celles

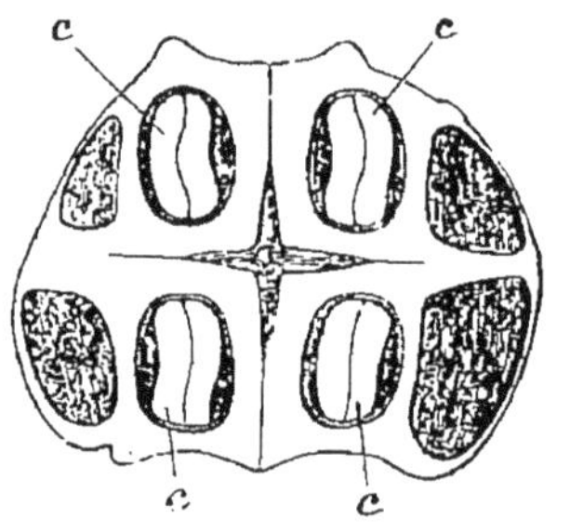

m
l l l l

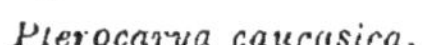

Pterocarya caucasica.

Fig. 223. — Section transversale du fruit $\times 6$.

Fig. 224. — Section transversale de la graine $\times 6$.

que nous avons étudiées jusqu'ici. Ils sont divisés en deux parties ; chaque division primaire se termine, en se rétrécissant, par une base cunéiforme et est elle-même profondément divisée (voir fig. 142). On compte donc en tout quatre divisions linéaires, oblongues, obtuses et entières. Dans ce cas, l'endocarpe est aplati, coriace et divisé à sa base en quatre cellules (fig. 223, *cccc*) par suite de l'épaississement et de l'intrusion de la paroi dorsale et de la paroi ventrale. La graine (fig. 224) est conique à sa partie supérieure, profondément découpée en quatre lobes à sa base (224, *llll*); chaque lobe *l* passant dans l'une des cellules *c*. Chacun des deux cotylédons de l'embryon envoie un lobe dans l'une des quatre cellules ce qui détermine ainsi la forme particulière et caractéristique de ces cotylédons.

Dans l'*Eschscholtzia* (fig. 141), les cotylédons sont profondément bifides et ressemblent à une fourche à foin dont les deux dents seraient très longues. Dans ce cas, aucune structure particulière du fruit ou de la graine ne peut expliquer cette forme. Je crus d'abord que de tels cas pouvaient être attribués à ce que le périsperme n'offre peut-être pas une épaisseur constante en chacun de ses points. Cette inégalité d'épaisseur permettrait à certaines parties des cotylédons de se développer plus rapidement que les autres. Mais j'étudiai plusieurs graines d'*Eschscholtzia* et je vis que l'épaisseur du périsperme était constante. Du reste, une Crucifère, le *Schizopetalon Walkeri* (fig. 226-229) possède des cotylédons aussi profondément divisés que ceux de l'*Eschscholtzia*, et cependant les graines de la première plante ne possèdent pas de périsperme, l'embryon occupant leur cavité tout entière, cavité dans laquelle les cotylédons s'enroulent plus ou moins irrégulièrement. Chez d'autres espèces, telles que le Sycomore (fig. 153) et le Houblon, les cotylédons sont également étroits et enroulés sur eux-mêmes; ils occupent la graine tout entière, mais ne sont pas divisés.

Il nous faut donc chercher une autre explication et je proposerai la suivante. Dans la plupart des espèces que j'ai examinées, quand les cotylédons demeurent à l'intérieur de la graine, ils ne sortent pas du sol. Dans quelques cas cependant, chez l'*Anona*, par exemple, la caulicule est longue, forte et se recourbe durant la germination (fig. 225), tandis que les cotylédons qui, d'abord, étaient très petits, grandissent graduellement et atteignent presque la longueur et la largeur de la graine. Ils forment des ondulations, et c'est peut-être là ce qui les empêche de se dégager de la graine, tout en tendant à les détacher éventuellement de l'axe. Chez le *Bignonia insignis*, les cotylédons, quoique plats et foliacés, ne peuvent pas se dégager de la graine.

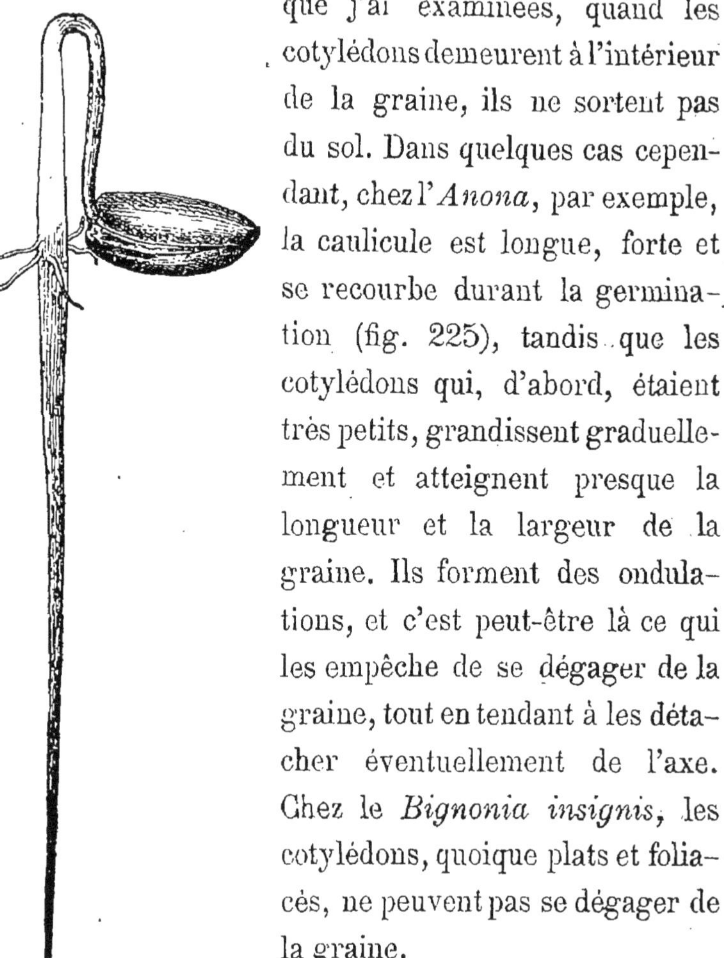

Fig. 225. — Jeune plantule d'*Anona*.

Je crois que la forme particulière des cotylédons de l'*Eschscholtzia* et du *Schizopetalon* peut être attribuée à la façon dont les cotyledons sortent de la graine. Si cette sortie est retardée, la jeune plante souffre considérablement et périt le plus souvent. « Les Cucurbitacées, dit M. Darwin[1], nous offrent un cas très intéressant. Les tuniques de la graine sont déchirées d'une façon toute spéciale, décrite par M. Flahault. Une sorte d'éperon ou cheville se développe sur une face du sommet de la radicule ou de la base de l'hypocotyle. Cet organe accroche la moitié inférieure du testa (la radicule étant fixée en terre), tandis que la croissance continue de l'hypocotyle arqué force vers le haut la partie supérieure et déchire en deux les enveloppes séminales, mais à une de leurs extrémités seulement; les cotylédons se dégagent alors aisément. »

L'étroitesse des colytédons de l'*Eschscholtzia* et leur profonde échancrure ne seraient-elles pas dues, peut-être, à une cause semblable? La graine est légèrement piriforme et la radicule sort par l'extrémité la plus étroite. Elle s'enfonce dans le sol en se recourbant; et, au lieu de laisser la graine au-dessous d'eux, comme cela a lieu ordinairement, les cotylédons l'entraînent. Les deux branches de chacun d'entre eux se séparent ensuite, élargissant ainsi l'orifice et se dégageant de l'intérieur de la graine.

Cette supposition semble être confirmée par le cas que nous offre le *Schizopetalon* (fig. 226-229), un des

[1] *The power of movement in plants*, p. 102. Dans le *Welwitschia*, Bower a remarqué que c'est d'une façon analogue qu'est absorbé le périsperme, qui, somme toute, sert à nourrir la jeune plantule (*Quarterly Journal of microscopical science*, vol. XXI).

rares exemples de plantes possédant des cotylédons bifides. Ici aussi, la radicule se dégage par un orifice relativement étroit, et la graine, de l'intérieur de laquelle les cotylédons semblent éprouver quelque diffi-

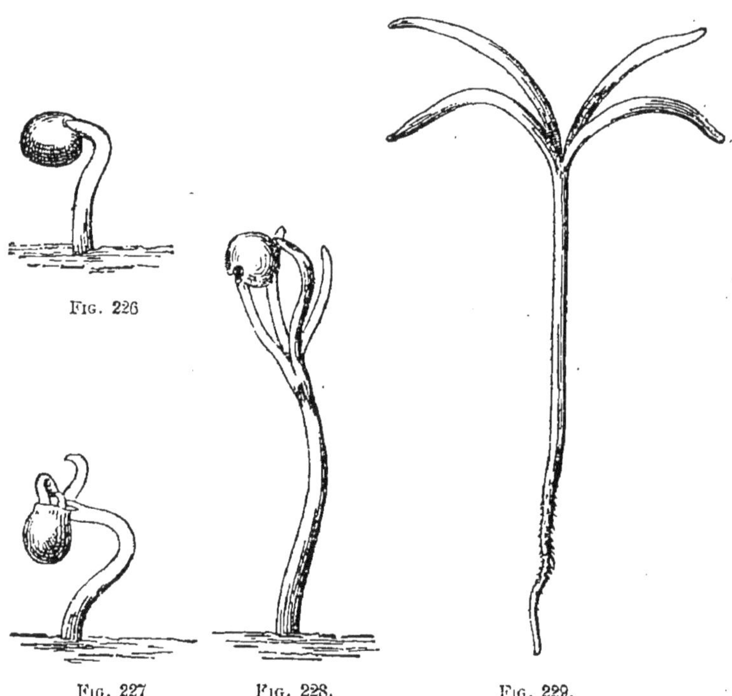

Fig. 226

Fig. 227 Fig. 228. Fig. 229.

Différentes phases de la croissance d'une plantule de *Schizopetalon Walkeri*, × 2 1/2.

culté à sortir, est entraînée par l'embryon, tandis que les lobes des cotylédons se dégagent l'un après l'autre. De même, chez l'*Opuntia basilaris*, qui diffère de l'*O. Labourtiana* par ses cotylédons étroits, la graine est entraînée de la même façon, et les cotylédons se dégagent en s'écartant l'un de l'autre. Cette espèce nous fournit le fait intéressant que l'un de ses cotylédons est souvent bifide (il arrive même quelquefois que les cotylédons sont bifides l'un et l'autre). Peut-être la multiplicité des cotylédons chez les Conifères (fig. 230) est-elle due à la même cause? Dans le genre *Ephedra*, on rencontre une membrane spéciale qui demeure attachée à la radicule et empêche ainsi le testa d'être entraîné par les extrémités des cotylédons.

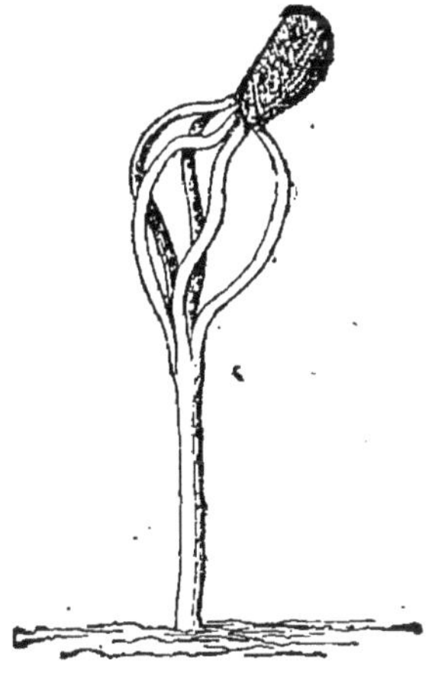

Fig. 230. — Plantule de *Pinus rigida*, × 2.

Le Cresson ordinaire *(Lepidium sativum*, fig. 105), dont j'ai déjà parlé, nous offre un cas très intéressant, car ses cotylédons possèdent chacun deux lobes latéraux, longs et étroits; tandis que, chez les autres espèces du même genre que l'on trouve en Angleterre, ils sont entiers.

La figure 231 représente une coupe de la graine du *Lepidium graminifolium* qui peut être considéré comme représentant, chez le genre *Lepidium*, la disposition normale. La graine, dont la forme est déterminée par celle de la silique qui la contient est triangulaire et la radicule en occupe l'extrémité la plus étroite. L'embryon remplit l'intérieur de la graine et il n'y a pas de périsperme. Chez le *Lepidium sativum* (fig. 232), la graine présente la même forme, mais elle est presque deux fois aussi large ; et, en conséquence, si les cotylédons devaient occuper tout ce nouvel espace, il faudrait qu'ils s'épaississent beaucoup. Dans les graines pourvues d'un périsperme, cela ne présenterait point de difficulté, parce que l'espace inoccupé serait simplement rempli par le périsperme. Dans le *Lepidium*, cependant, cette disposition ne saurait être réalisée et c'est

Fig. 231. — Graine du *Lepidium graminifolium*, Section × 15.

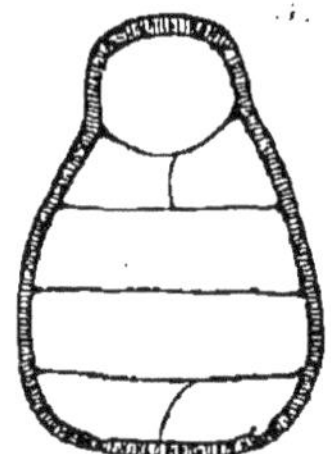

Fig. 232. — Graine du Cresson *Lepidium sativum*, Section × 15.

pourquoi les deux cotylédons remplissent exactement le vide.

Chez le Tilleul (*Tilia vulgaris*, fig. 233), nous trouvons un cas différent et très intéressant. Les cotylédons sont larges, foliacés, rhomboïdo-subtriangulaires et présentent cinq lobes et cinq nervures à leur base (ces nervures sont réticulées et celles qui forment la paire la plus externe et la plus inférieure sont peu développées). Leurs deux faces sont brillantes et légèrement pubescentes ; la face supérieure est vert foncé, la face inférieure est vert pâle. Ces cotylédons pétiolés présentent des lobes oblongs, obtus, possedant chacun une forte nervure. Les deux lobes extérieurs et le médian, quelquefois ovales sont toujours les plus larges; les deux autres sont oblongs ou subulés. Le limbe a une longueur de 15 à 21 millimètres; sa plus grande largeur est de 17 à 25 millimètres. Le pétiole pubescent a une longueur de 6 à 8 millimètres et présente un léger sillon à sa face supérieure. Le fruit ovoïde ou sub-globuleux présente cinq angles obtus. Il est tomenteux et possède quelques poils roussâtres. J'ajouterai qu'il est indéhiscent, ligneux, pourvu d'une seule loge, par suite de la rupture de la cloison, terminé par la base persistante du style et muni d'une large bractée décidue qui sert à la dissémination par le vent. La graine est ascendante, obovoïde ou sub-globuleuse, de couleur marron foncé, unie. Elle possède un testa crustacé composé de deux couches distinctes, un hile ovale, un raphé central, se dirigeant du hile au sommet de la graine, une chalaze apicale faisant saillie intérieurement et extérieurement, chez la

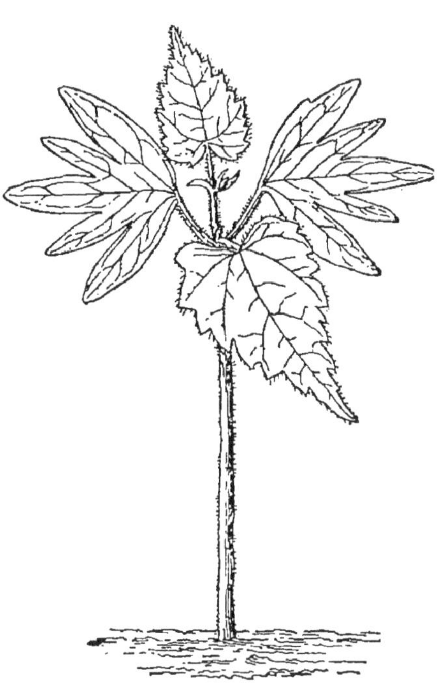

FIG. 233. — Tilleul *(Tilia vulgaris)*. Plantule. Grandeur naturelle.

graine mûre, sous forme d'une aspérité brun foncé. La radicule occupe la base de la graine.

Le périsperme est abondant, ferme, jaune pâle et homogène dans la graine mûre. On ne rencontre donc absolument rien de semblable à ce qui détermine l'existence de lobes chez les espèces précédemment décrites.

L'embryon est d'abord droit, la radicule est bien développée et obtuse. Les cotylédons sont ovalo-obtus,

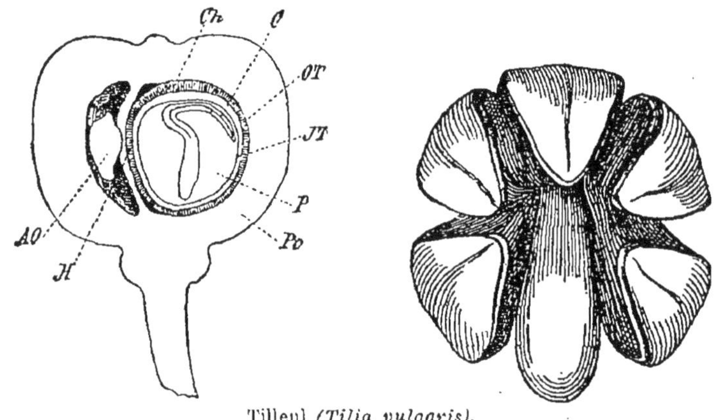

Tilleul (*Tilia vulgaris*).

FIG. 234. — Section de la graine, × 4. FIG. 235. — Embryon, × 8.

plan-convexes, charnus, d'un vert pâle et appliqués face à face. Ils croissent considérablement et lorsqu'ils rencontrent la paroi de la graine (fig. 234), ils reviennent sur eux-mêmes et se recourbent en suivant le contour général de cette dernière (fig. 235). Si l'on prend une tasse à thé et si l'on tente d'y faire tenir une feuille de papier, on verra qu'il faudra découper cette feuille en lobes ressemblant plus ou moins à ceux des cotylédons du *Tilia vulgaris*. Réciproquement, si l'on découpe une feuille de papier de façon à former des lobes ressemblant à ceux des cotylédons du Tilleul, on pourra faire coïncider cette feuille de papier ainsi préparée avec la concavité de la tasse.

On peut dire que la graine du Sycomore *(Acer)* n'est pas très différente de celle du Tilleul; et cependant, les cotylédons de la première sont longs, étroits et en forme de lanière, tandis que les cotylédons du Tilleul ont une forme rhomboïdale et présentent cinq lobes. Mais, l'on doit se rappeler que, chez le Sycomore, l'embryon occupe la graine tout entière; tandis que dans le Tilleul, il est plongé dans le périsperme.

La forme particulière et lobée des cotylédons du Tilleul a alors pour but, d'après moi, de permettre à l'embryon de se loger facilement dans la graine globuleuse.

XIV. — COTYLÉDONS AURICULÉS

Quelques cotylédons sont auriculés d'une façon très remarquable. Je citerai comme exemple ceux du *Poterium* (fig. 143) et de l'*Hakea* (fig. 122). Je crois que cette disposition a pour but de remplir tout espace vide de la graine. Dans le genre *Hippophaë* (fig. 156), la forme des cotylédons est telle qu'il reste de chaque côté de la base de ces cotylédons, deux espaces *(d)*, qui sont occupés par le périsperme. D'un autre côté, dans le *Cuphea* (fig. 203), le *Ruellia* (fig. 153) et le *Poterium* (fig. 205) on ne trouve point de périsperme;

et, il y a alors tout avantage à ce que le cotylédon soit muni d'auricules afin d'occuper l'espace vide.

Si c'est là le but des auricules, nous pouvons espérer les trouver chez des familles composées de plantes dont les graines sont dépourvues de périsperme. Parmi les espèces que j'ai examinées, j'ai trouvé des cotylédons auriculés dans trente-cinq genres appartenant à vingt-deux familles différentes, dont treize étaient composées de plantes à graines dépourvues de périsperme, tandis que six des neuf autres en possédaient un presque réduit à l'état de membrane.

Chez le *Cuphea,* la conformation spéciale de la radicule semble venir à l'appui de cette vue. Cette radicule (fig. 206) est trilobée et cela, parce qu'elle contribue, avec les cotylédons à remplir les espaces inoccupés.

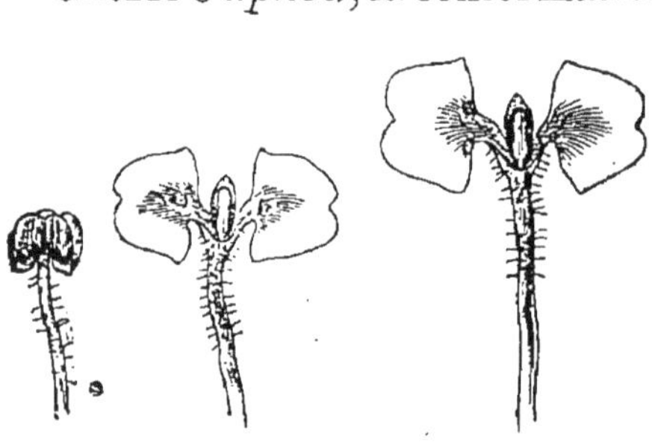

Fig. 236 à 238. — Trois phases successives de la croissance d'une plantule de *Cuphea silenoides.*

Comme seconde preuve de ce que j'avance, je ferai remarquer que ces auricules semblent être de peu d'utilité pour la plantule. C'est ainsi que l'embryon du *Cuphea*, lorsqu'il est à l'intérieur de la graine est muni de très larges auricules (fig. 206) qui disparaissent bientôt chez la plantule (fig. 236-238). Chez le *Ruellia* également (fig. 158, 117), nous avons un cas semblable.

XV. — GROSSEUR DES GRAINES

En ce qui concerne la grosseur des graines, si nous supposons un état de choses tel que chaque graine vienne à maturité, il suffira que chaque plante produise une ou deux graines pendant toute la durée de son existence pour que le nombre des échantillons de cette espèce reste constant. Il se fait, en réalité, une énorme destruction de graines. Beaucoup d'entre elles sont mangées par les animaux, ou ne trouvent pas un endroit favorable à leur germination. Parmi celles qui germent, beaucoup sont, en quelque sorte, étouffées par leurs voisines. Darwin a observé que, sur plus de trois cent cinquante-sept plantules qui croissaient sur une surface de trois pieds de longueur et de deux pieds de largeur, il n'y en eut pas moins de deux cent quatre-vingt-quinze qui furent détruites par les limaces et les insectes. Plus le nombre de graines destinées à maintenir constant le nombre des échantillons d'une espèce est grand, et plus il y a de chances qu'une de ces graines atteigne un endroit favorable à son développement. Dans ce cas, les graines sont généralement petites. Au contraire, si la plante produit le plus petit nombre de graines strictement nécessaire, c'est alors qu'il y aura le plus de chances que chacune des graines arrive à maturité. Dans ce second cas alors, il y aura tout avantage à ce que les graines soient grosses. Par suite, les plantes parasites, produisent une grande quantité de petites graines. Il existe cependant quelques exceptions : le Gui, par exemple, dont les graines sont transportées par les oiseaux. Je crois que cette exception a lieu chez toutes les Loranthacées.

Un cas intéressant nous est offert par certaines espèces qui produisent deux sortes de siliques : telle est le *Cardamine chenopodifolia* du Brésil. A côté des siliques ordinaires qui ressemblent à celles des autres Cardamines et contiennent plusieurs graines, cette plante produit des siliques souterraines. Dans les siliques ordinaires, le nombre des graines augmente les chances que quelques-unes d'entre elles atteignent un endroit favorable à leur développement. D'un autre côté, les graines des siliques souterraines sont, en quelque sorte, semées par la plante elle-même. Si ces graines étaient nombreuses, les plantules auxquelles elles donneraient naissance se nuiraient réciproquement ; et c'est peut-être pour cela que les siliques souterraines ne produisent qu'une ou deux graines. Chez un grand nombre d'espèces, les graines varient peu de grosseur ; mais, en pareil cas, nous ne devons pas nécessairement tirer des conclusions de la comparaison de la production des grosses graines avec celle des petites graines, parce l'on pourrait nous dire avec raison que les premières furent mieux nourries et devinrent peut être plus vigoureuses. Cependant, chez le *Cardamine chenopodifolia* du Brésil, les graines provenant des siliques souterraines sont plus larges que les autres, et Grisebach a remarqué[1] qu'elles produisaient des plantules plus vigoureuses que celles que produisaient les autres graines.

Il y a, au contraire, d'autres motifs qui peuvent faire qu'il y ait avantage à ce que le nombre des graines produites par une fleur soit diminué. Cela a lieu par exemple pour les Composées, chez lesquelles la réunion d'un grand nombre de fleurs en une seule inflorescence (Pâquerette, etc.) et leur diminution de grandeur qui en est la conséquence, rendent avantageuse la production d'une seule graine par fleur.

Les espèces qui produisent de grosses graines peuvent, comme nous l'avons déjà dit, être divisées en deux groupes : 1° celles chez lesquelles l'embryon est entouré par un périsperme; 2° celles chez lesquelles l'embryon occupe la graine tout entière.

Chez les premières, l'arrangement de l'embryon ne présente pas de difficultés spéciales, puisque le périsperme remplit simplement l'espace laissé par l'embryon Chez les autres, au contraire, la nature a dû montrer plus de génie et adopter des dispositions variées pour combler cet espace vide.

Le premier plan consiste à disposer les cotylédons face à face et à les enrouler ensuite en peloton ou en spirale. On trouve cette disposition chez le Sycomore

[1] Grisebach, *Der Dimorphismus der Fortpfl.* V. Cardamine chenopodifolia, (Göttinger Nachrichtungen, 1878, p. 334).

(fig. 153), et c'est là ce qui explique la forme d'une longue lanière affectée par les cotylédons.

Dans une deuxième disposition, les cotylédons sont disposés face à face et repliés sur eux-mêmes (Chou, Moutarde, Radis (fig. 176-178), etc.

D'autres fois, les cotylédons sont enroulés sur le côté (*Calycanthus*). Chez le *Lepidium sativum*, les cotylédons sont trifides (fig. 105 et 232). Chez le *Cordia*, ils forment de nombreux plis. Dans d'autres cas, chez le Hêtre, par exemple, ces plis sont encore plus compliqués. Chez quelques espèces, le Lupin, par exemple, les cotylédons deviennent si épais et si charnus qu'ils perdent presque l'aspect de feuilles. Ils sont alors mis en liberté par une déchirure du testa. Cependant, lorsque le testa ne se fend pas rapidement et lorsqu'il s'agit de larges graines dépourvues de périsperme, la difficulté qu'éprouvent les cotylédons à se déplier et à se dégager de la graine devient plus grande. Dans ce cas, la nature semble avoir renoncé à vaincre cette difficulté, et, alors, les cotylédons ne sortent jamais de l'intérieur de la graine (Chêne, Marronnier d'Inde). C'est ainsi que, parmi les Juglandées, le *Pterocarya* possède des cotylédons foliacés, tandis que ceux du Noyer ne quittent jamais la coquille. Chacun a pu observer les plis délicats qui ornent les deux cotylédons, plis qui ne semblent avoir actuellement aucune importance, ni aucune signification, mais qui prouvent cependant que le Noyer et le *Pterocarya* possédaient autrefois des cotylédons foliacés.

Si ces suppositions sont exactes, nous pouvons nous attendre à ce que les espèces hypogées possédent en général de larges graines dépourvues de périsperme. Cela paraît, en effet, être une règle. Parmi les plantes que j'ai étudiées, trente-sept genres sont composés d'espèces à cotylédons hypogés ou demeurant à l'intérieur de la graine. Les graines elles-mêmes sont d'une largeur notable, et toutes, sauf trois, sont dépourvues de périsperme. On peut quelquefois trouver, dans un même genre, des espèces à cotylédons hypogés et des espèces à cotylédons foliacés (*Rhus*, *Rhamnus*, *Mercurialis*[1], *Phaseolus*, etc.).

Le *Phaseolus vulgaris* nous présente un degré intermédiaire. Ses cotylédons sont épigés et verts, mais charnus, et ne ressemblent nullement à de véritables feuilles. Dans le *Melittis melissophyllum*, suivant Irmisch[2], les cotylédons charnus demeurent généralement dans le sol et sont maintenus accolés par le testa. Mais il arrive quelquefois qu'ils rompent leur enveloppe et se séparent l'un de l'autre. Semblables aux véritables cotylédons hypogés, ils sont dépourvus de stomates.

Quand les cotylédons sont larges, épais et charnus, ils contiennent, le plus souvent, une quantité de matières nutritives suffisante pour rendre inutile, pendant quelque temps, l'arrivée de provisions nouvelles. En

[1] Winkler, *Flora*, 1880, p. 339.

[2] *Zur Naturgeschichte von* Melittis Melissophyllum *(Zeit.*, 1858, p. 233).

pareil cas, il arrive quelquefois que les plantules ne produisent pas d'abord des feuilles bien développées. Leurs premières feuilles sont de très petite taille et ont presque l'aspect de feuilles déjà vieilles (*Rhus*, fig. 145 ; *Sapindus*, fig. 144 ; *Tropœolum*, etc.).

XVI. — GROSSEUR DE L'EMBRYON

Comme je l'ai déjà mentionné, il existe plusieurs cas, ou, pour parler plus exactement, des ordres entiers

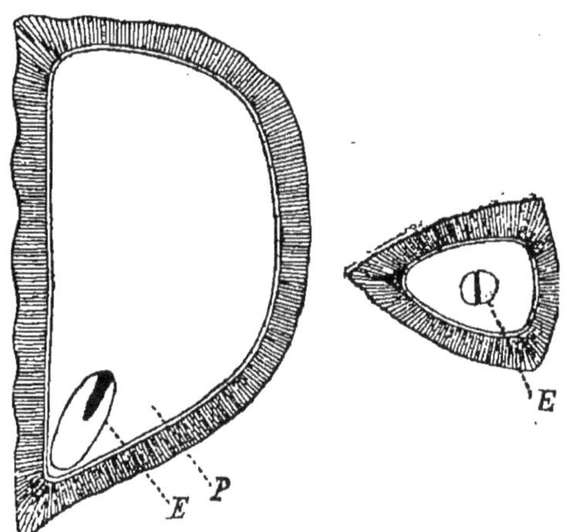

Fig. 239. — Section longitudinale et section transversale d'une graine de Staphisaigre (*Delphinium staphisagria*), × 12.

dans lesquels la graine mûre est entièrement occupée par l'embryon. Dans d'autres exemples (*Delphinium*, fig. 239), l'embryon est très petit et tous les degrés intermédiaires peuvent être cités.

Quand il y a avantage pour la plante à ce que la germination soit rapide, cette condition doit être plus promptement assurée, si l'embryon est gros. En réalité, nous pouvons constater que les graines à large embryon (Chou, Pin, etc.) germent beaucoup plus vite que les graines à petit embryon (Ombellifères, Renonculacées, etc.).

D'un autre côté et dans d'autres cas, la question de temps est moins importante et de nouvelles considérations entrent en jeu. La protection de l'embryon est principalement effectuée par les enveloppes extérieures, par le périsperme lui-même[1]; et c'est pourquoi un embryon de petite taille est moins susceptible d'être endommagé.

XVII. — GROSSEUR DES COTYLÉDONS

Il est à peine nécessaire de dire que la grosseur de la plante n'influe nullement sur celle des cotylédons. Wincker[2] a remarqué que nos plus grandes Orties possédaient les plus petits cotylédons. D'un autre côté, il est naturel que de larges graines produisent, d'une façon générale, de larges cotylédons. Il ne faudrait cependant pas considérer cela comme une explication complète. Il arrive souvent que les cotylédons croissent

[1] V. Marloth. *Ueber Mech. Schutzmittel der Samen gegen schädliche Einflüsse von Aussen*, Engler's Bot. Jahrb., 1883.

[2] *Ueber die Keimblatter der deutschen Dicotylen (Vehrandlungen, Bot. Ver.* 1874, p. 11.

considérablement après être sortis de la graine. On supposait autrefois que dans le curieux genre *Welwitschia*, les deux grandes feuilles n'étaient pas autre chose que les cotylédons persistants. Cette supposition est maintenant rejetée. Chez beaucoup de monocotylédones cependant, les cotylédons acquièrent une longueur considérable. J'ai déjà eu l'occasion de citer chez les dicotylédones des cas où les cotylédons continuent à croître quelque temps après être sortis de la graine.

Le *Streptocarpus Rexii* présente peut-être le cas le plus remarquable. Les cotylédons sont d'abord petits, ronds et munis de courts pétioles. Bientôt, l'un d'eux commence à croître et devient d'abord ovale, puis oblong et prend enfin l'aspect d'une feuille entière, obtuse, persistante, atteignant une longueur supérieure à dix-huit pouces. L'autre cotylédon conserve la forme primitive et se détache bientôt. Cependant, chez quelques échantillons, les deux cotylédons gardent leur forme propre, et c'est la première vraie feuille qui présente cet accroissement extraordinaire.

Chez la forme cultivée du Manguier, les cotylédons sont divisés en lobes plus ou moins irréguliers ; et, dans un spécimen que me donna généreusement M. Ridley, l'un des lobes se développa en une plante indépendante.

Chez le genre *Œnothera* et chez quelques plantes alliées déjà mentionnées, les cotylédons arrivés à leur complet développement, présentent un lobe terminal qui est, en réalité, le cotylédon proprement dit, tandis que leur partie basilaire est plus large et due à la croissance ultérieure. J'espère pouvoir revenir plus complètement sur ce sujet, dans un prochain mémoire.

REMARQUES

Les conditions dans lesquelles croissent les plantules exercent naturellement quelque influence sur la forme des feuilles. C'est ainsi que, si des plantules de *Mimulus luteus* croissent suffisamment éloignées les unes des autres, leurs premières feuilles, munies de courts pétioles, seront triangulaires et les premiers entre-nœuds seront peu développés. Si, au contraire, les plantules croissent pressées les unes contre les autres, les entre-nœuds et les pétioles croîtront davantage et les feuilles seront ovales.

Chez la Primevère, nous trouvons une disposition qui semble presque destinée à donner quelque pouvoir de locomotion à la plantule. La caulicule est quelquefois horizontale et produit de fortes racines adventives; sa partie supérieure devient toutefois verticale, comme cela a lieu ordinairement.

D'une façon générale, les premiers bourgeons produits par les plantules sont situés sur l'axe des feuilles, ou, plus rarement, sur celui des cotylédons. Cependant, chez quelques espèces du genre *Linaria*, la caulicule elle-même donne naissance à un ou à plusieurs bourgeons qui produisent des branches. Grâce à cette disposition, si la tige principale est broutée par un animal ou même arrachée complètement, la plante est capable de la remplacer.

Il existe donc une série presque inépuisable d'admirables adaptations. D'un autre côté, il ne manque pas d'exemples chez lesquels l'adaptation ne semble pas complète, ou qui paraissent avoir subi une modification importante qui a atténué, sans les supprimer complètement, les conditions défavorables.

Le Chêne, le Hêtre, le Noisetier constituent une série d'exemples très intéressants. La figure 241 représente l'intérieur d'une Noisette. Les différentes parties

FIG. 240. — Section d'un gland de Chêne (*Quercus pedunculata*). Grandeur naturelle : *o*, ovule avorté.

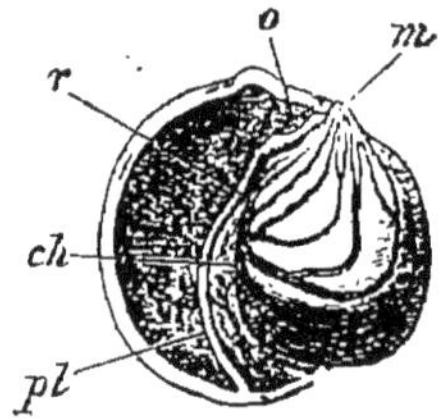

FIG. 241. — Section d'une Noisette (*Corylus avellana*). Grandeur naturelle : *o*, ovule avorté.

sont un peu détachées les unes des autres, afin que l'on puisse voir plus clairement leurs rapports. Le micropyle *(m)* est situé au sommet de la graine. L'ovule n'est pas orthotrope, ce qui est, ou du moins semble être l'arrangement le plus simple. Nous voyons, au centre, un long axe placentaire *(pl)* qui se prolonge jusqu'au sommet de la graine et duquel part un raphé *(r)* qui se dirige de haut en bas, à peu près jusqu'à moitié de la graine et parvient au point où la chalaze, le vrai point d'attache, est située. C'est en vain que j'ai cherché à découvrir ou à imaginer les circonstances qui avaient spécialement adapté cette organisation complexe aux conditions actuelles. Il semble qu'il aurait été plus simple et plus commode pour la nature de placer cet ovule de manière que sa base fût directement sur la partie qui la supporte, ce qui aurait amené la disparition de l'axe placentaire *(pl)* et du raphé *(r)*.

Ce qui donne plus de poids à cette opinion, c'est que cette disposition a été presque obtenue dans le gland du Chêne. L'ovule des plantes de ce genre est théoriquement anatrope, mais l'axe placentaire et le raphé sont l'un et l'autre très raccourcis (fig. 240); de sorte que la distance que les substances nutritives doivent parcourir est bien diminuée, quoique le vrai point d'attache de l'ovule reste le même. On dirait que le Chêne a été capable d'apprécier les difficultés et les inconvénients de la situation et les a supprimés en grande partie. Serait-ce de la pure fantaisie que de supposer que, dans un certain nombre de siècles d'ici, l'ovule du Chêne sera orthotrope?

Mais pourquoi ces ovules sont-ils anatropes, lorsqu'il y aurait avantage à ce qu'ils fussent orthotropes? Quelque lumière est jetée sur ce point par le fait qu'une seule graine parvient à maturité, quoique l'ovaire contienne primitivement plusieurs loges renfermant chacune un ou deux ovules. Il est cependant facile de les voir, soit au sommet de la graine (Noisetier, fig. 241, *o*; *Fagus*, etc.), ou près de sa base (Chêne, fig. 240, *o*). Leur présence paraît indiquer que ces espèces descendent d'ancêtres dont le fruit était composé de plusieurs loges, contenant chacune plus d'une graine. Cet état de choses différait donc beaucoup de ce qui existe aujourd'hui et la disposition anatrope constituait alors un avantage. Si cette hypothèse est fondée, la structure du fruit du Noisetier, du Hêtre, etc., devient particulièrement intéressante, puisqu'elle représente un cas chez lequel les dispositions actuelles ne sont pas les meilleures pour la plante, et parce qu'il est probable que la même explication peut s'appliquer à d'autre cas difficiles. On rencontre un très grand nombre d'exemples chez lesquels il y a d'abord une quantité plus ou moins grande d'ovules; souvent, tous ces ovules sauf un avortent. Pour quelques uns de ces exemples, on peut supposer que ce nombre d'ovules a pour but d'augmenter les chances de fécondation, mais il en est d'autres pour lesquels cette explication ne serait pas valable. C'est ainsi que chez le *Ptelea*, l'ovaire se compose de deux ou trois loges contenant chacune deux ovules dont l'un est attaché au placenta un peu au-dessus de l'autre qui avorte régulièrement. Dans ce cas et dans un grand nombre de cas analogues, l'existence de cet ovule maintenant inutile, indique d'une façon presque certaine que les ancêtres de notre *Ptelea* actuel produisaient habituellement deux graines.

Chez le *Paliurus*, l'ovaire présente ordinairement trois loges, mais quelquefois on n'en trouve que deux contenant chacune une seule graine. De même, dans le *Myagrum*, l'ovaire possède trois loges, mais les deux loges externes ne produisent pas de graines. Chez l'*Hæmanthus*, on trouve trois loges contenant chacune un ovule; cependant, le fruit ne possède qu'une seule graine. Chez le *Convallaria*, il existe trois loges contenant chacune deux ovules, mais, ordinairement, un seul sur les six se développe. Chez le *Phillyrea*, il y a deux ovules dont l'un avorte. Il en est de même dans le *Canarium*, dans le *Gyrinopsis*, le Jasmin, l'*Æsculus*, le *Cordia*, etc.

Au point de vue de l'origine de ces différences, les variations que l'on constate chez les plantules sont d'un grand intérêt. C'est ainsi que, parmi plus de cent trente-cinq plantules de *Lepidium sativum* (qui, comme je l'ai déjà dit, diffère des autres espèces du genre *Lepidium*, en ce qu'il présente des cotylédons trilobés), j'en ai remarqué au moins vingt-cinq, c'est-à-dire 18 1/2 pour 100, différant du type proprement dit. Les plantules de *Primula sinensis* obtenues par la culture ont souvent un de leurs cotylédons profondément bifide. Dans un lot de plantules que j'examinai, ce cas se présenta dans la proportion de 20 pour 100.

Chez le *Poterium sanguisorba*, le tube que forme

le calice contient généralement un, mais quelquefois deux ou trois akènes. Dans le genre *Ranunculus*, les pétioles des cotylédons sont quelquefois connés.

Dans l'*Œnothera*, les cotylédons sont droits, ou bien l'un ou l'autre, et quelquefois même les deux sont enroulés. Irmisch a remarqué que les cotylédons du *Clematis recta*, qui sont ordinairement épigés, restent cependant quelquefois dans le sol, tandis que le contraire a lieu pour le *Melittis* et, d'après Winkler, pour le *Dentaria* et le *Mercurialis*. Les cotylédons qui sont généralement charnus et hypogés, s'élargissent cependant quelquefois au-dessus du sol et forment de petites feuilles vertes.

La division d'un seul et même des deux cotylédons se présente quelquefois chez un grand nombre d'espèces à cotylédons ordinairement entiers[1].

Chez le genre *Rheum*, les cotylédons sont généralement parallèles, mais il arrive quelquefois que l'un d'eux est placé plus ou moins obliquement par rapport à l'autre.

Dans le genre *Fagopyrum*, la position et l'arrangement des cotylédons dans la graine varient beaucoup. Les cotylédons changent de direction après avoir pénétré dans un coin de la graine; ils suivent ensuite le contour interne du testa et prennent des positions très variées. Dans le *Carum carvi*, les cotylédons ont quelquefois

[1] V. Gœbel, *Grundzüge Syst. spec. Pflanzen Morphologie*, p. 505.

leur dos tourné vers l'axe du fruit; d'autres fois, au contraire, ils tournent leurs bords vers cet axe, tandis que, dans quelques cas, ils sont obliques.

Dans le *Cheiranthus pygmeus*, les cotylédons sont tantôt accombants, tantôt incombants. Ils peuvent même être droits ou enroulés, et cela dans une même silique. Il serait facile de citer encore de pareils cas, mais je

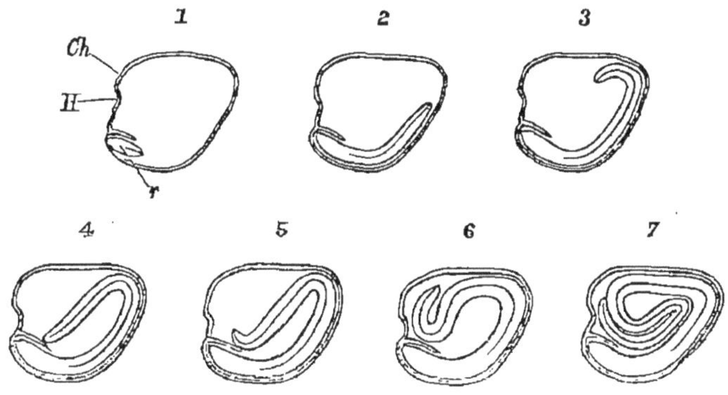

Fig. 242. — *Acer pseudo-Platanus*. Sections de la graine montrant sept phases successives de la croissance de l'embryon × 3.

me contenterai d'en citer seulement un dernier, et j'essayerai d'expliquer quelles sont les raisons qui ont amené la différence. Chez l'*Acer* (fig. 242, 1), l'embryon, à son début, n'est qu'un court prolongement tubulaire du micropyle. Il est d'abord droit et présente une radicule turbinée extrêmement courte et des cotylédons ovales, obtus, étroitement pressés l'un contre l'autre. Au fur et à mesure que la croissance continue, l'embryon s'étend le long du côté inférieur de la graine et suit son contour, devenant graduellement lancéolé (fig. 242, 2) ou oblong-lancéolé. Quand les cotylédons ont atteint la partie supérieure de la graine, qui est la plus étroite, la courbure de la paroi les contraint à se replier de nouveau sur eux-mêmes et ils se dirigent de haut en bas (fig. 242, 3). La croissance continue jusqu'à ce que l'extrémité des cotylédons vienne toucher de nouveau la radicule et la disposition définitive de ces cotylédons diffère selon qu'ils se recourbent vers l'intérieur ou vers l'extérieur de la graine. Cela semble dépendre de la direction exacte qu'ils suivent dans leur croissance. S'ils rencontrent le prolongement qui entoure la radicule, il est évident que leur direction naturelle les entraînera vers la surface de la graine (fig. 242, 5) jusqu'à la paroi de cette dernière, après quoi, ils se dirigeront vers le haut, de sorte qu'ils se replieront sur eux-mêmes. Si, au contraire, l'extrémité des cotylédons passe juste au-dessous de l'appendice du micropyle et touche la radicule, ils croîtront alors en se dirigeant vers l'intérieur de la graine et s'enrouleront sur eux-mêmes en formant des spirales. Dans les spécimens que j'ai examinés, la dernière disposition ne se rencontrait que très rarement.

XVIII. — FORMES DES PREMIÈRES FEUILLES

Le temps ne me permet pas d'entrer dans des détails particuliers relativement aux premières feuilles et à la transition qui se présente entre elles et les feuilles de forme définitive. Je ferai seulement remarquer que les premières feuilles sont généralement simples, ou tout au moins plus simples que celles qui viennent ensuite.

Chez les espèces dont les feuilles sont composées de trois folioles, la première feuille est généralement simple (Trèfle). Quand les feuilles ordinaires sont pennées, les premières ont ordinairement trois folioles, et, quand les feuilles définitives sont bipennées, les premières sont généralement pennées. J'ai déjà fait observer que les espèces à feuilles lobées ou palmées sont le plus souvent précédées par des feuilles entières et cordées.

Dans la plupart des cas, les premières feuilles sont donc plus simples que celles qui sont produites plus tard. Chez les espèces croissant dans des pays très secs, l'inverse se produit souvent. C'est ainsi que dans le *Lasiopetalum ferrugineum* d'Adelaïde (fig. 243), les premières feuilles ont la forme d'une spatule et sont plus ou moins lobées, tandis que les feuilles ordinaires sont linéaires. De même chez le *Dodonæa viscosa*, qui croît également

Fig. 243. — Plantule de *Lasiopetalum ferrugineum*. 1/2 de la grandeur naturelle.

à Adélaïde, les premières feuilles sont lobées; celles qui viennent ensuite sont simples.

XIX. — RELATIONS QUI EXISTENT ENTRE LA PLANTULE ET LA GRAINE

Revenons, pour un instant, aux plantules. Il s'agit de déterminer si la conformation de l'embryon dépend de celle de la graine ou si la forme de la graine est déterminée par la forme des cotylédons. Il existe, évidemment, un rapport entre la structure des graines, le mode d'existence, etc., des plantes qui les produisent. J'ai décrit ailleurs la structure de la graine et je me contenterai de dire qu'en définitive, il n'y a pas lieu de supposer que cette structure soit influencée par la forme de l'embryon. D'un autre côté, il semble tout aussi clair que la forme de l'embryon (et particulièrement celle des cotylédons) dépend essentiellement de celle de la graine.

Le Thé *(Thea)*, nous offre, par exemple, un cas très intéressant. Les cotylédons de cette plante varient beaucoup au point de vue de leur forme, se conformant à celle de la graine et dépendant du nombre des ovules qui se développent. Ils sont contenus dans une sorte de capsule ligneuse et sont plus ou moins comprimés. Chez les plantes du genre *Citrus*, les cotylédons sont encore inégaux et irréguliers, plusieurs embryons étant contenus dans chaque graine et quelquefois pressés les uns contre les autres dans la plus grande confusion. Dans un grand nombre d'autres cas, parmi ceux que j'ai déjà cités, il y a tout lieu de croire que la forme des cotylédons a été influencée par celle de la graine, tandis que la réciproque n'a pas lieu.

Pour conclure, permettez-moi de prendre encore un exemple. Les cotylédons du Sycomore (fig. 110) sont longs, étroits, et ont la forme de lanières; ceux du Hêtre (fig. 114) sont courts, très larges et ont la forme d'un éventail. Chez l'une et l'autre espèce, les graines sont dépourvues de périsperme, l'embryon occupant tout leur intérieur.

Chez le Sycomore, la graine a la forme d'une sphère plus ou moins aplatie et les longs cotylédons rubanés, enroulés, en remplissent exactement l'intérieur, le plus interne étant souvent un peu plus court que l'autre. D'un autre côté, le fruit du Hêtre est plus ou moins triangulaire, par suite un arrangement des cotylédons semblable à celui que l'on observe chez le Sycomore ne saurait nullement convenir en pareil cas, parce qu'il laisserait naturellement de grands vides. C'est pourquoi les cotylédons sont repliés comme un éventail, d'une façon plus compliquée cependant, et telle qu'ils remplissent parfaitement l'intérieur de la graine.

Pouvons-nous encore nous appuyer sur cet argument pour essayer de résoudre les questions suivantes: Pourquoi la graine du Sycomore est-elle sphérique, tandis que celle du Hêtre est triangulaire? Est-il évident que les cotylédons sont conformés de façon à correspondre à la forme de la graine ? Ne pourrait-il pas se faire que la forme de la graine elle-même fût adaptée à celle des cotylédons ? Pour répondre à ces questions, nous devons examiner le fruit ; et, dans les deux cas, nous trouvons que sa cavité est sensiblement sphérique. Cependant, chez le Sycomore, cette cavité est relativement petite : son diamètre est d'un cinquième de pouce environ. Elle ne contient qu'une seule graine de même forme qu'elle. Chez le Hêtre, au contraire, l'involucre dont la largeur est au moins le double du diamètre des fruits, contient de deux à quatre de ces derniers. Pour remplir la cavité entière, ils sont forcés, comme les tranches d'une orange, de prendre une forme plus ou moins triangulaire.

Dans ces exemples, en partant de la forme du fruit, nous voyons donc qu'elle tient sous sa dépendance celle de la graine qui, elle-même, détermine celle des cotylédons. Mais, quoique les cotylédons adoptent souvent la forme de la graine : cela n'est point une règle générale : d'autres facteurs doivent aussi être pris en considération. Malgré cela, je crois pouvoir dire, cette restriction étant faite, que nous pouvons jeter beaucoup de lumière sur les causes qui produisent les formes variées des plantules.

CHAPITRE II

DES FORMES VARIÉES DES PLANTULES DES ONAGRARIÉES ET DES PLANTAINS

Plantules des Onagrariées. — *Œnothera bistorta*. — Clarkie gentille *(Clarkia pulchella)*. — Clarkie à feuilles rhomboïdales *(C. rhomboidea)*. — Clarkie fausse Gaure *(C. gaurioides)*. — Œnothère de Lindley *(Œnothera Lindleyana)*. — Œnothère de Lamarck *(Œ. Lamarckiana)*. — Œnothère bisannuelle *(Œ. biennis)*. — Eucharidie à grandes fleurs *(Eucharidium grandiflorum)*. — Le genre Plantain *(Plantago)*. — Plantain lancéolé *(P. lanceolata.)* — Plantain moyen *(P. media)*. — Grand Plantain *(P. major)*.

I. — PLANTULES DES ONAGRARIÉES

Les plantules de quelques Onagrariées possèdent de très curieux cotylédons. J'ai été grandement intrigué par la forme particulière des plantules d'une Œnothère, l'*Œnothera bistorta*, dont les cotylédons longs et linéaires, présentent brusquement à leur extrémité une large partie orbiculaire (fig. 244).

Dans l'Eucharidie à grandes fleurs *(Eucharidium grandiflorum*, fig. 247) ou la Clarkie à feuilles rhomboïdales *(Clarkia rhomboidea*, fig. 251), la forme des cotylédons pourrait tout d'abord être attribuée à une cause semblable à celle qui produit la forme particulière

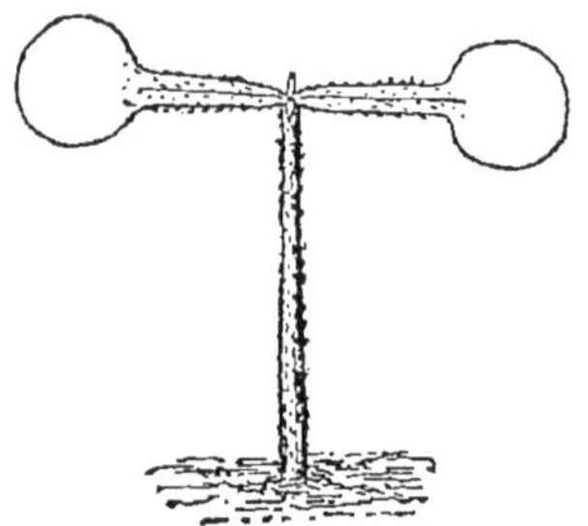

Fig. 244. — Plantule d'*Œnothera bistorta*, × 3.

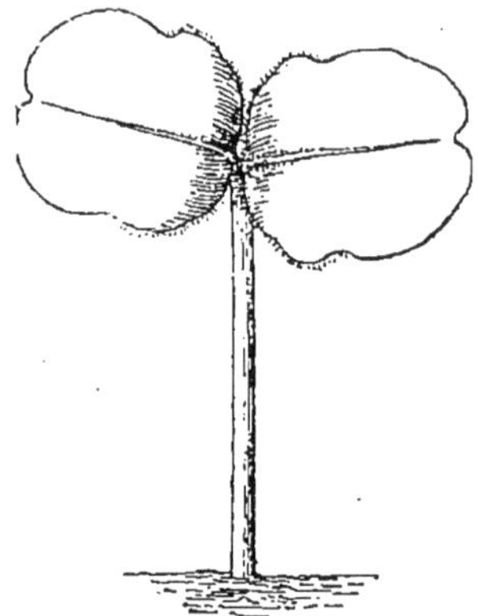

Fig. 246. — Plantule, dix jours après la germination, × 3.

Fig. 245. — Eucharidie à grandes fleurs (*Eucharidium grandiflorum*). Plantule, × 3.

des cotylédons de la Mauve. Mais, en réalité, cette cause est très différente. Dans l'Eucharidie, il n'y a aucune relation entre la présence de lobes et la disposition de l'embryon dans la graine. La jeune plantule, considérée immédiatement après la germination, n'en présente aucune trace. Les cotylédons, au moment où ils se dégagent de la graine (fig. 245), sont oblongs-orbiculaires, sessiles, cordés ou auriculés, émarginés à leur sommet, et présentent une petite éminence pourprée dans leur échancrure. Ils croissent rapidement et présentent un court pétiole et une ou deux nervures latérales curvilignes, de chaque côté de la nervure médiane.

Au stade suivant, huit jours environ après la germination, ils offrent un léger étranglement près de leur base et une sorte de petite dent obtuse. Cette portion basilaire croît de plus en plus rapidement, tandis que la croissance de la portion terminale qui est, en réalité, le cotylédon primitif, se ralentit graduellement. L'éminence en forme de dent devient plus apparente (fig. 246) et, vers le dixième jour, la nouvelle portion possède deux dents et égale presque en grandeur le cotylédon proprement dit.

Lorsqu'elle a revêtu sa forme définitive (fig. 247), la nouvelle partie est à la fois plus longue et plus large que le cotylédon primitif, dont elle diffère non seulement parce qu'elle est crénelée, mais encore parce qu'elle possède une nervure médiane plus apparente et quelques poils raides. Cette portion basilaire est intéressante par son mode de développement et aussi par sa ressemblance avec les premières feuilles. En résumé, nous avons là un ensemble constitué par une feuille, à la base, et par un cotylédon, au sommet (fig. 247) .Si cette disposition ne se rencontrait que chez cette plante, on pourrait croire le cas accidentel; mais, nous la trouvons aussi chez d'autres espèces alliées.

Dans la Clarkie gentille (*Clarkia pulchella*, fig. 248),

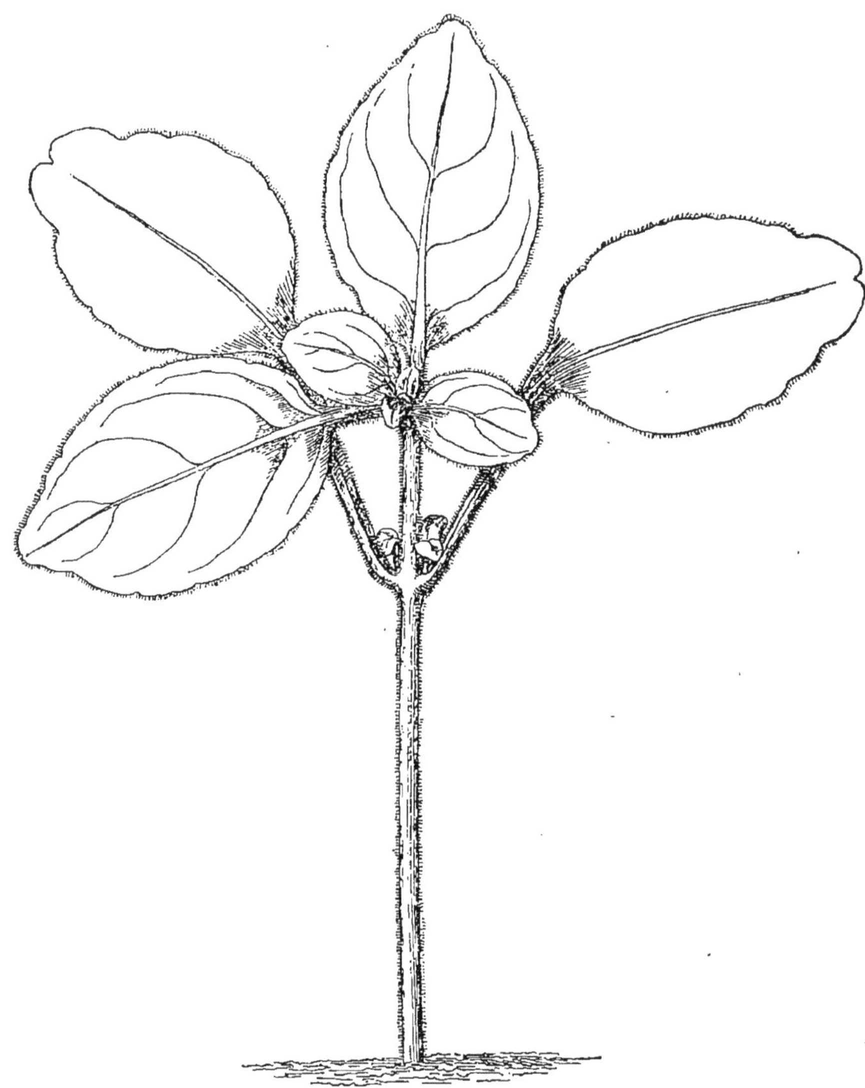

Fig. 247. — Eucharidie à grandes fleurs : plantule montrant la forme définitive des cotylédons, grandeur naturelle.

les cotylédons, vus immédiatement après la germination

ressemblent beaucoup à ceux de l'Eucharidie à grandes fleurs (fig. 245). Ils sont oblongs-ovales, entiers, sessiles, légèrement auriculés à leur base et présentent au sommet de leur nervure médiane une petite dent incolore. Six jours après la germination, ils sont orbi-

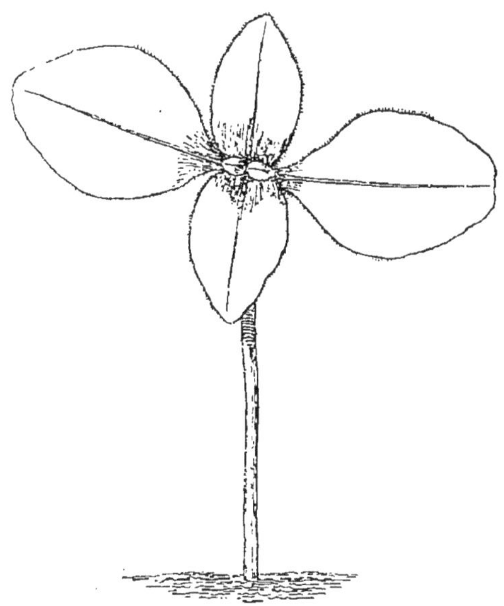

Fig. 248. — Plantule de Clarkie gentille *(Clarkia pulchella)*, 2/3 de la grandeur naturelle.

culaires, légèrement émarginés, à peine cordés à leur base et munis d'un court pétiole. Au bout de peu de temps, ils deviennent largement ovales, émarginés, tandis que leur base se rétrécit brusquement et s'arrondit. Dans ce cas, il n'y a pas un grand changement de forme ; mais, tandis que les bords du cotylédon proprement dit sont glabres, ceux de la nouvelle portion et des premières feuilles (fig. 248) sont finement ciliés.

Dans l'Œnothère droite *(Œnothera stricta)*, les cotylédons, immédiatement après la germination sont oblongs, obtus, légèrement auriculés à leur base, entiers, sessiles, un peu glanduleux, ciliés et pubescents à leur face supérieure. Huit jours après la germination (fig. 249), ils sont très distinctement pétiolés, ovales, obtus, cunéiformes à leur base, souvent sub-elliptiques. Ils présentent quelquefois une petite éminence en forme de dent placée sous la partie médiane de chaque côté, et indiquant la ligne de démarcation entre la partie primitive et la portion nouvellement formée. Après cela, la partie terminale ne change pas beaucoup ; la partie basilaire continue, au contraire, à croître. Les cotylédons sont alors spatulés, ob-ovales, obtus et présentent une petite dent de chaque côté. Leur partie inférieure est glabre et présente une nervure médiane distincte s'atténuant beaucoup à la base ainsi que des pétioles pubescents, connés à leur naissance (fig. 250).

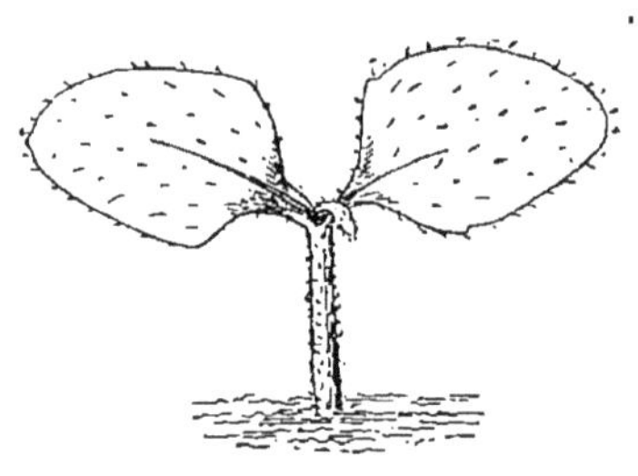

FIG. 249. — Plantule d'Œnothère droite *(Œnothera stricta)*, huit jours après la germination, × 3.

Les premières feuilles sont glabres, alternes, lancéolées, obtuses. Elles se rétrécissent à leur base et présentent de distance en distance, sur leurs bords, des dents peu apparentes ; leurs pétioles sont pubescents.

Dans la Clarkie à feuilles rhomboïdales, les cotylédons, vus immédiatement après la germination sont orbiculaires, entiers ou légèrement émarginés, sessiles, glabres, pourprés et possèdent une dent apicale plus ou moins proéminente. Un jour après la germination,

Fig. 250. — Œnothère droite (*Œnothera stricta*), plantule âgée d'un mois, grandeur naturelle.

ils sont un peu plus distinctement émarginés et pubescents. Au bout d'une semaine, ils sont ob-ovales (fig. 251), émarginés, rétrécis au-dessous de leur milieu et présentent une petite dent dans leur échancrure.

La portion basilaire est devenue plus pubescente ; elle est munie d'une nervure médiane rose ou pourprée, se terminant par une partie plus large et de même couleur, située à la base de la partie supérieure.

Après ce premier stade, la portion apicale change

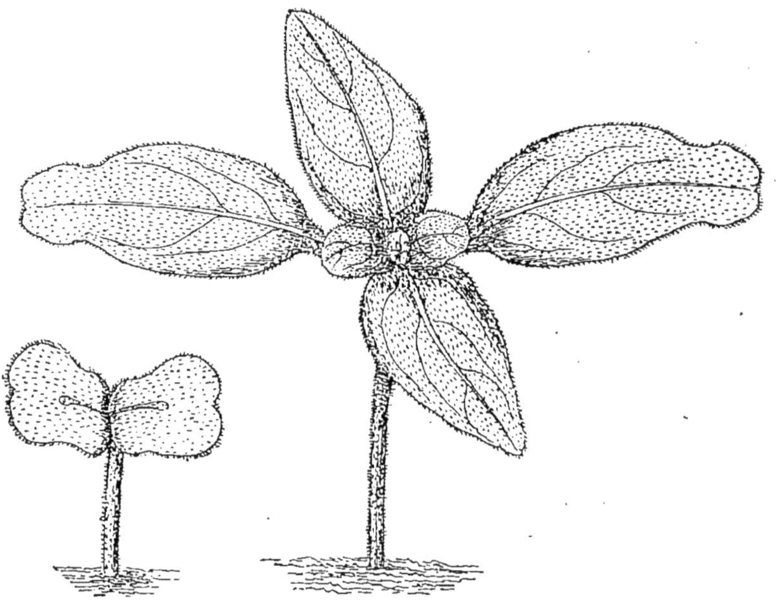

Clarkie à feuilles rhomboïdales *(Clarkia rhomboidea)*.

FIG. 251. — Plantule, huit jours après la germination, × 3.

FIG. 252. — La même plantule vue un mois après la germination grandeur naturelle.

peu. La portion basilaire, au contraire, continue à croître ; de sorte qu'un mois après la germination, les cotylédons (fig. 252) sont oblongs, distinctement pétiolés, rétrécis au point où le cotylédon proprement dit s'unit à la portion nouvellement formée. Ils sont emarginés (une petite dent est située dans leur échancrure), cunéiformes à leur base, et possèdent une nervure médiane distincte et des nervures latérales assez peu apparentes.

Les feuilles constituant la première paire sont opposées, ovales, obtuses, cunéiformes à leur base, entières, brièvement pétiolées et très pubescentes. Leurs nervures latérales sont alternes et curvilignes.

Dans l'Œnothère à feuilles de Pissenlit *(Œnothera taraxacifolia)*, les cotylédons sont d'abord oblongs, obtus, entiers, sessiles; leur face supérieure est rendue pubescente par la présence d'un grand nombre de poils glanduleux. Ils croissent rapidement; et, un jour après la germination, ils sont beaucoup plus larges et pétiolés. Ils deviennent graduellement émarginés et croissent plus en longueur qu'en largeur. Les pétioles aussi s'allongent considérablement (fig. 253). Les premières feuilles sont alternes, lancéolées, obtuses, pétiolées, leurs bords sont munis de dents peu apparen-

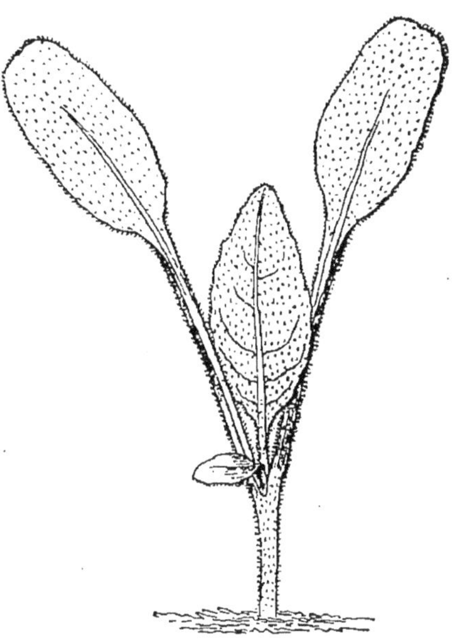

Fig. 253. — Plantule d'Œnothère à feuilles de Pissenlit *(Œnothera taraxacifolia)* seize jours après la germination, grandeur naturelle.

tes ; leurs nervures sont alternes dans la partie supérieure et opposées dans la partie basilaire. Leur surface est rendue pubescente par la présence de poils glanduleux. Dans ce cas encore, la partie foliaire du cotylédon ressemble à l'une des vraies feuilles.

Dans la Clarkie fausse Gaure (*Clarkia gaurioides* fig. 254), immédiatement après la germination, les cotylédons sont oblongs-orbiculaires, émarginés avec une petite dent dans

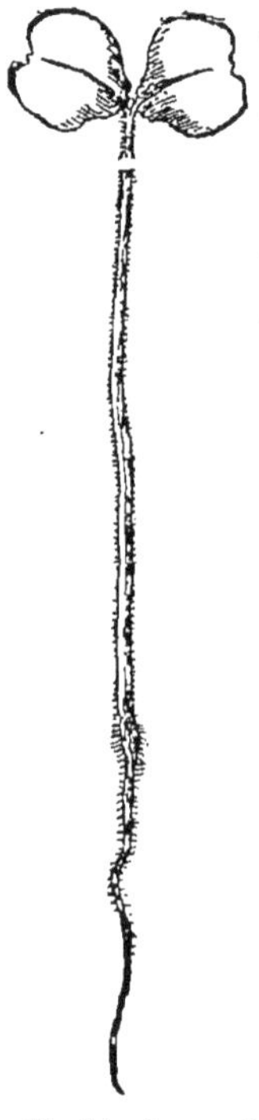

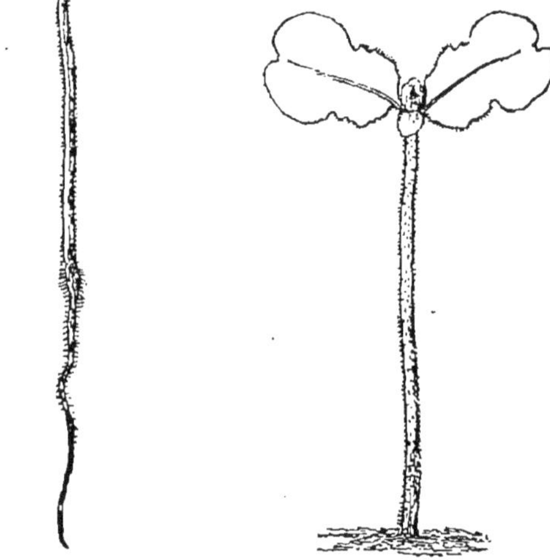

Clarkie fausse Gaure (*Clarkia gaurioides*).

Fig. 254. — Plantule, grandeur naturelle.

Fig. 255. — La même plantule, cinq jours après la germination, grandeur naturelle.

Fig. 256. — La même plantule, dix jours après la germination, grandeur naturelle.

leur échancrure, légèrement auriculés à leur base et sessiles. Ils présentent une nervure médiane à peine visible. Au bout de cinq jours, une nouvelle croissance se manifeste à la base (fig. 255) et donne naissance à une partie beaucoup plus étroite que le

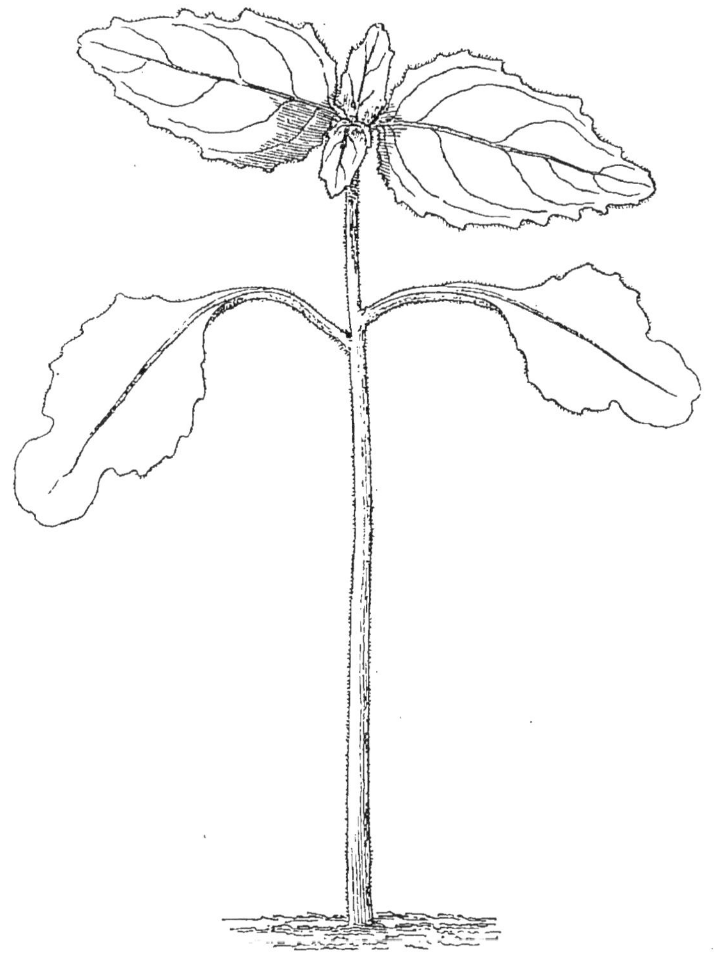

Fig. 257. — Plantule de *Clarkia gaurioides* dix-huit jours après la germination, grandeur naturelle.

cotylédon proprement dit et possédant une petite dent sur chaque côté. Une dizaine de jours après, cette nouvelle portion est aussi longue mais plus étroite que le vrai cotylédon. Elle offre deux, trois ou quatre dents de chaque côté et une nervure médiane bien marquée. Dix-huit jours après la germination, cette partie nouvellement formée, est à la fois plus longue et plus large que le cotylédon proprement dit ; elle possède, de chaque côté, quatre, cinq ou six dents obtuses ; son contour est largement sub-elliptique et ses bords sont légèrement ciliés. Les cotylédons sont devenus plus ou moins distinctement alternes. Les figures 256 et 257 montrent clairement que cette nouvelle portion revêt le caractère d'une feuille proprement dite.

Dans l'Œnothère de Lindley *(Œ. Lindleyana)*, l'Œnothère délicate *(Œ. tenella)* et l'*Œnothera amœna*, le processus est semblable à celui que l'on observe chez le *Clarkia gaurioides*. Les choses se passent également de même pendant les premiers stades de la croissance de la plantule de la Clarkie à pétales entiers *(C. integripetala)*; mais chez cette espèce, tandis que le cotylédon proprement dit reste glabre, la portion terminale revêt l'aspect d'une feuille et est remarquablement pubescente à sa face supérieure. Le passage d'une partie à l'autre est brusque : les nervures étant bien marquées dans la portion foliacée du cotylédon, le contraste entre les deux régions est très frappant.

Chez l'Eucharidie élégante *(Eucharidium concinnum)*, les cotylédons suivent une marche semblable dans leur développement ; mais la face supérieure du cotylédon proprement dit est glanduleuse, sans toutefois l'être autant que la portion foliaire. Le passage d'une partie à l'autre est actuellement moins brusque. La portion foliaire est relativement plus large ; ses bords sont crénelés sans être dentés. Les deux premières feuilles sont opposées, oblongo-ovales, obtuses ; elles possèdent une nervure médiane distincte et des nervures latérales presque invisibles. Leur face supérieure est rendue pubescente par la présence de poils glanduleux.

L'Œnothère bisannuelle *(Œ. biennis)* et l'Œnothère

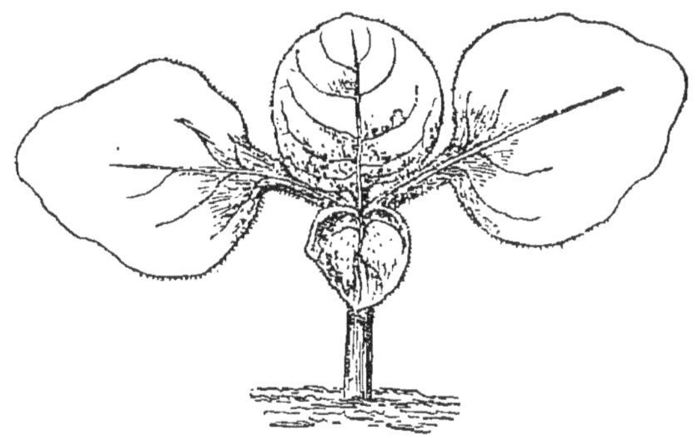

Fig. 258. — Plantule d'*Œnothera biennis*, vue seize jours après la germination, grandeur naturelle.

à petites fleurs *(Œ. micrantha)* offrent un contraste remarquable. Les feuilles de l'*Œ. biennis* (fig. 258) sont larges, presque orbiculaires finement ciliées sur leurs bords. La nervure médiane est assez peu marquée et possède de fortes ramifications latérales recourbées. Les feuilles de l'*Œ. micrantha* sont, au contraire, linéaires, lancéolées ; elles présentent de chaque côté, une ou deux dents émoussées, des poils un peu plus longs que ceux de l'*Œ. biennis* et une forte nervure médiane dépourvue de ramifications latérales (fig. 262).

Dans l'un et l'autre exemple, immédiatement après la germination, les cotylédons (fig. 260) sont ovales, obtus et entiers. Ils présentent une dent apicale légèrement proéminente ; ceux de l'*Œ. biennis* sont subsessiles, ceux de l'*Œ. micrantha* très brièvement pétiolés. Chez la première espèce, les cotylédons se développent en conservant leur forme largement ovale et leur petite dent apicale ; mais, peu à peu, ils deviennent pétiolés [1]. Mais, bien qu'il n'existe pas un étranglement très marqué entre le cotylédon de l'*Œ. biennis* et la nouvelle portion, la distinction est cependant facile ; car cette nouvelle portion possède une petite dent située au point de jonction, une nervure médiane et des nervures latérales. Ses bords sont munis de poils recourbés : elle ressemble donc beaucoup à une véritable feuille.

Les cotylédons de l'Œnothère de Lamarck *(Œ. Lamarckiana)* ressemblent à ceux de l'*Œ. biennis*, mais deviennent un peu plus tronqués à leur base et plus pointus à leur sommet. La dent apicale n'est pas apparente et la portion foliaire du cotylédon se distingue facilement par sa nervure médiane et la présence de poils recourbés. Dans cet exemple, il n'existe ni dent, ni échancrure pour indiquer la ligne de démarcation.

[1] L'arrangement des cotylédons dans la graine est variable ; quelquefois ils sont aplatis, d'autres fois ils sont enroulés.

Les cotylédons de l'Œnothère rose *(Œ. rosea)* ressemblent à ceux de l'*Œ. biennis* ; mais ils ne possèdent pas de dent apicale et leurs bords ne sont pas ciliés. Les feuilles sont cependant dentées de distance en distance et les pétioles sont pubescents. Elles sont largement ovales, obtuses, entières et le pétiole égale presque le limbe en longueur.

Les cotylédons de l'Œnothère linéaire *(Œ. linearis)* ressemblent beaucoup à ceux de l'*Œ. rosea*, ainsi que ceux de l'Œnothère naine *(Œ. pumila)*, de l'Œnothère frutescente *(Œ. fruticosa)*, de l'Œnothère tardive *(Œ. serotina)* et de l'Œnothère glauque *(Œ. glauca)*. Ceux de la dernière espèce deviennent cependant cunéiformes à la base.

L'Œnothère à petites fleurs *(Œ. micrantha)* nous présente un cas tout à fait semblable à celui de l'*Œ. bistorta* (fig. 259) Immédiatement après la germination, les cotylédons (fig. 260) sont ovalo-obtus, très brièvement pétiolés et possèdent une dent apicale peu proéminente. Ils deviennent ensuite spatulés (fig. 261) La partie supérieure, qui représente le cotylédon proprement dit, est entière ; la portion basilaire est linéaire-cunéiforme, possède généralement une dent de chaque côté et est rendue pubescente par la présence de poils glanduleux. Au troisième stade (fig. 262), la partie basilaire est linéaire et le cotylédon proprement dit est largement ovale. Dix-neuf jours environ après la germination (fig. 263), l'ensemble se compose d'une partie spatulée ou linéaire terminée par une partie ovale dont la largeur est égale et quelquefois même supérieure à celle de la portion basilaire. Cette portion ressemble beau-

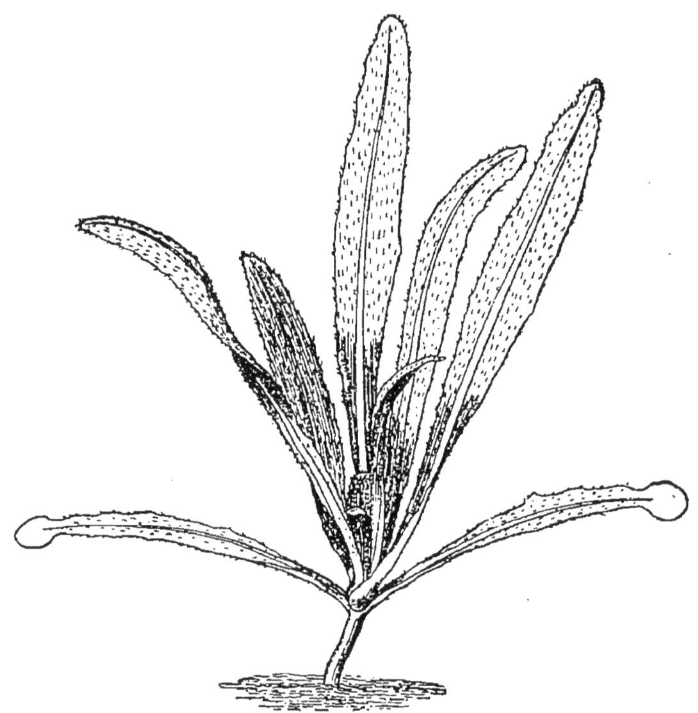

Fig. 259. – Plantule d'*Œnothera bistorta*, × 3.

coup à l'une des feuilles ; elle est linéaire et ciliée sur ses bords. Elle possède, de chaque côté, deux dents assez peu apparentes et une large nervure médiane.

Nous avons donc ici un groupe intéressant et chez lequel les cotylédons sont d'abord semblables, mais diffèrent ensuite d'une espèce à l'autre, par la présence d'une nouvelle portion basilaire ressemblant à la forme foliaire caractéristique de chaque espèce. Il se pourrait donc qu'il y eût une relation entre la forme de cette

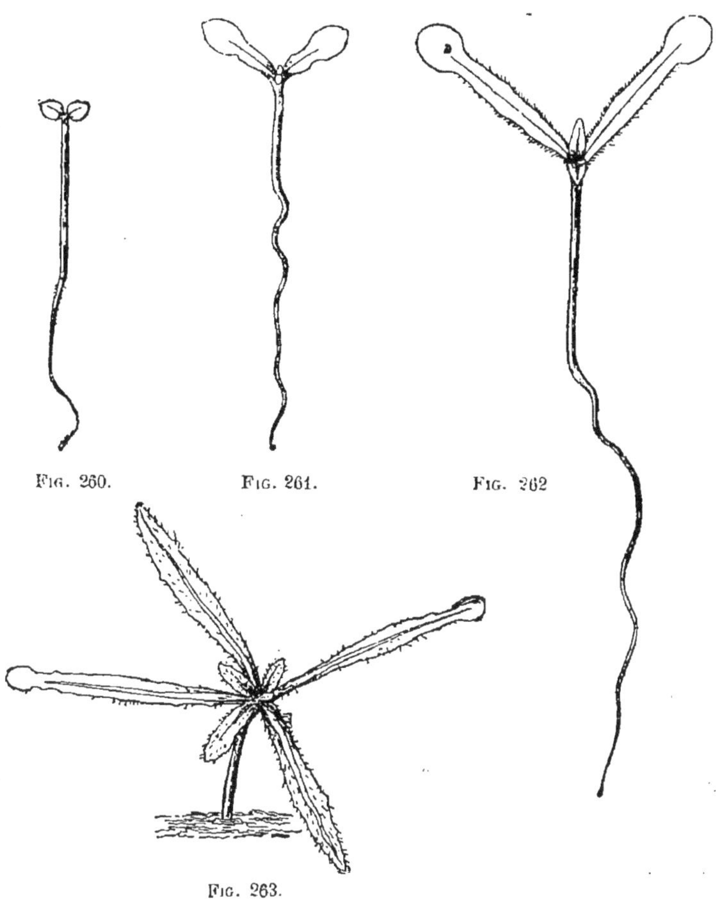

Fig. 260. Fig. 261. Fig. 262

Fig. 263.

Œnothère à petites fleurs *(Œnothera micrantha)*.

Fig. 260. — Plantule, × 3.
Fig. 261. — La même plantule, sept jours après la germination, × 3.
Fig. 262. — La même plantule, neuf jours après la germination, × 3.
Fig. 263. — La même plantule, dix-neuf jours après la germination, grandeur naturelle.

portion basiliaire et la forme des feuilles proprement dites.

Les espèces chez lesquelles on pourrait peut-être indiquer une connexion entre la partie basilaire et une vraie feuille sont si rares que je ne mentionnerai ici que l'*Embelia Ribes* (fig. 264). Les feuilles sont simples, alternes, pétiolées, munies de nervures alternes et indistinctement réticulées. Leurs deux faces sont d'un vert brillant ; la face inférieure possède une coloration plus claire que celle de la face supérieure. Ces feuilles présentent des glandes vert foncé, quelquefois noirâtres. Leur pétiole, très pubescent, est creusé d'un sillon à sa face supérieure. La première feuille est largement ovale, dentelée, sauf à sa base, terminée en pointe. La deuxième feuille est semblable à la première, mais moins large qu'elle. Les trois feuilles suivantes sont lancéolées et chacune d'elles est un peu plus étroite que la précédente.

Fig. 264. — Plantule d'Embélie faux groseillier *(Embelia Ribes)*, 1/2 grandeur naturelle.

Les cotylédons sont ovales, obtus ; leurs nervures alternes et réticulées sont peu apparentes. Ils sont dentelés dans leur moitié supérieure, effilés à leur point d'insertion sur le pétiole, glabres, glanduleux sur leurs deux faces et munis de glandes noirâtres. Leur pétiole présente un petit sillon à sa surface supérieure et est pubescent. On observera ici que les cotylédons ressemblent beaucoup aux premières feuilles et qu'il existe toutes les formes intermédiaires entre les larges cotylédons ovales et les feuilles définitives qui sont étroites et lancéolées.

J'ai déjà décrit et représenté une plantule de l'*Eschscholtzia de Californie*. Les cotylédons de cette plantule sont longs, étroits et profondément bifides. J'ai dit que cette forme devait leur permettre de se dégager plus facilement de l'intérieur de la graine. Les feuilles de l'*Eschscholtzia de Californie*, de même que les cotylédons sont profondément bifides.

Chez l'*Eschscholtzia à petites feuilles*, au contraire, les cotylédons et les feuilles sont longs et linéaires. Ici également, il est probable que la forme particulière des cotylédons facilite leur sortie de l'intérieur de la graine. Il est peut-être permis de supposer que l'*E. à petites feuilles* représente une forme primitive de l'*E. de Californie*.

II. — POSITION DE L'EMBRYON DANS LA GRAINE

D'une façon presque générale, l'arrangement et la position de l'embryon dans la graine sont à peu près identiques dans les limites d'un même genre. Il y a cependant quelques exceptions. Dans le genre *Planiago* (Plantain), par exemple, les cotylédons ont quelquefois leurs faces et d'autres fois leurs bords tournés vers le placenta. Cette différence n'est mentionnée ni par Barnéoud, ni par Decaisne dans leurs monographies sur la famille des Plantaginées. Bentham et Hooker s'expriment cependant de la façon suivante, à ce sujet, dans le *Genera Plantarum*[1] : *Embryo rectus v. rarius*

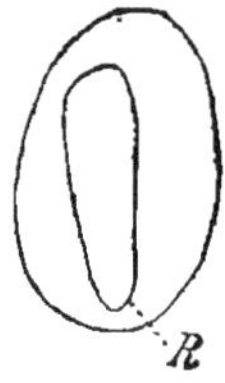

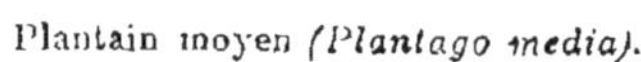

Plantain moyen *(Plantago media)*.

Fig. 265. — Section longitudinale de la graine, × 8.

Fig. 266. — Section transversale de la graine, × 8.

hippocrepicus, hilo parallelus v. in fructu monospermo erectus v. transversus. »

Dans le Plantain moyen *(Plantago media)*, le fruit capsulaire, sec, membraneux est biloculaire et possède 2-4 graines. Ces dernières (fig. 265 et 266) sont petites, plan-convexes ou subconcavo-convexes, peltées, à extrémités obtuses, la base étant légèrement plus large que le sommet. Le testa est mince, brun clair ; le hile est rond et d'une couleur plus foncée que le reste du testa. Le raphé s'étend obliquement et en s'atténuant

[1] Page 223.

du hile à l'extrémité supérieure du testa. Le périsperme est copieux, blanc et charnu. L'embryon est droit, étroit, blanc, un peu plus court que le périsperme et situé à son intérieur de façon à être un peu plus rapproché de la face dorsale de la graine et à occuper une position oblique par rapport à l'axe médian. Les cotylédons sont linéaires, obtus, spatulés et s'effilent vers leur base; leurs faces sont tournées vers le placenta, la radicule est inférieure, obtuse et plus courte que les cotylédons.

Chez le Plantain lancéolé *(Plantago lanceolata)*, fig. 267), la capsule est également biloculaire, et chaque loge possède une graine. Cette graine est concave à son côté ventral; sa couleur d'abord vert pâle devient ensuite jaune.

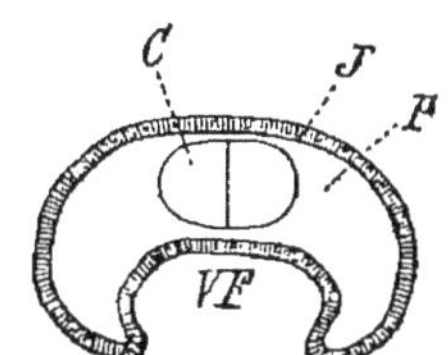

FIG. 267. — Section transversale de la graine du Plantain lancéolé *(Plantago lanceolata)*, × 12.

Le hile est ovale et forme une tache blanche. Le périsperme est abondant, charnu ou sub-corné et à demi transparent quand il est sec. L'embryon est droit, blanc, enfoncé dans le périsperme et un peu plus court que la graine. Les cotylédons sont étroits et linéaires, obtus, plan-convexes, étroitement appliqués face à face, leurs bords étant dirigés vers le placenta. La radicule plus étroite que les cotylédons est inférieure et s'effile vers le bas.

Dans le Plantain corne de cerf *(P. coronopus)*, la capsule renferme plusieurs graines. Ces dernières sont oblongues et se terminent en pointe à leur extrémité inférieure. Le hile est situé bien au-dessous de leur milieu. Elles sont bien plus petites que celles du *P. media* et diffèrent beaucoup entre elles. L'embryon est relativement large, droit, central; il égale presque le périsperme en longueur. Les cotylédons sont linéaires-obtus, entiers, plan-convexes, épais, étroitement appliqués face à face, leurs bords étant tournés vers le placenta.

Chez le Plantain maritime *(P. maritima)*, le fruit est ovoïde, biloculaire et possède deux graines. Ces dernières sont oblongues-lancéolées, biconvexes ou aplaties à leur face ventrale. L'embryon est droit, large et remplit presque la graine. Les cotylédons ont leurs bords tournés vers le placenta.

Chez le *P. cynops*, le fruit est vert. Il présente une ligne vert pâle à la jonction des deux carpelles et une ligne médiane plus sombre au dos de chacun de ces derniers, de sorte que le fruit semble avoir quatre carpelles, deux loges et deux graines. Ces graines sont obtuses, ovales, peltées, comprimées à leur face dorsale, concaves à leur face ventrale, unies et brillantes. Quand elles sont jeunes, elles sont vert foncé, mais suffisamment transparentes pour qu'on puisse voir l'embryon à leur intérieur. Cet embryon est droit; les cotylédons sont linéaires, obtus, entiers, étroitement appliqués face à face, leurs côtés étant dirigés vers le placenta.

Chez le Plantain des sables *(P. arenaria)* et le grand

Plantain *(P. major)*, les cotylédons ont aussi leurs bords tournés vers le placenta.

Je me suis demandé assez longtemps pourquoi, chez le *P. media*, les cotylédons étaient disposés autrement que chez les autres espèces que j'avais examinées. La raison en est cependant bien simple. Je pensai tout d'abord que cette différence était due à la façon dont l'embryon se dégage de la graine; mais, actuellement, je crois qu'il n'en est rien. Chez le Plantain lancéolé, et les espèces alliées, les cotylédons sont étroits et épais, la graine est légèrement comprimée. La figure 267 montre que, si l'embryon avait ses faces dirigées vers le placenta, il n'aurait pas de place pour se développer.

D'un autre côté, chez le *P. media*, le contraire a lieu : les cotylédons sont minces et relativement larges, leur largeur est, en réalité, supérieure à leur épaisseur. Si ces cotylédons étaient disposés comme ils le sont chez les autres espèces, ils n'auraient pas de place pour se développer. La différence de position est donc expliquée par le fait que, chez le *P. media*, la largeur des cotylédons est supérieure à leur épaisseur ; tandis que chez le *P. lanceolata*, l'épaisseur des cotylédons considérés ensemble est supérieure à leur largeur.

La disposition normale de l'embryon dans la graine consiste en ce que les cotylédons aient leurs faces tournées vers le placenta. Il arrive cependant que, quelquefois, comme nous l'avons vu chez certains Plantains, les cotylédons ont leurs côtés dirigés vers le placenta.

On peut supposer que cela provient de ce que, les graines étant plus ou moins aplaties, l'embryon s'est recourbé de telle sorte que sa nouvelle position fait un angle droit avec la direction primitive et que les cotylédons sont devenus accombants (Ailanthe, Fusain, Passiflore, Lin, Frêne, Héliotrope).

D'un autre côté, pour le *Claytonia*, cette explication

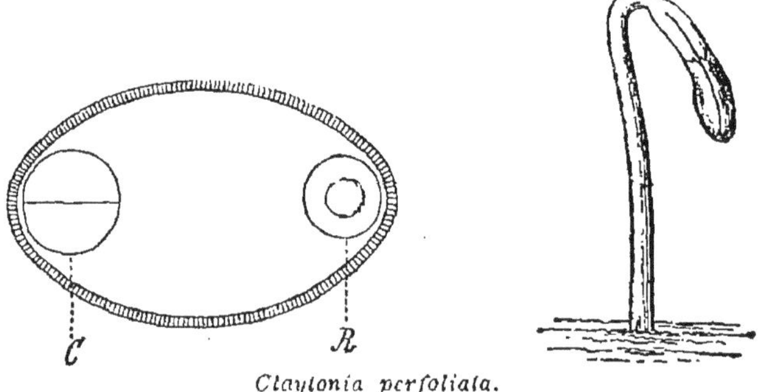

Claytonia perfoliata.

FIG. 268. — Section transversale de la graine, × 15. FIG. 269. — Plantule, × 6.

n'a aucune valeur. J'ai cherché si l'arrangement des cotylédons pouvait avoir quelque relation avec la façon dont ils se dégagent de la graine. Si nous examinons une plantule de *Claytonia* (fig. 268 et 269), nous verrons que le testa se déchire verticalement à partir du micropyle. Il est alors plus facile aux cotylédons d'élargir l'orifice par lequel ils sortiront de la graine que s'ils occupaient la position habituelle ; mais je ne donne cette explication que sous toutes réserves.

Quand la graine est aplatie latéralement, l'embryon doit être étroit ou être disposé de façon à ce que les cotylédons aient leurs bords dirigés vers le placenta.

Dans l'Héliophile pileuse *(H. pilosa*, variété *incisa)*, par exemple (fig. 270 et 271), les graines ressemblent beaucoup par leur forme extérieure à celle de la Giroflée jaune *(Cheiranthus cheiri)*. Elles sont oblongues-obtuses à chaque extrémité, comprimées à leur partie dorsale, échancrées à un de leurs bouts ; leur section est une ellipse étroite. Mais, tandis que les cotylédons du *Cheiranthus* sont larges, ceux de l'Héliophile sont longs et linéaires. Cela provient de ce que, chez le

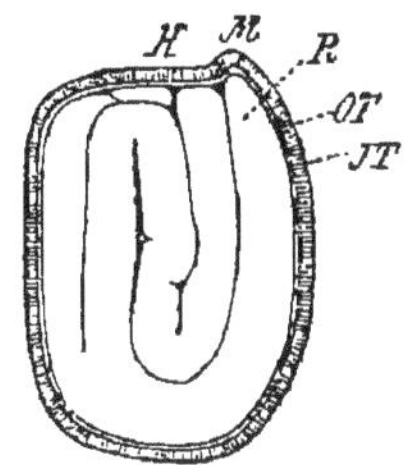

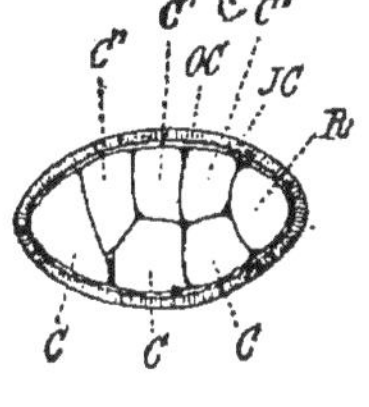

Héliophile pileuse *(Heliophila pilosa)*.

FIG. 270. — Section longitudinale de la graine, × 12.

FIG. 271. — Section transversale de la même graine, × 12.

Cheiranthus et les autres Arabidées, les siliques sont aplaties à leur partie dorsale et les cotylédons accombants, tandis que les cotylédons de l'Héliophile, ainsi que ceux des autres Sisymbriées, sont incombants et linéaires (fig. 270 et 271).

On rencontre des cas semblables chez les Caryophyllées et chez les Solanées.

CONCLUSION

Je suis sûr qu'un certain nombre d'autres questions ont dû se présenter à l'esprit du lecteur qui m'a suivi jusqu'ici.

Si nous considérons, par exemple, les poils qui recouvrent certaines plantes, nous verrons que leur étude peut grandement faire l'objet d'un volume entier. J'ai déjà dit que, chez quelques espèces, ils servaient à protéger le nectar. Dans d'autres cas, ils préservent les plantes contre une trop grande humidité ou contre une évaporation trop rapide. Les feuilles, comme nous le savons, transpirent au moyen de petits pores appelés *stomates*, qui sont généralement situés à la face inférieure de la feuille, où ils sont moins exposés aux intempéries et aux oscillations de la température. Chez un certain nombre de plantes, les stomates sont protégés par un revêtement de poils qui donne à la face inférieure de la feuille cette couleur grise ou blanche qui diffère tant comme aspect de la couleur plus foncée et verte de la face supérieure. Les plantes aquatiques, celles qui croissent dans les endroits humides, sont généralement moins pourvues de poils que celles qui croissent dans des endroits plus secs. Quelques espèces qui habitent les marais où l'eau est abondante, ou qui croissent dans les Alpes où elles sont exposées à des pluies fréquentes et à des brouillards, ont cependant la face inférieure de leurs feuilles recouverte de poils. Ces derniers ont pour but de protéger les stomates contre un trop grand excès d'eau et contre les dégâts qui pourraient en résulter. De cette façon, aussitôt que le soleil brille, les stomates sont en état de remplir leurs fonctions. Dans les régions sèches des bords de la Méditerranée, sur le versant méridional des Alpes exposé au *föhn*, et surtout dans les steppes, un grand nombre de plantes sont couvertes d'un épais revêtement de poils et peuvent alors résister à l'extrême sécheresse.

Il est évident qu'il existe aussi des végétaux dont la conformation est moins due aux conditions actuelles qu'à celles sous lesquelles ils vivaient autrefois. En admettant qu'il en soit ainsi, et en supposant que l'inépuisable variété qui existe dans les formes des feuilles, des fleurs, des fruits et des graines, ait une cause et une explication, nous voyons s'offrir à nous un immense champ d'étude qui fournira toujours de précieux résultats à ceux qui l'aborderont et qui rend la Botanique l'une des sciences les plus intéressantes et les plus charmantes.

FIN

TABLE DES MATIÈRES

PREMIÈRE PARTIE

FLEURS, FRUITS ET FEUILLES

CHAPITRE PREMIER

LES FLEURS

CHAPITRE II

LES FLEURS (SUITE)

CHAPITRE III

FRUITS ET GRAINES

CHAPITRE IV

FRUITS ET GRAINES (SUITE)

CHAPITRE V

LES FEUILLES

CHAPITRE VI

LES FEUILLES (SUITE)

DEUXIÈME PARTIE

DES FORMES VARIÉES DES PLANTULES

CHAPITRE PREMIER

CHAPITRE II

FIN DE LA TABLE DES MATIÈRES

INDEX ALPHABÉTIQUE

DES GENRES ET DES ESPÈCES DE PLANTES CITÉS DANS L'OUVRAGE

O

P

R

S

FIN DE L'INDEX ALPHABÉTIQUE DES NOMS DE PLANTES

TABLE ALPHABÉTIQUE DES FIGURES

TABLE ALPHABÉTIQUE DES FIGURES

RAPPORTÉES AUX ESPÈCES QUI EN ONT FOURNI LE SUJET

FIN DE LA TABLE DES FIGURES

TABLE ALPHABÉTIQUE

DES TERMES TECHNIQUES

FIN DE LA TABLE DES TERMES TECHNIQUES

LYON. — IMPRIMERIE PITRAT AINÉ, 4, RUE GENTIL.

LIBRAIRIE J.-B, BAILLIÈRE ET FILS
Rue Hautefeuille, 19, près du boulevard Saint-Germain, Paris.

NOUVEAU DICTIONNAIRE DE BOTANIQUE

Comprenant
La description des familles naturelles
Les propriétés médicales et les usages économiques des plantes
La morphologie et la biologie des végétaux
— Étude des organes et étude de la vie —

Par E. GERMAIN DE SAINT-PIERRE
Vice-Président de la Société botanique de France

1 vol. gr. in-8 de 1400 pages avec 1600 figures. . . . . 25 fr.

Ce *Dictionnaire de Botanique* comprend:

I. La MORPHOLOGIE (ou organographie) végétale, et la BIOLOGIE (ou physiologie) végétale des plantes cryptogames et phanérogames

II. La SÉRIE DES MOTS QUALIFICATIFS (adjectifs) employés pour désigner les diverses manières d'être des organes des plantes.

III. La description des GROUPES PHANÉROGAMIQUES ET CRYPTOGAMIQUES de divers ordres, et particulièrement des *embranchements*, *divisions*, CLASSES et FAMILLES dont se compose le règne végétal : étude régulière et comparative de ces groupes naturels ; un aperçu de la distribution géographique des plantes ; enfin l'histoire sommaire des végétaux fossiles.

IV. Une INTRODUCTION A L'ÉTUDE DE LA BOTANIQUE, comprenant des notions générales.

V. Un GLOSSSAIRE DES MOTS LATINS employés dans les ouvrages descriptifs, avec leur traduction française et leur définition.

VI. L'HISTOIRE DES PLANTES USUELLES (tant exotiques qu'indigènes) désignées par les noms vulgaires sous lesquels elles sont généralement connues (ces noms étant accompagnés du nom botanique et de l'indication de la famille naturelle à laquelle appartient, soit la plante, soit le produit végétal désigné). Ces articles consacrés aux plantes usuelles comprennent des détails sur la provenance de chaque espèce, sa culture, ses propriétés médicales et son emploi, dans les arts, dans l'économie domestique ou la thérapeutique.

Le *Nouveau Dictionnaire de Botanique* a pour but de rendre le lecteur capable de s'occuper avec succès de l'étude de la botanique en lui facilitant à la fois l'examen, et l'analyse des objets de son étude, et l'intelligence des auteurs qui les ont décrits, met *les plantes sous les yeux et les livres à la main.*

Pour les botanistes de profession, pour les savants, le *Nouveau Dictionnaire de Botanique* est un *memento* facile à consulter.

Les personnes qui ne sont pas encore versées dans l'étude de la botanique et qui désirent s'initier à la connaissance des plantes, trouveront en ce livre un guide à la fois clair, succinct, et cependant complet dans ses démonstrations.

Les amateurs de botanique pratique, qui s'intéressent plus particulièrement aux propriétés des plantes, horticulteurs ou simples amis des fleurs, y trouveront des indications assez détaillées sur les espèces médicinales et sur les plantes ornementales.

Tous ceux qui s'intéressent d'une manière générale à l'ensemble des connaissances humaines et à leurs progrès : philosophes, érudits, artistes et poètes, amis de la nature et penseurs, y trouveront des sujets dignes de provoquer, soit leur examen, soit leurs méditations.

ENVOI FRANCO CONTRE UN MANDAT SUR LA POSTE.

ÉLÉMENTS DE BOTANIQUE

Comprenant

L'anatomie, l'organographie, la physiologie des plantes
Les familles naturelles, et la géographie botanique

Par P. DUCHARTRE

Membre de l'Institut, professeur de botanique à la Faculté des sciences.

Troisième édition.

1 vol. in-8, VII-1272 pages, avec 571 figures, cartonné. . 20 fr.

La nouvelle édition du *Traité de botanique* que vient de publier M. Duchartre diffère des précédentes par un très grand nombre de points.

Sans augmenter sensiblement les dimensions matérielles de l'ouvrage, l'auteur a introduit dans son exposé tous les principaux travaux récents sur l'anatomie et la physiologie des végétaux. Le texte en effet est imprimé en deux caractères différents. Le lecteur qui n'a encore aucune connaissance botanique peut, en se bornant d'abord aux parties du texte imprimées en gros caractères, se rendre compte des traits principaux de la science des plantes; en reprenant plus tard sa lecture sans passer le texte imprimé en petits caractères, il pourra acquérir des notions exactes sur de nombreux faits importants à connaître pour préciser les résultats de sa première étude. Ce qu'il importe de remarquer, c'est que l'auteur a rédigé ces *éléments* de façon qu'un commençant absolument ignorant des définitions les plus simples, puisse être conduit pas à pas, depuis les premières notions jusqu'à l'exposé des détails extraits d'un mémoire moderne sur une question anatomique difficile.

Pour les sujets qui ont fait récemment l'objet d'études importantes, de nombreuses figures éclairent le texte et permettent, grâce à des légendes très complètes, de suivre et de bien comprendre les descriptions de la structure souvent complexe des organes ou des tissus.

Signalons les principales modifications ou additions faites par l'auteur dans le premier livre, qui traite des éléments anatomiques; ce sont surtout les questions suivantes qui ont été mises au courant de la science : structure du noyau cellulaire, pluralité des noyaux, division du noyau ; ponctuations aérolées de la membrane, ponctuations grillagées; formation de l'amidon, composition chimique de la chlorophylle; production des cystolithes, structure et développement des stomates.

Dans le second livre consacré à l'étude des organes de la plante, les sujets qui suivent ont été traités complètement à nouveau ou développés avec de grands détails: bois et liber des Angiospermes, trajet des faisceaux chez les Monocotylédones; structure et développement de la racine, comparaison entre la structure des rhizomes et celle des tiges aériennes, tubercules des Ophrydées, passage de la tige à la racine, géotropisme et apogéotropisme ; structure anatomique des feuilles et influence du milieu extérieur sur cette structure, chute des feuilles, action digestive des feuilles de *Drosera* et critiques à ce sujet, etc.

D'importants changements ont été faits aussi par M. Duchartre dans le chapitre XIII de ce second livre, où sont exposés les phénomènes généraux de la végétation. Les aliments de la plante, les mouvements de la sève, la transpiration, l'action chlorophyllienne, la respiration, la production de chaleur chez les végétaux, sont traités d'après les travaux les plus récents.

Nous ne pourrions citer ici les modifications faites par l'auteur dans la seconde partie de l'ouvrage; elles sont extrêmement nombreuses, surtout pour l'étude des Cryptogames qui a fait dans ces derniers temps de si rapides progrès.

Gaston Bonnier, *Bulletin de la Société botanique.*

ENVOI FRANCO CONTRE UN MANDAT SUR LA POSTE.

COURS ÉLÉMENTAIRE DE BOTANIQUE

Par docteur CAUVET

Professeur à la Faculté de Médecine et de Pharmacie de Lyon.

I. ANATOMIE ET PHYSIOLOGIE VÉGÉTALES. PALÉONTOLOGIE VÉGÉTALE. GÉOGRAPHIE BOTANIQUE

1 vol. in-18 jésus de 316 pages avec 404 figures. . . . . 4 fr.

II. LES FAMILLES VÉGÉTALES

1 vol. in-18 jésus de 450 pages avec 373 figures. . . . . 5 fr.

Le *même ouvrage*, cartonné en un seul volume, comprenant les deux parties. . . . . 10 fr.

Ce livre s'adresse aux personnes désireuses de trouver, dans un ouvrage élémentaire, les notions indispensables à l'étude de la Botanique. En l'écrivant, l'auteur a voulu présenter l'état actuel de la science.

Il a groupé les faits acquis et les a réunis en un corps de doctrine ; il a fait de son mieux pour donner à son œuvre les seuls mérites qu'elle pût avoir, la *clarté* et la *précision*.

Il a divisé son cours de Botanique en deux parties, qui ont chacune dans sa pensée une destination différente.

La première *Anatomie et Physiologie végétales*, est réservée au cabinet et au laboratoire : elle servira de guide dans les recherches d'anatomie, de physiologie et de morphologie. Elle répond à l'enseignement des lycées et à l'enseignement secondaire des jeunes filles.

La seconde partie, les *Familles végétales*, est le livre du jardin botanique et de l'herborisation : elle sera utile à ceux qui veulent savoir distinguer les familles les unes des autres et connaître leurs produits les plus importants.

Tel est le livre que M. Cauvet offre à ceux qui veulent avoir des notions exactes de l'histoire des plantes : ce livre sera un guide pour ceux qui commencent l'étude si attrayante de la botanique et un *memento* pour ceux qui, plus heureux, ont déjà pu apprécier les charmes de cette belle science.

ÉLÉMENTS DE BOTANIQUE AGRICOLE

A L'USAGE DES ÉCOLES D'AGRICULTURE, DES ÉCOLES NORMALES
ET DE L'ENSEIGNEMENT AGRICOLE DÉPARTEMENTAL

PAR

E. SCHRIBAUX	**J. NANOT**
Diplômé de l'enseignement supérieur de l'agriculture	Professeur à l'École d'arboriculture de la ville de Paris.

Un vol. in-18 de 328 pages avec 260 figures intercalées dans le texte. 7 fr.

Ce livre est destiné à tous ceux enfin qui, ayant déjà les premières connaissances scientifiques, désirent des notions plus complètes de botanique pour les appliquer à une exploitation rationnelle du sol.

Dans l'*introduction*, MM. Schribaux et Nanot ont examiné les parties essentielles qui constituent la graine, dans quel milieu il convient de la placer pour que son germe se développe en plante parfaite, l'influence exercée sur son développement par les agents extérieurs, les phénomènes chimiques qui se produisent pendant son développement, les soins qu'il faut donner à la jeune plante pour faciliter son accroissement et enfin quels sont les organes constitutifs de la plantule.

La *première partie* de cet ouvrage suit la plante pendant son existence, examine de quelle façon elle s'entretient et s'accroît, en un mot passe en revue les fonctions de nutrition. Ces fonctions sont successivement étudiées et définies.

Se plaçant au point de vue plus particulier de la botanique agricole, MM. Schribaux et Nanot ont donné une place assez large au phénomène de l'absorption, en étudiant les aliments végétaux, la forme sous laquelle la plante les absorbe, les milieux auxquels elle les emprunte, l'épuisement de ces milieux et enfin, parmi ces aliments, ceux qu'elle préfère.

MM. Schribaux et Nanot ont passé en revue les divers éléments anatomiques qui constituent les organes de la plante et le groupement de ces divers éléments dans chaque organe. Ils ont pris successivement la racine, la tige et la feuille, en examinant leur forme extérieure, leur structure intime et le mécanisme au moyen duquel s'exécutent ces importantes fonctions de la nutrition. Cette première partie se termine par un exposé succint des organes dérivés et des bourgeons.

Dans la *deuxième partie*, MM. Schribaux et Nanot traitent de la conservation de l'espèce, c'est-à-dire des fonctions de la reproduction; ces fonctions sont remplies par les fleurs et les fruits. Ils ont examiné tour à tour les différentes parties constitutives de la fleur, le rôle particulier de chacune d'elles, et, à la suite du phénomène de la fécondation, la transformation finale en fruits et en graines. Ils donnent un certain développement à l'étude des fruits et notamment à la question importante de leur conservation, qui intéresse à un si haut degré les horticulteurs.

Au sujet de la graine ils exposent les procédés si intéressants qui concernent sa récolte et sa conservation, traitent l'importante question de la stratification et des semis. Quelques pages ont été consacrées à l'herborisation et à la description des instruments les plus utilement employés.

BONNIER (G.). — **Les plantes des champs et des bois.** Excursions botaniques : printemps, été, automne, hiver. 1 vol. in-8 de 600 pages 873 fig. dans le texte et 30 pl., 8 en couleur. Broché 24 fr., cartonné 26 fr. relié. 28 fr.

BRONGNIART (Ad.). — **Énumération des genres de plantes** cultivées au Muséum d'histoire naturelle de Paris. 1850, 1 vol. in-18. . . . . 3 fr.

CHATIN (J.). — **Études botaniques, chimiques et médicales sur les Valérianées.** 1872, gr. in-8, 148 pages avec 14 planches. . . . 10 fr

— **Du siège des substances actives dans les plantes médicinales.** 1876, in-8, 173 pages avec 2 planches. . . . . 3 fr. 50

COUTANCE. — **Histoire du chêne**, ses applications à l'industrie, aux constructions navales, aux sciences et aux arts, etc. 1873, 1 vol. in-8, de 558 pages, avec tableaux et cartes. . . . . 8 fr.

DE CANDOLLE (A.-P.). — **Collection de mémoires pour servir à l'histoire du Règne végétal.** 1828-1838, 10 parties en un vol. in-4. avec 99 planches. . . . . 30 fr.

DUVAL-JOUVE (J.). — **Histoire naturelle des Equisetum de la France**, 1864, 1 vol. in-4 de VIII-296 p. avec 18 pl et 33 fig. . . . 20 fr.

FERRY DE LA BELLONE. — **La truffe.** Etudes sur les truffes et les truffières. 1888, 1 vol. in-16 de 320 pages avec figures *(Bibliothèque scientifique contemporaine)*. . . . . 3 fr. 50

GAUDICHAUD. — **Botanique du voyage autour du monde** exécuté sur la corvette *la Bonite* (Amérique méridionale, Océanie, Chine) : 1° *Cryptogames cellulaires et vasculaires* (Lycopodiacés), par Montagne, Leveillé et Spring. Paris, 1844-1846. 1 vol. in-8 ; — 2° *Botanique*, par Gaudichaud. 1851, 2 vol, in-8 ; — 3° Atlas de 150 planches in-fol ; — 4° *Explication et description des planches de l'Atlas*, par Ch. d'Alleizette. 1868, in-8, 186 pages 80 fr.

GRISEBACH (A.). — **La végétation du globe**, d'après sa disposition suivant les climats ; esquisse d'une géographie comparée des plantes. Traduit par P. de Tchihatchef. 1877-78, 2 vol. in-8 de 700 p. chacun, avec carte. 30 fr.

LAURENT (P.). — **Études physiologiques sur les animalcules des infusions végétales**, comparés aux organes élémentaires des végétaux. 2 vol. in-4, avec 46 planches. . . . . 15 fr.

LAVALLÉE (A.). — **Arboretum Segrezianum. Icones selectæ arborum et fruticum in hortis Segrezianis collectorum.** Description et figures des espèces nouvelles, rares ou critiques de l'Arboretum de Segrez, 1885, 1 vol. in-4 de 124 pages avec 36 planches, tirées en taille douce, noires et coloriées, cartonné. . . . . 80 fr.

— **Arboretum Segrezianum.** Enumération des arbres et arbrisseaux cultivés à Segrez (Seine et-Oise), comprenant les synonymes et leur origine. 1877, 1 vol. in-8 de XLVIII-320 pages. . . . . 8 fr.

PLANCHON. — **Hortus Donatensis** : catalogue des plantes cultivées dans les serres du prince A. de Demidoff à San-Donato. *Orchidées.* 1858. 1 vol. in-4 avec 1 atlas in-folio de 6 planches coloriées. . . . . 12 fr.

RASPAIL. — **Nouveau système de physiologie végétale et de botanique.** 2 vol. in-8 et 1 atlas de 60 planches contenant 1.000 figures noires 30 fr. Figures coloriées. . . . . 50 fr.

VUILLEMIN (P.). — **La biologie végétale**, par P. Vuillemin. 1888, 1 vol. in-16 de 380 p. avec 82 fig. *(Biblioth. scient. contemporaine)*. 3 fr. 50

LYON. — IMPRIMERIE PITRAT AINÉ, RUE GENTIL 4

www.ingramcontent.com/pod-product-compliance
Ingram Content Group UK Ltd.
Pitfield, Milton Keynes, MK11 3LW, UK
UKHW012011240726
13965UKWH00002B/305